MASATO OHATA WORKS
大畠雅人作品集
ZBrush+ 造型技法書
ZBrush&SCULPT TECHNIQUE

INTRODUCTION

寫在前面

我平常是靠製作商業原型維生。這是一種當企業要將電影或動畫中的內容以立體化呈現時，將之製作成實際形體的工作。
另一方面，我也致力於製作原創的人物模型。

很幸運的有機會出版這本書，能夠邀請各位將目光放在我自己原創的人物模型作品上。

在我立志成為原型師的當時，甚至是進入原型公司任職，一直到參加 Wonder Festival 展示會之前，都未曾得知有這麼一個「原創人物模型的世界」。直到受同公司的藤本圭紀前輩的影響，才開始製作自己原創的人物模型作品。

平常的工作，所有的精力都著重於如何符合角色設定、如何製作出指定的人物姿勢，盡可能做到與原角色相似，沒有破綻的雕塑作品。
然而原創的人物模型，不管是角色設定也好，姿勢也罷，甚至是角色背後的故事性，都必須要靠自己去完成。

這既是最困難的部分，同時也是最有樂趣的部分。

在沒有標準答案的雕塑過程中，讓我思考著許多事情。先動手做了再思考，思考過後再接著動作做。基本上就是重覆這樣的步驟。到了最後，腸枯思竭不禁問自己「所謂的人物模型，究竟是什麼呢？」…至此實在太辛苦，只好倒頭大睡去了（笑）。

我單純地就是喜歡製作雕塑，即使只是製作商業原型，我也已經覺得非常幸福。
然而原創的人物模型，卻是我想要一輩子繼續的事物。

在製作原創的人物模型過程中，出現在內心思考中關於自己的事情、這個世界的事情、身為人的事情等等，自己過往吸收到的各式各樣資訊以及念頭，以人物模型這樣的「形態」，在眼前呈現出來的那一瞬間，內心感受到的是純粹的感動，同時也確實深化了我對事物的觀點看法。

雖然我也希望從開始到結束，都只是去滿足「我想要一個這樣的人物模型」的單純想法，不過在製作人物模型的漫長過程中，不去重新審視自己的內心，是無法持續製作下去的。

雖然只是我個人的感覺，這 3、4 年來似乎製作原創人物模型的人增加了。
這與單純想要擁有一個動畫或電影角色的雕塑作品的心情不同，我相信這種由雕塑作家個人催生的雕塑作品為主體的表現方式，具有其獨特的魅力與樂趣。

如果閱讀本書的讀者們，哪怕只能夠感受到些許我想傳達關於原創人物模型的世界以及其魅力所在，亦為幸甚了。

CONTENTS 目次

MASATO OHATA WORKS
大畠雅人作品集
ZBrush＋
造型技法書
ZBrush&SCULPT TECHNIQUE

GAME

Original Sculpture, 2018
Photo : Yosuke Komatsu

YTN.co

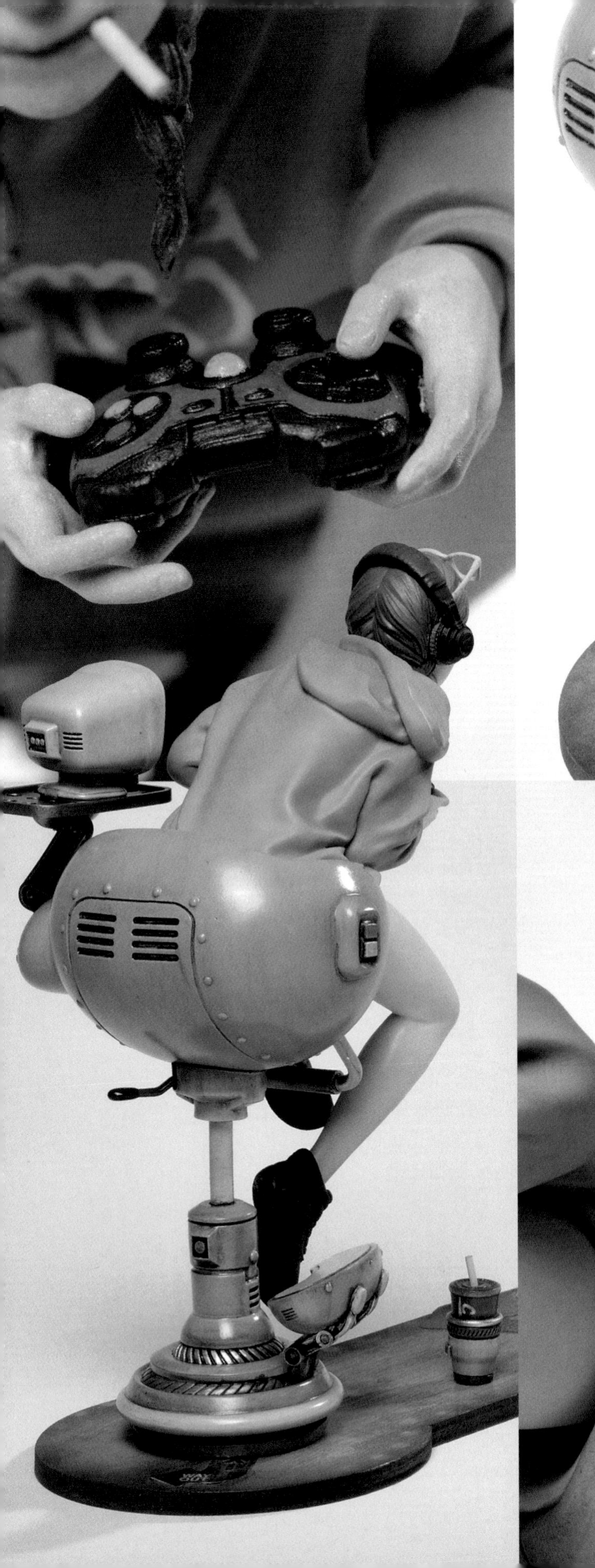

DIE-CUT PANDEMONIUM
DIE-CUT 百鬼夜行

Original Sculpture, 2018
Photo : Taku Murakami

SNAKE AND DOG
蛇與狗

Original Sculpture, 2018
Photo : Yosuke Komatsu

SURVIVAL: 01 KILLER

Original Sculpture, 2016
Photo : Yosuke Komatsu

SURVIVAL: 02 COLLECTOR

Original Sculpture, 2016
Photo : Yosuke Komatsu

SURVIVAL: 03 UNDERTAKER

Original Sculpture, 2016

Photo : Yosuke Komatsu

SURVIVAL: 04 HUNTER

Original Sculpture, 2017
Photo : Yosuke Komatsu

SURVIVAL:04
HUNTER

SURVIVAL-04
HUNTER

BLACK ROCK CITY

Original Sculpture, 2017

Photo : Yosuke Komatsu

EXTRA

CONTAGION GIRL 2

Original Sculpture, 2017
Photo : Yosuke Komatsu

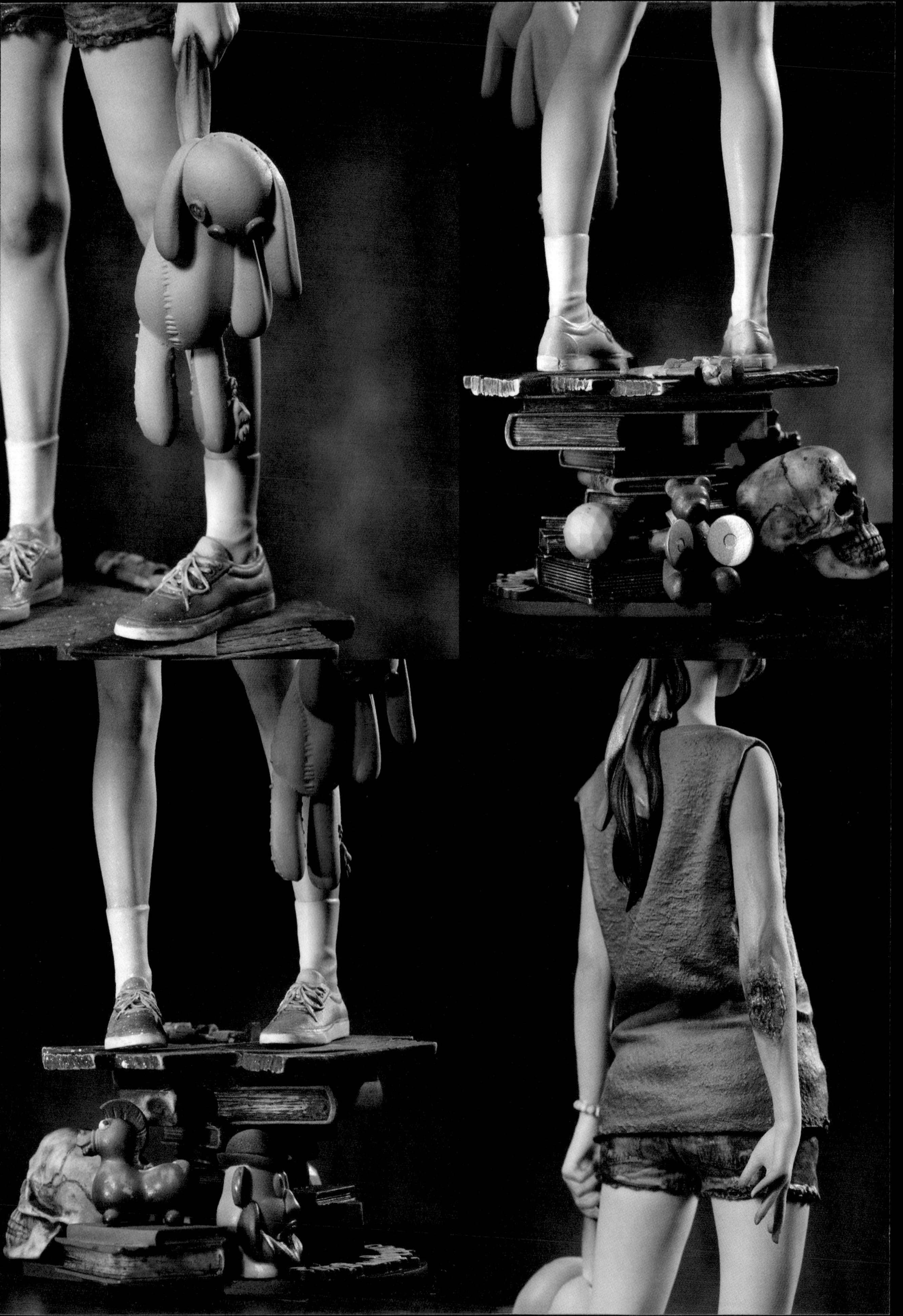

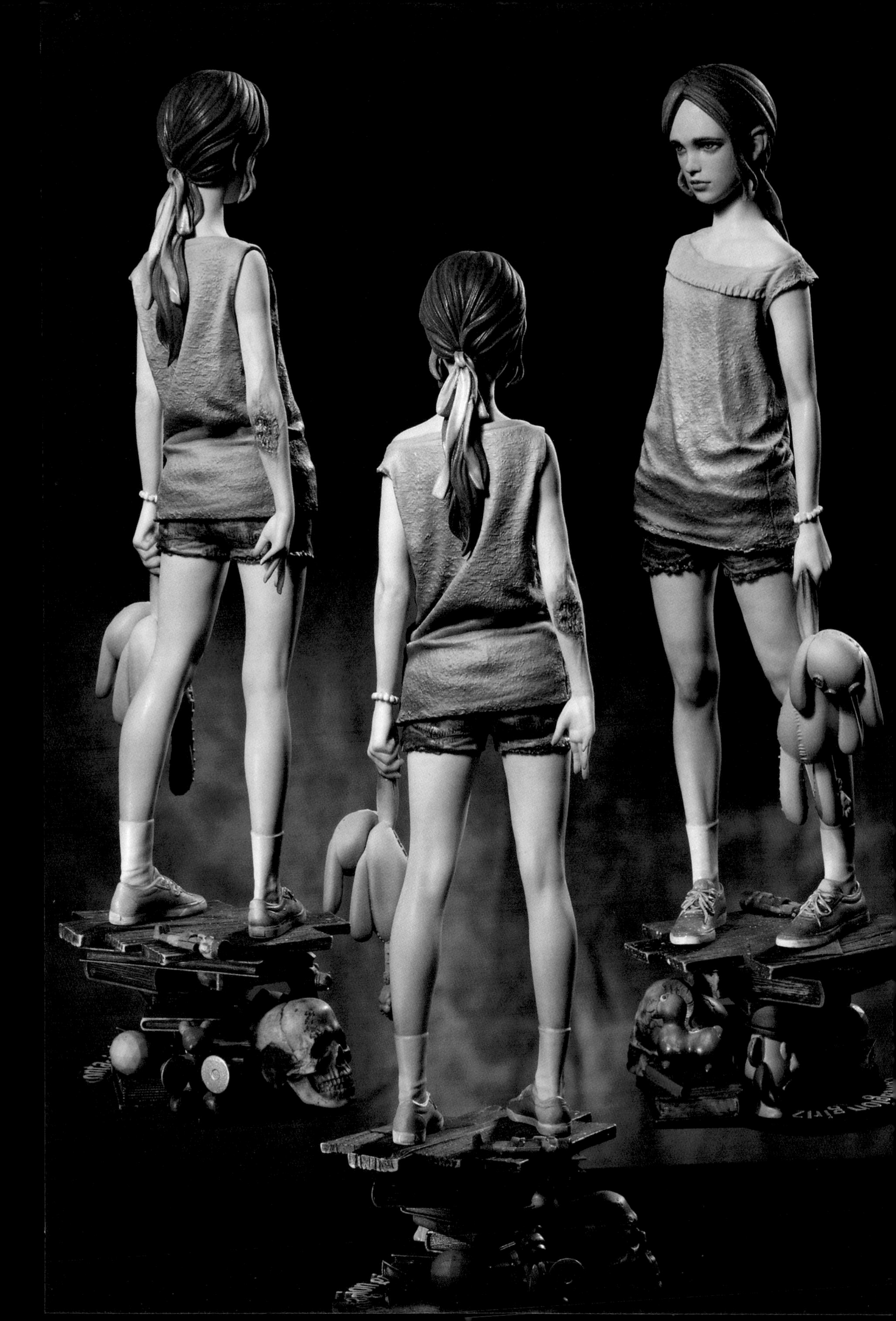

WIND RISES

Original Sculpture, 2017

Photo : Yosuke Komatsu

THE DAY THAT JAPANESE WOLF HAD DISAPPEARED

山神消逝之日

Collaboration Sculpture, 2018

Original illustration：Mari Yamaduki

Photo：Yosuke Komatsu

GIRL WITH A LAMP

手持提燈的少女

Original ZBrush Works, 2016

VAMPIRE

吸血鬼

Original
ZBrush Works,
2017

GIANT MAN

壯漢

Original ZBrush Works,
2017

GREEN ARROW FROM "ARROW"

綠箭俠

Sculpture for KOTOBUKIYA "ARTFX +", 2017

Photo : Yosuke Komatsu

製作：株式會社 MIC

FLASH FROM "THE FLASH"
閃電俠

Sculpture for KOTOBUKIYA "ARTFX +", 2017

Photo：Yosuke Komatsu
製作：株式會社 MIC

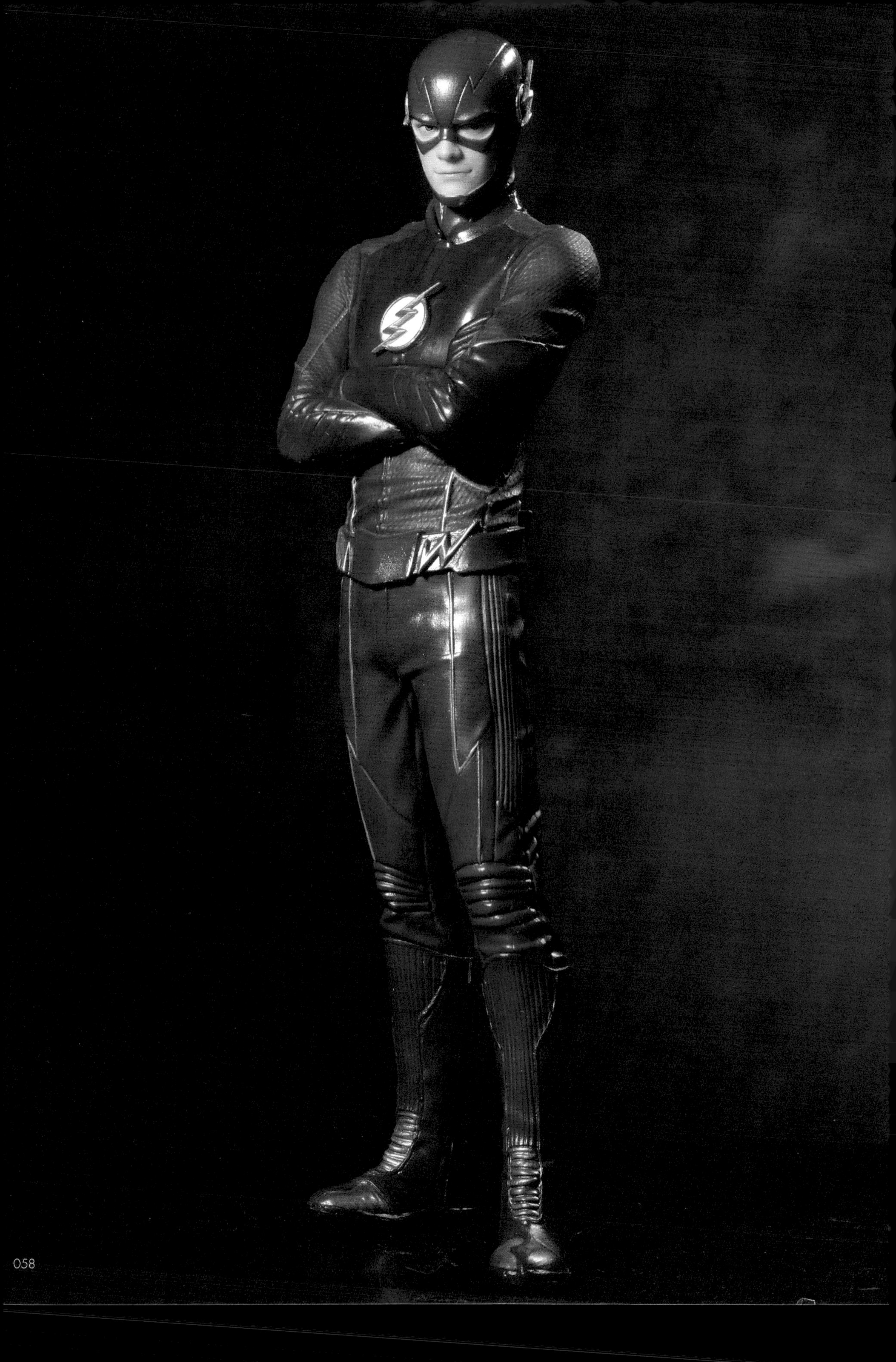

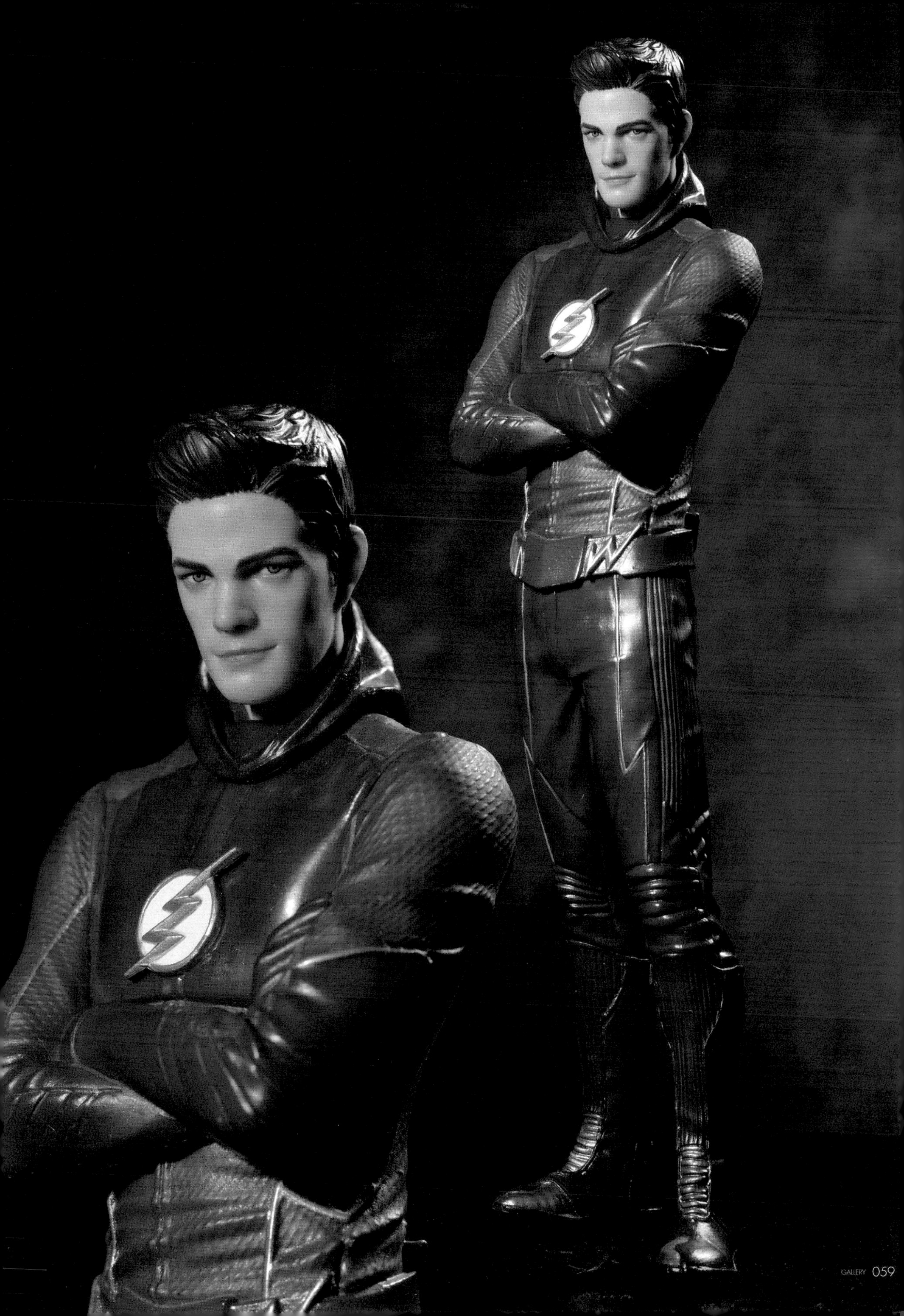

使用 DazStudio、MarvelousDesigner、ZBrush、Form2

製作『GAME』

整體的流程

1 角色人物設計
使用 DazStudio 設計姿勢→MarvelousDesigner 設計服裝→再使用 ZBrush

2 使用 ZBrush 進行雕塑

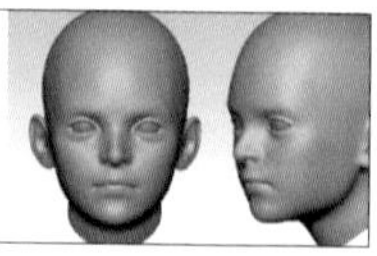

3 將 Geomagic 公司的 Sculpt 設定為穿透

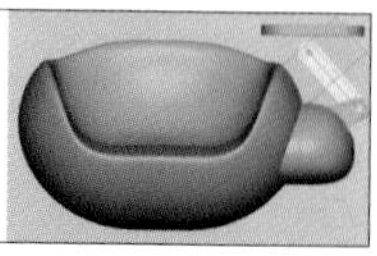

4 使用 ZBrush 進行細部細節修飾

5 分割後以 Form2 進行輸出

6 以手工作業修邊

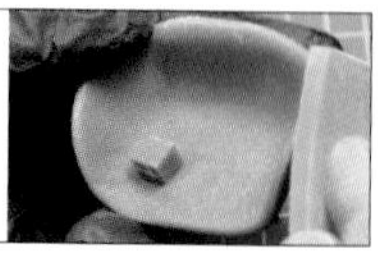

7 以矽膠翻模

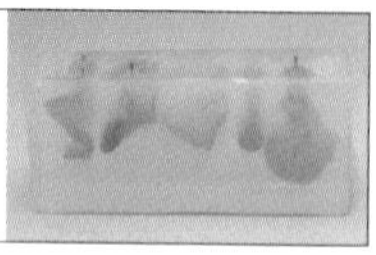

8 以 ZBrush 進行模擬上色

9 上底漆→上色→上保護漆

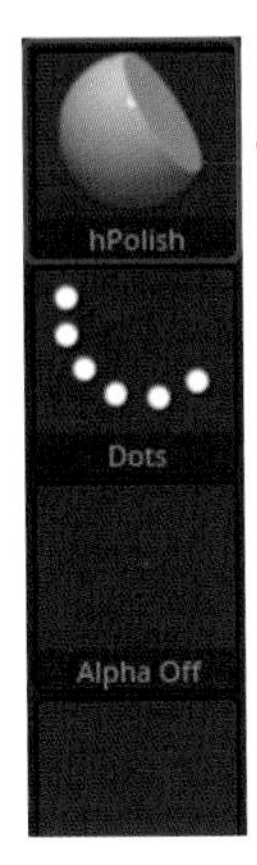

筆刷（工具）

我會使用各種不同功能的筆刷類工具進行雕塑作業。雖然需要基本的幾種筆刷工具就能夠製作，但如果能選擇適合自己想要製作的形狀之筆刷，作業起來效率會更佳。一邊按住 Alt 鍵，一邊使用筆刷，可以讓效果反轉。本來是隆起的筆刷會變成凹陷，而凹陷的筆刷則會變成隆起功能。

按下 B 鍵或是點擊筆刷的圖示，就能打開筆刷清單。

只要學會這些重點就沒問題了！軟體的解說

ZBrush 篇

by 水澄剛大

在此要為各位簡單說明 ZBrush 的基礎，以及作品範例中所使用的功能、筆刷。由於篇幅的關係，沒辦法做完整的說明，不過希望能幫助各位先做初步的理解。

現在 ZBrush 最新版本是 2018。本書使用的是 4R8P2 版本，不過軟體內容並沒有變更之處。

最重要筆刷

在為數眾多的筆刷當中，這些是至少要熟悉的基本筆刷。

ClayBuildup

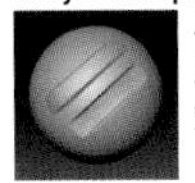

以此筆刷重覆 Stroke（雕刻）的時候，可以將形狀愈堆愈高，因此可以運用於想要呈現出大致形狀時使用。因為表面會變得粗糙的關係，基本上雕塑時會和 Smooth 筆刷併用。

Standard

可以做出平緩的堆高效果。在 Stroke（雕刻）或變更 Alpha（遮罩圖案）、添加細部細節時也可以使用。

Smooth

用來修飾表面形狀的凹凸不平。按住 Shift 鍵不放，即可進入 Smoot 筆刷模式（游標會變成藍色）。若是當筆刷開始下筆後放開 Shift 鍵，就會變成 SmoothPolish 模式，如此 Smooth 處理的效果會保留一些原來表面的凹凸形狀。

Move

可以用來做出捏住、拉動、或使外形凹陷的動作。像是要微調形狀，或是大幅拉長形狀時，使用的頻率很高。如果按住 Alt 鍵不放，也可以將效果套用在法線方向。

DamStandard

可以呈現出如同使用蠟雕刀雕刻的表面形狀。使用時若是將 Intensity（強度）調降的話，可以調整雕刻的谷形凹陷部分的深度。

Smooth Stronger

這是加強 Smooth 效果的筆刷。使用於一般的 Smooth 無法呈現效果的高面數（網格）多邊形。位於 LightBox>Brush>Smooth 的資料夾中。

hPolish

這是要呈現出物體的平面時使用。持續以此筆刷進行處理，物體表面會變成平面。就像是磨邊修飾處理的感覺。如果按住 Alt 鍵不放的話，會一邊堆高，一邊形成平面。

SK 筆刷

榊馨老師自行設計的筆刷組合在製作原型時非常好用。檔案下載的位置是 https://gumroad.com/sakaki_kaoru
將筆刷檔案（ZBP 檔案格式）放入右記資料夾中，在啟動軟體就會自動讀取（以 4R8 為例）。C:/Program Files/Pixologic/ZBrush4R8/ZStartup/BrushPresets
SmoothStronger 也在 C:/Program Files/Pixologic/ZBrush4R8/ZBrushes/Smooth 資料夾 ，只要剪下貼上即可，很方便。

SK_ClayFill

一邊堆高，一邊施以 Smooth 處理。製作某種程度精細的形狀，或是要將凹陷處填平時使用。

SK_AirBrush

塗色時使用的筆刷。可以將 Stroke（雕刻）變更為 ColorSpray，或是變更為 Alpha（遮罩圖案）等等，表現出各種不同的外觀質感。白色可以當作橡皮擦的代用品。按下 Alt 鍵不放的話，可以塗色另一邊的顏色。按下 C 鍵即可複製游標所在位置的顏色。

SK_Cloth

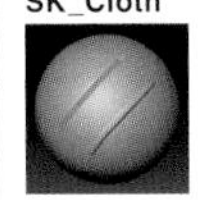

這是用來製作衣服皺褶時的筆刷，也可以用來製作毛髮。這在添加細部細節時是使用頻率很高的筆刷工具。

SK_Slash2

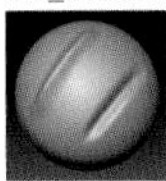

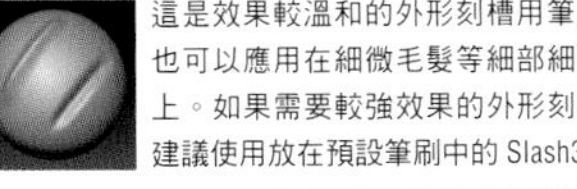

這是效果較溫和的外形刻槽用筆刷，不過也可以應用在細微毛髮等細部細節的呈現上。如果需要較強效果的外形刻槽的話，建議使用放在預設筆刷中的 Slash3。

按住 Alt 鍵不放時的顏色
通常塗色時的顏色
在 Smooth 模式中關閉這個功能

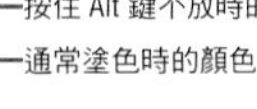

使用 Smooth 筆刷可以讓色彩變得模糊。但如果直接使用的話，會讓外形也受到 Smooth 處理，因此必須要將 Smooth 的 Zadd 功能關閉。按住 Shift 鍵不放，即可在 Smooth 模式中關閉這個功能。

目前選到模型的頂點數
所有模型（SubTool）的合計頂點數

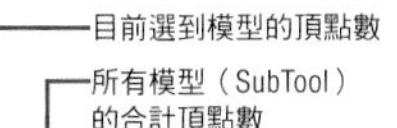

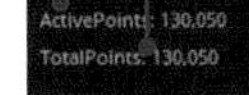

由於 ZBrush 的繪製方式是點繪製的關係，點數太少的話，看起來就會像點陣圖一樣粗糙。DynaMesh 則是會先更新為足夠的點數，再進行繪製。

其他常用筆刷

IMM Primitives

用來插入球體、立方體及圓柱等基本形狀的工具。可以作為如眼球、卡榫凸出部分等各種物體的基礎形狀。由於會插入相同的 SubTool 當中，所以有必要 Split（分割）後製作成不同的 SubTool。插入的位置會朝向法線的方向。

TrimAdaptive

將邊角削去，取 C 面時使用。只要沿著邊角移動，就能處理得很好。筆刷開始的位置會被抹平降低為平面，但如果筆刷開始的位置是位於較低處的話，則會先由該處先抹平成為平面。

CurveTube

描繪一個曲線，然後沿著那條曲線插入管狀物。曲線不會沿著物件的形狀，而是會沿著與現在視點相同的平面。與弧線相關的筆刷工具可以用滑鼠左鍵點擊原本的物件來加以確定，如此便可以描繪出連續的曲線。有必要 Split 之後再使用。

CurveStrapSnap

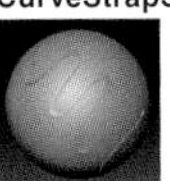

曲線相關的筆刷名稱加上 Snap，代表插入時會沿著原本的物件形狀。可以運用在塗刷皮帶的基座等物體時使用。將游標移至曲線的起點與終點附近，畫面出現紅線的時候，可以將曲線延長。此時如果按住 Alt 鍵不放，一邊塗過曲線的話，則可以將曲線刪除。

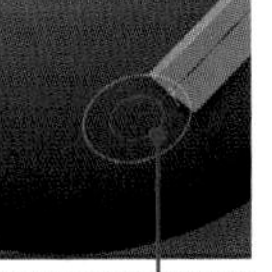

將游標移至曲線附近，畫面會出現紅線

選取筆刷

可以控制 Mesh 的顯示／隱藏、建立（Polygroup），或將一部分的面數視為其他零件，分割為其他模型圖層（SubTool）。按住 Shift＋Ctrl 鍵不放，就可使筆刷功能變更為選取筆刷。

按住 Shift＋Ctrl 鍵不放，點擊筆刷的圖示，即可叫出只有選取筆刷的選擇畫面。

SelectRect

等同於 Photoshop 的矩形選取工具。只會顯示出綠色面積的部分。按住 Alt 鍵不放時，效果會反轉，顏色變成紅色，被框選的部分會隱藏起來。此外，若按住空白鍵不放，則可以將形狀大小固定後平行移動。不過物件只是有一部分隱藏，本身還是處於存在的狀態。

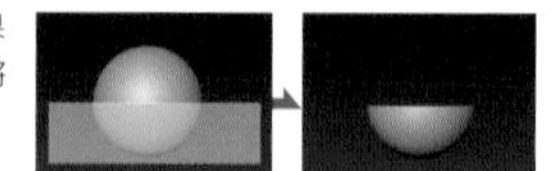

SelectLasso

等同於 Photoshop 的套索工具。選取筆刷如果按住 Shift＋Ctrl＋點擊物件外側，可以完全解除隱藏的狀態；按住 Shift＋Ctrl＋在物件外側拖曳矩形的話，則可以反轉顯示／隱藏的狀態。

反轉顯示／隱藏

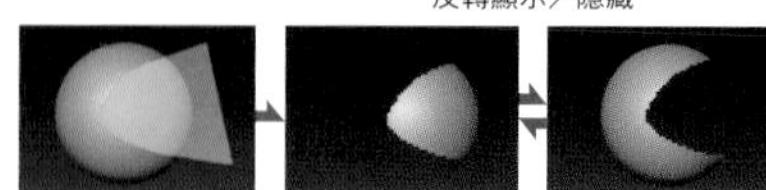

TrimCurve

雖然屬於選取筆刷的類別，但功能完全不同。拖曳游標畫出曲線時的陰影側會被裁切。畫出曲線的過程中，按下 Alt 鍵一次，會變成曲線；按下 Alt 鍵 2 次，則會變為折線。如果只是單純裁切的話，可以使用 TrimCurve，不過如果想要呈現挖缺塊感覺的話，則會使用 ClipCurve。

〔使用 TrimCurve 時〕陰影側會被裁切

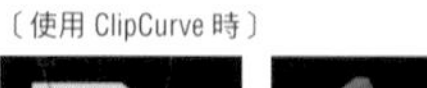

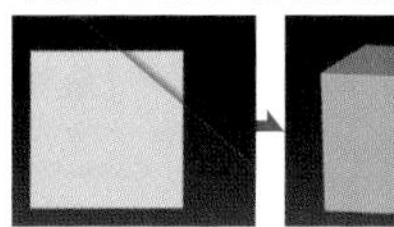

〔使用 ClipCurve 時〕

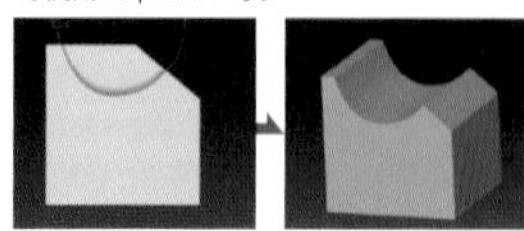

如果裁切時需要有底面的話，必須設定為布林運算的差集運算。

遮罩筆刷

將面數塗上遮罩，使筆刷及移動的效果無效。藉由將面數塗上的一部分遮罩，可以移動物件來拉長延伸，或是反過來使物件凹陷成型。也可以在要將遮罩部分變換為面數群組（PolyGroup）或是 Extract 時使用。按住 Ctrl 鍵不放，就能切換為遮罩筆刷。

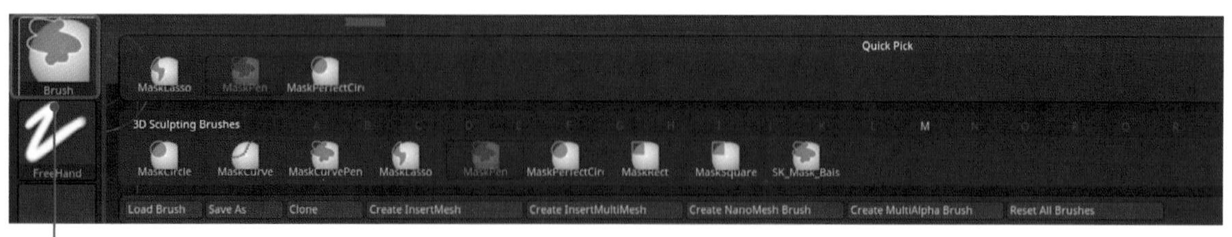

按住 Ctrl 鍵，並點擊筆刷圖示，就可以叫出只有顯示遮罩筆刷的選擇畫面。

MaskPen

在表面塗抹的部分會形成遮罩。若由物件外的區域開始拖曳的話，會形成矩形的遮罩。遮罩筆刷可以藉由 Ctrl＋點擊模型外的區域來達到反轉遮罩的效果。此外，若以 Ctlr＋在模型之外拖曳矩形，即可解除遮罩。

MaskLasso

可以用套索建立遮罩。若按住 Alt 鍵不放，遮罩筆刷所圍住的區域會解除遮罩。此外，按住空白鍵同樣可以做出平行移動遮罩的效果。

MaskPerfectCircle

可以建立正圓形的遮罩。於提升細部細節時使用。

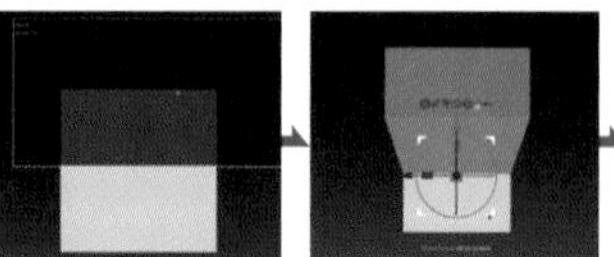

在立方體上部以矩形建立遮罩。即使移動這個矩形，上部仍然處於固定的狀態。

使用移動工具移動至下方後，即可以如同使用縮放製作相同形狀。

Ctrl＋滑鼠左鍵點擊物件外的區域，即可反轉遮罩。

將反轉的部分也以縮放進行處理。

Ctrl＋在物件外的區域拖曳矩形，即可解除遮罩。

Stroke（雕刻）

Stroke（雕刻）會決定筆刷的雕刻方式。基本的 Dots 和 FreeHand 是用筆來雕刻的效果。基本上直接使用預設值即可，但使用 Alpha 來添加細部細節或是希望繪製時呈現出隨機亂數的感覺，可以變更設定。

一般會用到的筆刷幾乎就是這兩種，基本上不需要再變更設定。可以將此兩種筆刷視為相同效果也 OK。

這是 Standard 的筆刷，配合 Alpha 後可以當作印章般使用。變更 Intensity 及 FocalShift 設定，可以調整深度以及邊緣的模糊程度。

ColorSpray 可以隨機混色後描繪出斑紋狀的筆劃。Spray 可以在添加毛孔或是如綿花般隨機不規則的細部細節時使用。

雖然和 DragRect 有點相似，但可以維持固定的尺寸大小，一邊拖移到指定的位置。

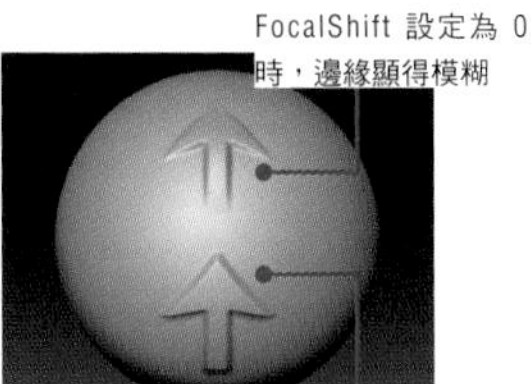

FocalShift 設定為 0 時，邊緣顯得模糊

FocalShift 設定為-100 時，邊緣顯得清晰鮮明

Alpha（透明度）

Alpha 指的是全白轉變為全黑過程中的漸層效果所呈現出高低落差的圖像。以此決定筆刷的形狀。全黑視為透明，而全白則為厚度最大的狀態。在 ZBrush 中可以自行製作 Alpha，也可以透過 Illustrator 等外部的影像處理軟體來製作。按住 Alt 鍵不放，會呈現出黑白反轉的狀態。

Material（材質）

Material（材質）會決定物件所呈現出來的質感。預設值的 MatCap RedWax 因為材質顯示不容易辨視的關係，必須變更設定。可以下載網路上有志之士製作更容易掌握形狀的 Material 來使用。本書所使用的是 zbro_Mud_3Dcoat。

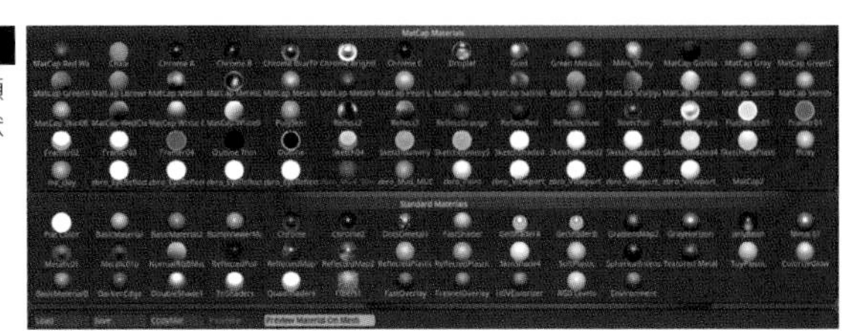

zbro_Mud_3Dcoat 的下載連結：http://luckilytip.blogspot.jp/2012/05/zbrush-custom-matcap-6.htm
將 Material（ZMT 檔案格式）放入下述資料夾中，軟體啟動時就會自動讀取（以 4R8 版本為例）。
C:/Program Files/Pixologic/ZBrush4R8/Zstartup/Materials/
上半部的 MatCap Material 因為光線的方向已經固定，無法改變。下半部的 Standard Material 則可以調整光線的照射方式。而不同的光線照射方式也會造成形狀的外觀以及圖象的變化，此外，偶爾變更為 BasicMaterial，再調整光線，確認一下形狀，可以減少 3D 列印出來後的形狀與印象中相差甚遠的狀態。

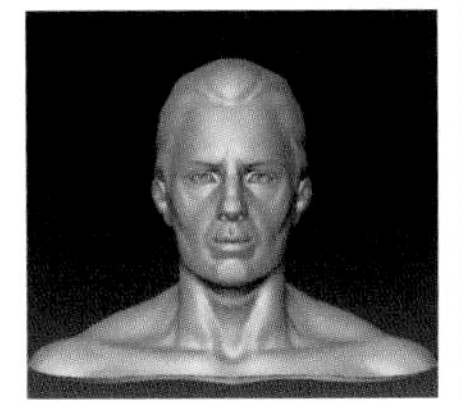

zbro_Mud_3Dcoat 的印象

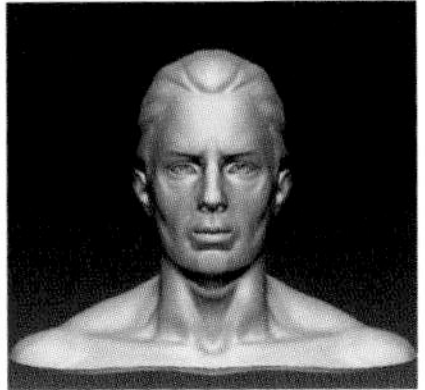

BasicMaterial 預設光線值的印象

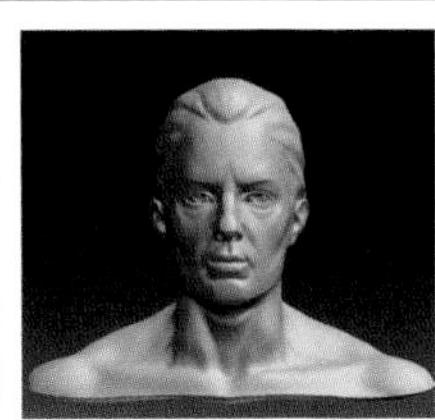

BasicMaterial 追加光線時的印象

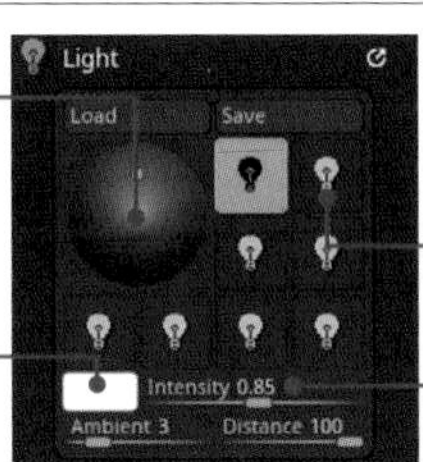

可以移動橘色點來移動光線照射的位置設定。

自 UI 上部選單將 Light 打開，便會出現這樣的圖示。

想要追加光線時，將電燈泡的圖示設定為打開即可。

設定光線的顏色。

可以設定光線的強度。

DynaMesh（動態網格）

DynaMesh（動態網格）是一種可以將模型強制重新分佈面數數量來增加點數，使其達到如同黏土般塑形效果的功能。製作原型的時候經常會使用這項功能。

將這個按鈕打開，就能將模型 DynaMesh 化。

決定面數數量的密度（解析度）。數值過大時，點數過多，會造成檔案太大，如此也不利於塑型。因此要一邊維持形狀，一邊找出最適合設定數值。

如果要更新 DynaMesh 的話，可以在物件外一邊按住 Ctrl 鍵，一邊拖曳一個矩形。至於什麼時候需要更新呢？
①當網格變得不平均，不容易製作時
②執行布林運算時
③想要增加或減少解析度時
基本上分為以上 3 大類。

如果想要觀察網格的分佈時，可以按下 PolyFrame 鍵，或是同時按下 Shift＋F 鍵。

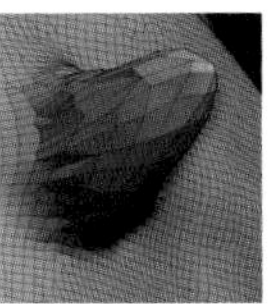

因為是以筆刷工具堆高的關係，與其他網格的間隔產生變化。這樣下去不容易繼續製作凸起的部分。

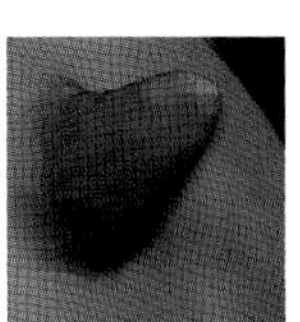

更新 DynaMesh，再次重新分佈面數，如此一來凸起的部分也變得容易製作。

Transpose Line

ZBrush4R8 版本以後增加了 Gizmo 功能，雖然這個功能使用起來較為方便，不過作品範例中也有運用 Transpose Line 的簡易上手技法，所以要在此介紹給大家。

按住 W 鍵，設定為 Move 模式，然後再按下 Y 鍵由 Gizmo 變更為 Transpose line。

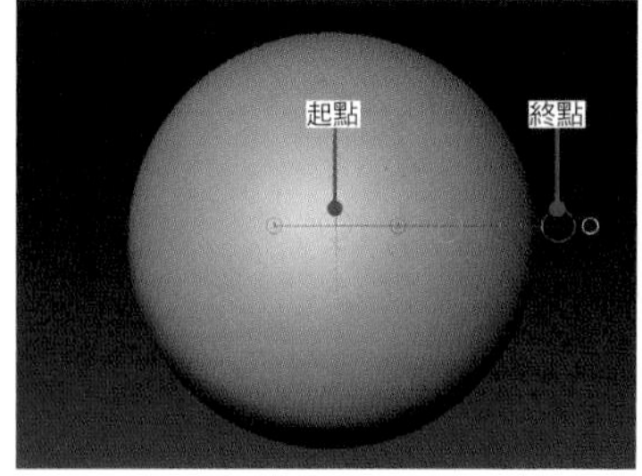

在物件上拖拉出參考線。此時按住 Shift 鍵不放，就可以讓線條平行於畫面。

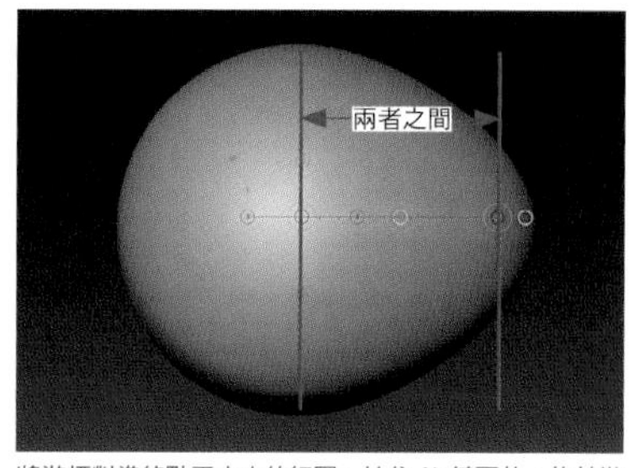

將游標對準終點正中央的紅圈，按住 Alt 鍵不放，拖拉游標。如此一來在起點與終點兩者之間會放大縮小。若同時按住 Shift 鍵不放的話，就會沿著線條方向放大縮小。

3D Gizmo

可以執行物件的移動、尺寸調整以及旋轉。雖然 Transpose Line 也可以達到相同的效果，但這種方式較為方便，推薦大家使用。

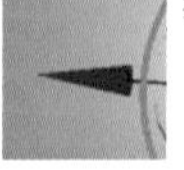

拖曳箭頭，便會朝那個方向移動。

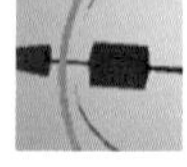

拖拉直方體時，會朝向方塊的軸方向放大縮小。

如果拖拉外側的灰色框框，就可以使物件相對於畫面平行移動。此外，若是拖拉灰色的圓，則會使物件相對於畫面平行旋轉。

拖曳正中央的黃色框框，則整個物件都會等比例放大縮小。

拖拉不同顏色的圓，就會朝向相對應的方向旋轉。

即使移動了 Gizmo，也會使其回到原來的位置、角度。不想改變 Gizmo 的位置時，這個功能很方便。

將 Gizmo 移動到物件的中心。如果有建立遮罩的話，則會移動到沒有遮罩處的中心位置。在透過選取筆刷只顯示一部分物件上也有相同的效果。

將整個物件移動至原點。

重新設定 Gizmo 的旋轉狀態。

如果處於打開的狀態下，則 Gizmo 的編輯不會對物件造成影響。如果只要調整 Gizmo 的角度或位置時，可以打開這個功能。按住 Alt 鍵的時候會開啟這個功能。

SubTool

要想解說 SubTool，必須要先解說 ZBrush 的檔案階層構造。

ZPR

這是快速儲存檔案或是還原資料會使用的儲存形式。會將 Toolbox（模型欄位）中包含的所有 ZTL 及其他設定全部儲存下來。但如果每次都用 ZPR 格式儲存的話，檔案容量會變得過大，因此基本上都是以 ZTL 的格式儲存，不怎麼使用 ZPR 格式。設定的內容則要另外個別儲存。

ZTL（ZTool、Tool）

ZTL 即可以是 ZTool，也可以單純稱為 Tool（參數設定模型）。就像是包含數個 Subtool 在內的貨櫃一樣。檔案在儲存的時候不會覆蓋前面的檔案，基本上會以 ZTL 的格式加上流水號碼依序儲存下去。如果多餘的 ZTool 增加太多的話，自動儲存時會耗費較多的時間，而且會佔用多餘的容量，因此建議將 ToolBox 中不需要的檔案刪除，稍做整理較佳。

Subtool（模型圖層）

所謂的 Subtool，在製作原型的領域就等於是部位零件一般。顧名思義，指的是該物件與其他物件分層的意思。製作原型的過程中，有時會將物件彼此組合在一起，有時候則會將物件彼此分層。

Polygroup（面數群組）

所謂的 Polygroup，是一種可以將一個模型再細拆為其他物件的功能。然而並非實際上真的拆開物件，而是為了能夠簡單切換顯示／隱藏，或是為了運用 Polygroup 的各項功能而區隔開。按下 Shift+F 鍵可以看到區分顏色的部分即為 Polygroup 被區隔的狀態。

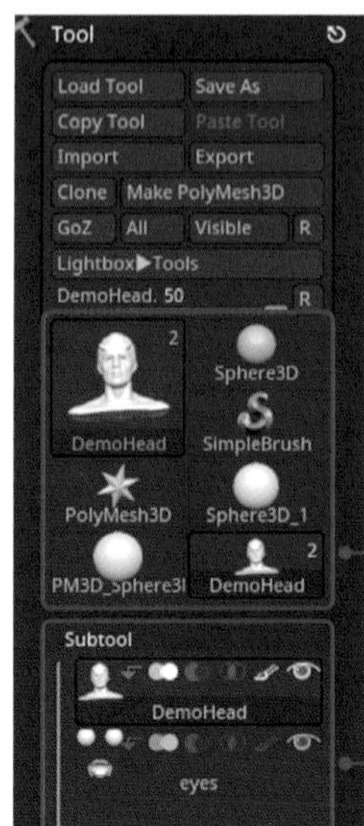

這裡就是 ToolBox。左上方較大的圖示代表現在選擇中的 Tool。點擊後即可叫出 Primitive（基本形狀）。若以 Load Tool 讀取 ZTL 的話，會收納在這個區塊。

這裡是 Subtool 的列表。包含在選擇中 Tool 的 Subtool 會顯示出來。

ZBrush 的階層構造

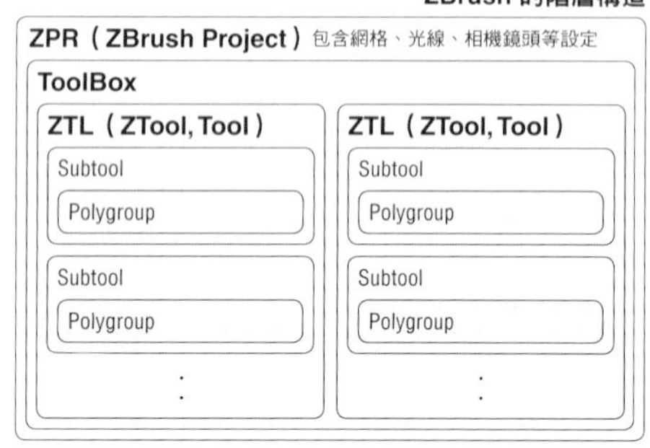

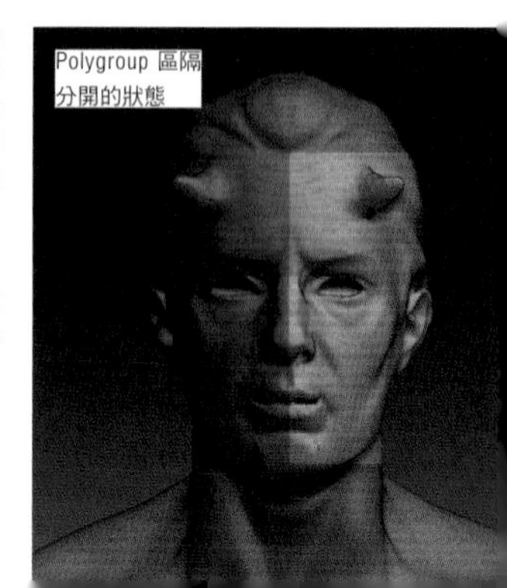

在此簡單說明作品範例中所使用的軟體功能。

筆刷 (Brush) 類

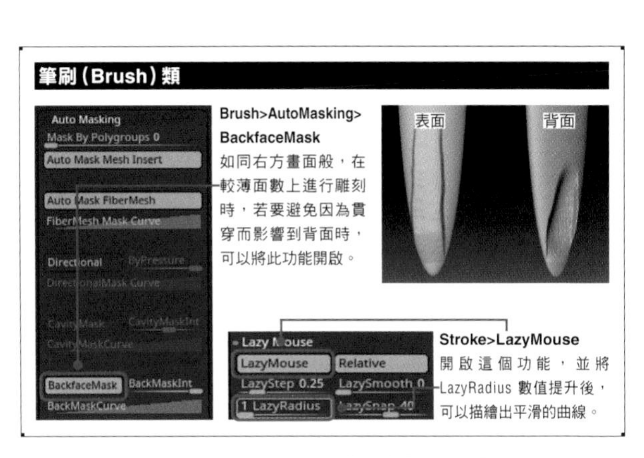

Brush>AutoMasking>BackfaceMask
如同右方畫面般，在較薄面數上進行雕刻時，若要避免因為貫穿而影響到背面時，可以將此功能開啟。

Stroke>LazyMouse
開啟這個功能，並將 LazyRadius 數值提升後，可以描繪出平滑的曲線。

面數 (Mesh) 製作類

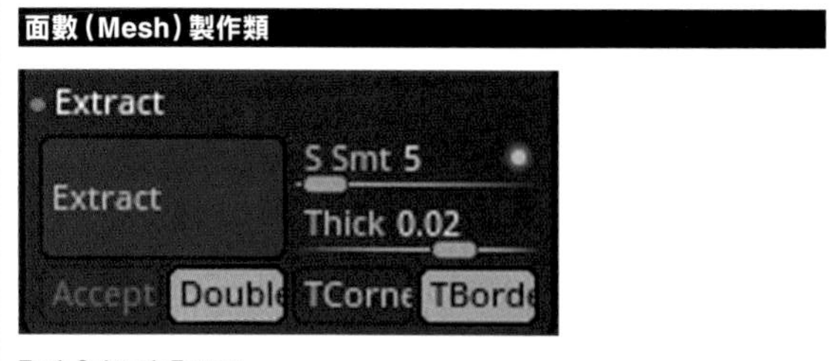

Tool>Subtool>Extract
在覆蓋遮罩的部分增加厚度，使其獨立成另一個模型。Thick 可以調整厚度。Double 開啟時，表面和背面都會增加厚度。將 Double 關閉，並將 Thick 設定為負值，則會在網格的內側增加厚度。若按下 Exract，只會呈現預覽狀態。按下 Accept 則會接受目前的狀態產生新的模型。

合併 (Merge) 類

MergeDown

會與正下方的 Subtool 整合在一起
Merge Down 時交叉的斷面

設定為 Dynamesh 時，因為物件彼此整合的關係，交叉的部分會消失，形成空洞。

Tool>Subtool>Merge>Merge Down 會讓選取中的模型與下一層模型整合在一起。然而請注意兩者只是整合在一起，而非黏結在一起。如果需要黏結在一起的話，需要執行 DynaMesh 功能。如同作品範例中所說明一般，布林運算差集時也會使用這個功能。

多邊形組合 (Polygroup) 類

Tool>Polygroups>Auto Groups
在模型內區分多邊形時，會區分成 Polygroup.

Tool>Polygroups>Group Front
將目前攝影機所朝向的範圍設定為相同的 Polygroup。

Tool>Polygroups>GroupVisible
將顯示中的面數歸為相同的 Polygroup。

Tool>Polygroups>Group Masked
將建立遮罩的部分變更為 Polygroup。

分割 (Split) 類

Split Hidden

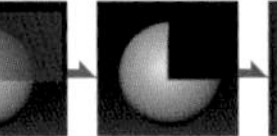

Tool>Subtool>Split>Split Hidden 將隱藏的面數區分為另一個模型。

Groups Split

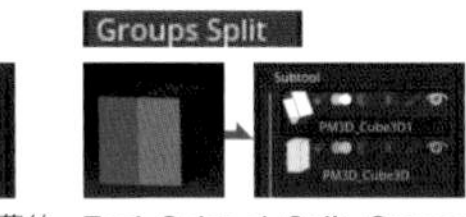

Tool>Subtool>Split>Groups Split
將整個 Polygroup 區分為另一個模型。

網格編輯類

Del Hidden

外觀看起來和非顯示相同

Tool>Geometry>Modify Topology>Del Hidden 刪除隱藏的網格。

Close Holes

Tool>Geometry>Modify Topology>Close Holes 若面數中有破面，以三角形網格將其蓋住。

載入 (Import) ／輸出 (Export) 類

ZPlugin>3D Print Hub>Import STL File/Export to STL

載入（Import）或輸出（Export）STL 檔案時使用。藉由 Decimation Master 功能，減少點數，並以 Update Size Ratios 決定尺寸後，進行輸出。

位於 Tool 的上部。
載入（Import）或輸出（Export）OBJ 檔案時使用。
載入時會置換掉選取中的模型。

顯示類

Grow All

Tool>Visibility>Grow All
以選取筆刷使面數只顯示一部分時，按下這個功能會讓面數所有連接的部分都顯示出來。

Double

Tool>Display Properties >Double
一般由多邊形的背面觀察時會呈現透明狀態。開啟這個功能時，背面也會顯示出來，幫助我們更容易掌握整體狀態。

網格變形類

Inflate

Tool>Deformation>Inflate
使物件朝向法線方向膨脹。

鏡像 (Mirror) 類

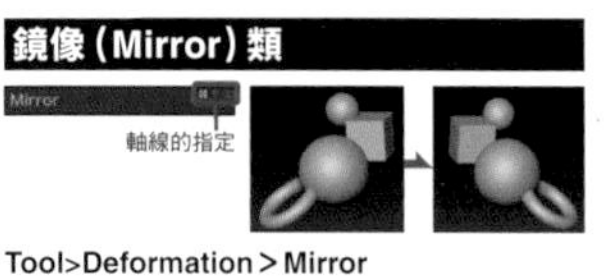

Mirror
軸線的指定

Tool>Deformation > Mirror
相對於指定的軸線，將模型單純反轉。

Mirror And Weld
軸線的指定

Tool>Modify Topology>Mirror And Weld
相對於指定的軸線，將模型複製後反轉。因為一定要由軸線的＋（正）方向朝－（負）方向複製反轉的關係，當物件位於－方向時，只要以一般的鏡像處理，設定為＋，再執行 Mirror And Weld 即可。

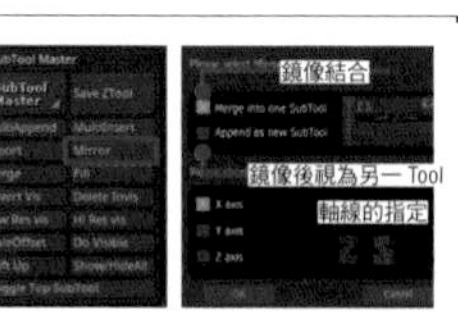

ZPlugin>SubtoolMaster>Mirror
在 Subtool Master Plugin 中的鏡像處理。可以指定物件執行鏡像。在作品範例中也會稍作說明。

鏡像處理一共有 3 種類型，可能很容易造成混淆，只要與 Duplicate 併用，結果就能達到相同的效果。請選擇自己用起來最方便的方式處理即可。

關於原點及座標

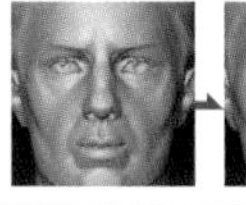
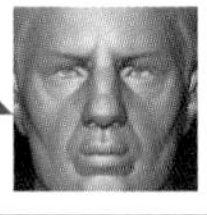

在選單的 Draw 中將 Elv 的滑桿數值調整為 0，開啟 Fool Grid 圖示，並開啟上部的 XYZ 字樣，即可確認原點及 XYZ 平面。由原點延伸出來的紅綠藍線條各自代表了 XYZ 的＋方向。

Daz Studio 篇 by 水澄剛大

Daz Studio 是一套基本免費的 3D 人物製作軟體。軟體本身是可以免費使用，並且在一開始就包含了幾種可以使用的人體模型。如果需要追加功能時，則須要到官方網站的商店（英文）購買。在本書的作品範例中，是將人物與姿勢當作初始設計的基礎使用。網路上也有不少關於軟體使用方式的日文、中文參考資料。軟體安裝的方式稍微有些複雜，請在網路上搜尋「Daz Studio 安裝教學」作品範例是以 4.9 版本進行製作，解說的畫面則是 4.10 版本，不過請放心兩者沒有太大的變更處。Daz Studio 官方網站 https://www.daz3d.com/home

01 這是軟體開發商 Daz3D 的網站。https://www.daz3d.com/ 要下載軟體，需要先註冊一個帳號。

04 由這裡可以連結到商店。

02 點擊此處，就會跳出 03 的視窗。

03 由此處可以新註冊一個帳號。

Daz Studio 的功能

Daz Studio 原本的目的是可以幫助我們輕鬆製作以人物為主角的 CG 畫面或動畫。強項在於只要指定喜好的人物、衣服、姿勢、動作動畫及背景，就可以輕鬆製作完成。作品範例只使用了這個軟體的一部分功能，進行人物的比例平衡編輯、設計人物姿勢、進行布料模擬等單純的動畫功能。雖然這套軟體無法修飾細部細節，但相較於其他 CG 軟體（如 Maya 等），作業步驟壓倒性地簡便，因此適合使用於製作基礎設計。

由此處可以分別連結到不同類別的頁面。

人物與衣服　動物與創造物　背景與小物品　動作動畫與姿勢

這是官網的商店。在這裡可以購買人物、衣服、背景、姿勢、動作動畫等。這次的作品範例使用的角色人物 3D 模型是「Growing UP for Genesis 3 Female(s)」。

如果不購買對應於自己所使用 Genesis 的 Morphs（3D 模型），就無法進行細微的比例平衡調整。

Growing Up for Genesis 3 Female(s)

Daz Studio 的簡單解說

首先要由 Smart Content 標籤頁的 Files 或者是 Products 的 Figures 將檔案載入。Files 中所有的種類都會雜亂排列，而 Products 則會依照 Genesis 整理排列。可以看到有 Genesis1～3 與 8，數字愈大的版本愈新，動作時的自然程度也有所改善。

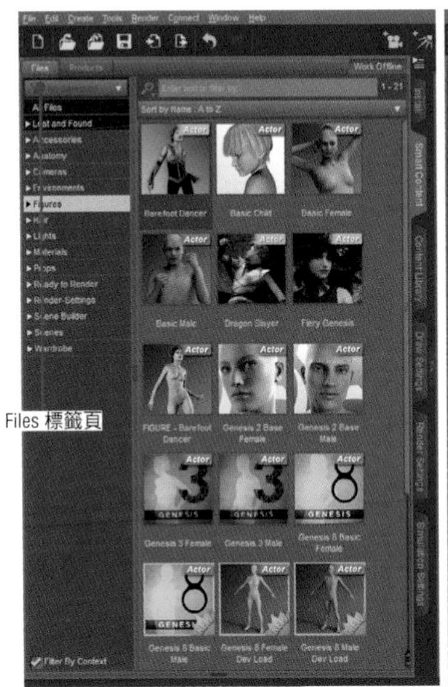

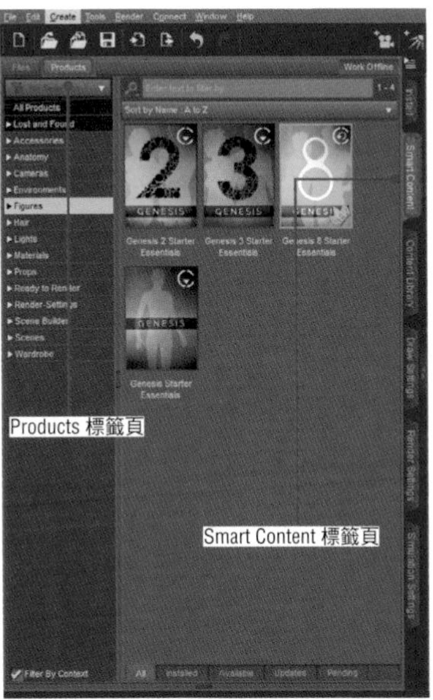

〔攝影機操作的快捷鍵〕

滑鼠按鍵是以拖曳的方式進行操作

Ctrl＋Alt＋左鍵：以物件為中心進行旋轉

Ctrl＋Alt＋右鍵：攝影機的 Pan 運鏡

Ctrl＋Alt＋滾輪鍵：攝影機的 Dolly 運鏡

Shift＋Ctrl＋左鍵：旋轉攝影機本身

Shift＋Ctrl＋右鍵：攝影機的 Zoom 運鏡

Shift＋Ctrl＋滾輪鍵：攝影機的 Z 軸旋轉

Shift＋Ctrl＋A 鍵：重設攝影機鏡頭

因為作品範例使用的是先前已經購買的 Genesis3 的 Female 這套 Morphs，但 Genesis8 可以使用 PowerPose 這項功能，調整姿勢的時候，可以更加直觀。建議使用 Genesis8。將 Genesis8 的 Basic Female 載入軟體。

攝影機的操作可以透過視埠右上的圖示來執行，但使用快速鍵會更加方便，因此於右上欄為各位介紹。

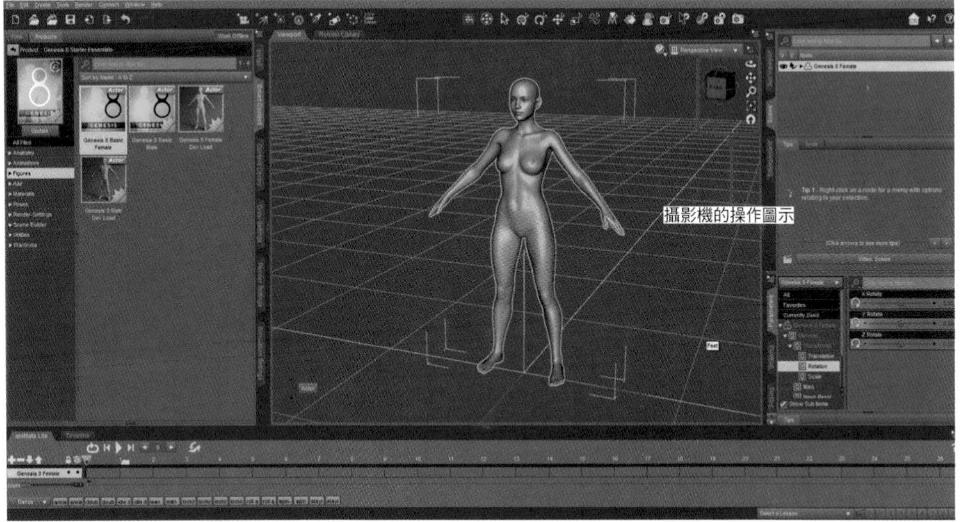

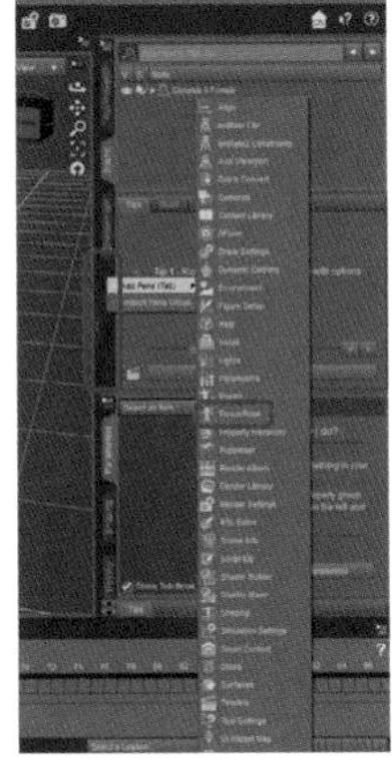

在此處無任何標示處點擊右鍵，就可以自 Add Pane 載入 PowerPose。

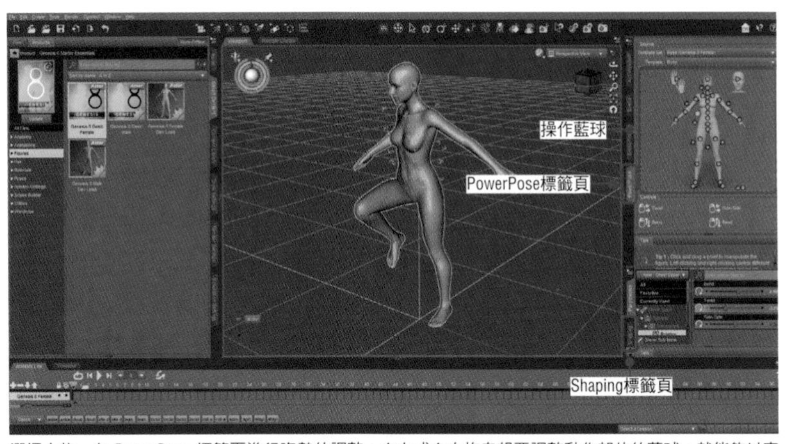

選擇人物，在 PowerPose 標籤頁進行姿勢的調整。向左或向右拖曳想要調整動作部位的藍球，就能夠以直覺的方式進行調整。在 Genesis8 中，可以透過「Genesis8 Female Body Morphs」，以手動的方式進行細微的體型調整，如果要大幅調整體型的話，就必須購買「Growing Up for Genesis 8 Female(s)」。購買後就可以在 Shaping 的標籤頁進行調整。

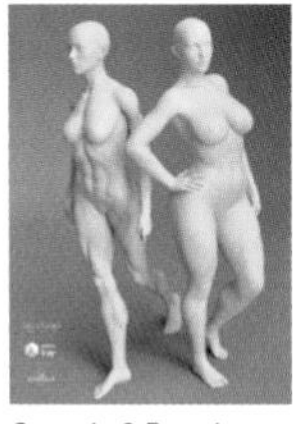

Genesis 8 Female Body Morphs

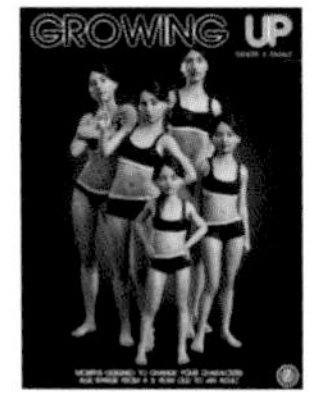

Growing Up for Genesis 8 Female(s)

Marvelous Designer 篇

by 水澄剛大

Marvelous Designer 是一套可以用來製作 3D 角色人物穿著的衣服，並且能夠重現自然的衣服皺褶的模擬工具。購買的方法有 3 種管道，以下分別解說。雖然網路上幾乎沒有日文的資訊可以參考，但軟體的使用者介面可以選擇日文，讓懂日文的使用者可以更直觀的操作軟體。目前最新的版本是 7.5 版，但本書的作品範例及解說都是使用 6.5 版。Marvelous Designer 官方網站 https://www.marvelousdesigner.com/

Marvelous Designer 的購買方法

①透過日本代理店購買
雖然有幾家代理店銷售這套軟體，但目前為止並沒有提供日文版的使用者說明書。除了可以用日文與店家溝通購買之外，並沒有其他好處。而且價格會比其他購買管道稍微貴一些。

②由官網直接購買
雖然需要用英文來進行申請購買的手續，但價格比透過日本代理店便宜。如果遇上美國的 BlackFriday 等促銷活動，有時甚至還有 30%的折扣。這也是我最推薦的購買方法。

③透過 Steam 平台購買
透過電腦遊戲平台 Steam 也可以購買到這套軟體。雖然在折扣活動期間可以用最低的價格買到，但軟體無法進行後續的版本升級。想要使用新版本時，就需要再重新購買一次軟體。

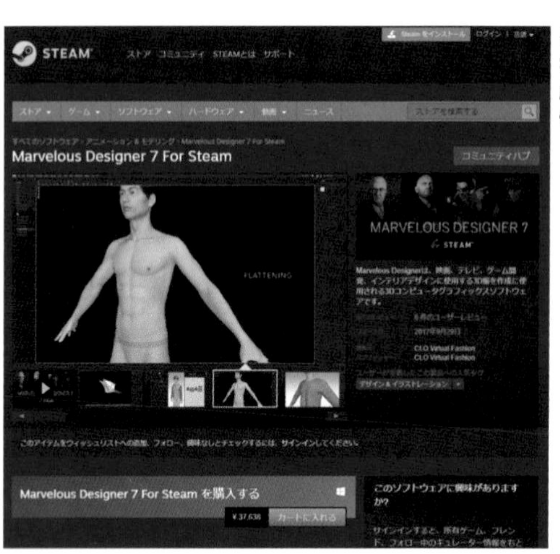

在 Steam 購買時，需要先註冊一個 Steam 的帳號。安裝 Game Launcher 遊戲啟動器，再透過這個程式來啟動軟體。

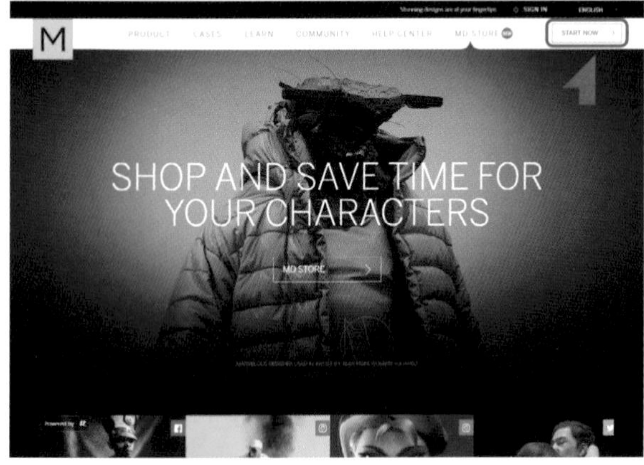

這是 Marvelous Designer 的官方網站。
請點擊 START NOW 按鍵。

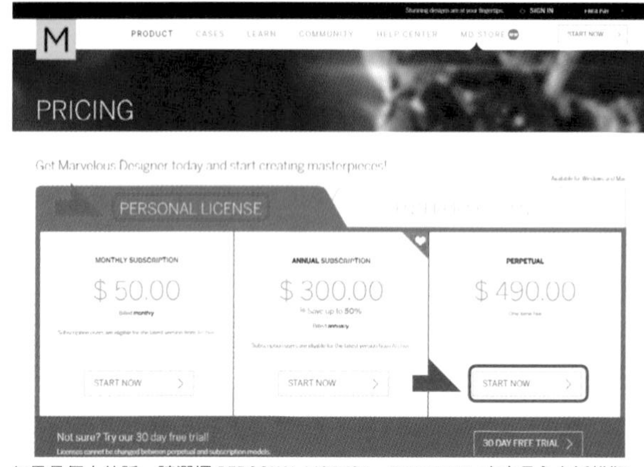

如果是個人的話，請選擇 PERSONAL LICENSE，PERPETUAL 方案是永久授權版。

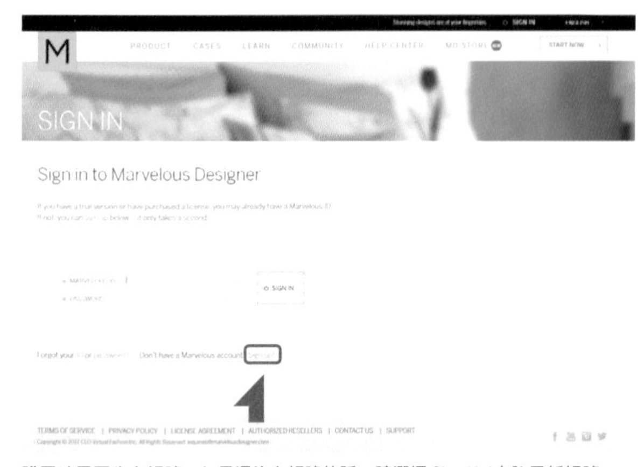

購買時需要先有帳號。如果還沒有帳號的話，請選擇 Sign Up!來註冊新帳號。

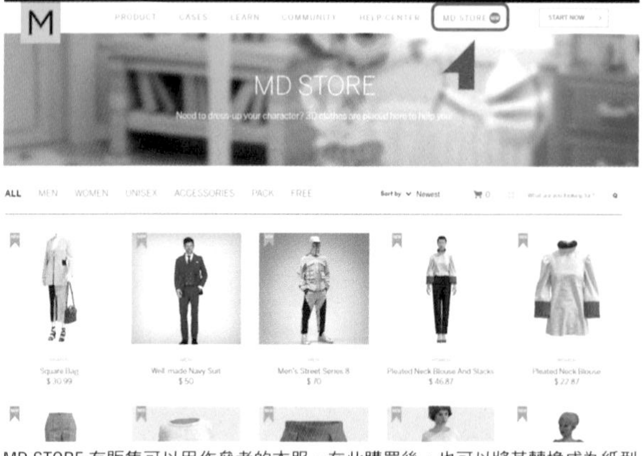

MD STORE 有販售可以用作參考的衣服。在此購買後，也可以將其轉換成為紙型的基礎。

Marvelous Designer 的操作方法

如果要載入一開始就存在的資料，可以點擊 Library 標籤頁，或者是按下 Y 鍵。

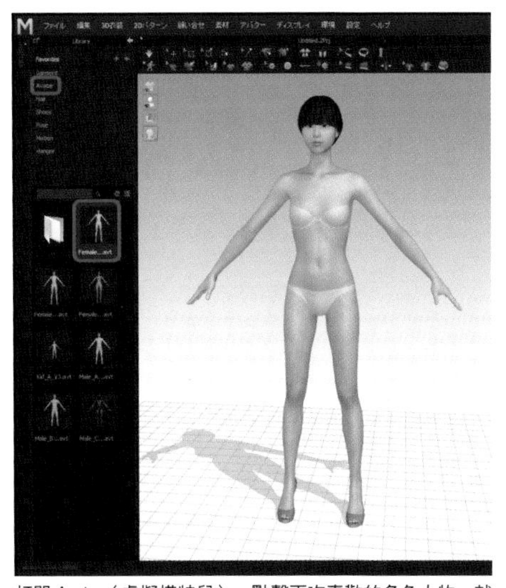

打開 Avatar（虛擬模特兒），點擊兩次喜歡的角色人物，就能夠載入。預設值中有包含 6 種不同人種與性別的 Avatar。如果沒有自己另外準備的人物資料的話，就從預設值中選用即可。

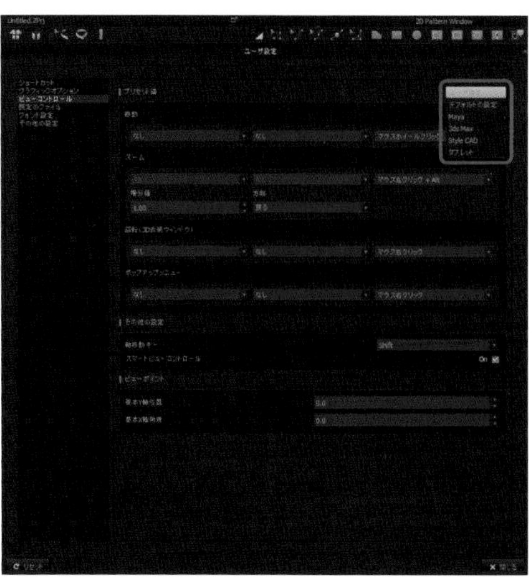

攝影機的操作可以透過**設定>使用者設定>視角控制**來進行變更。程式中已經有幾種預設組合，也可以配合 Maya 等其他 3D 軟體的設定。以下為各位介紹預設組合的操作。

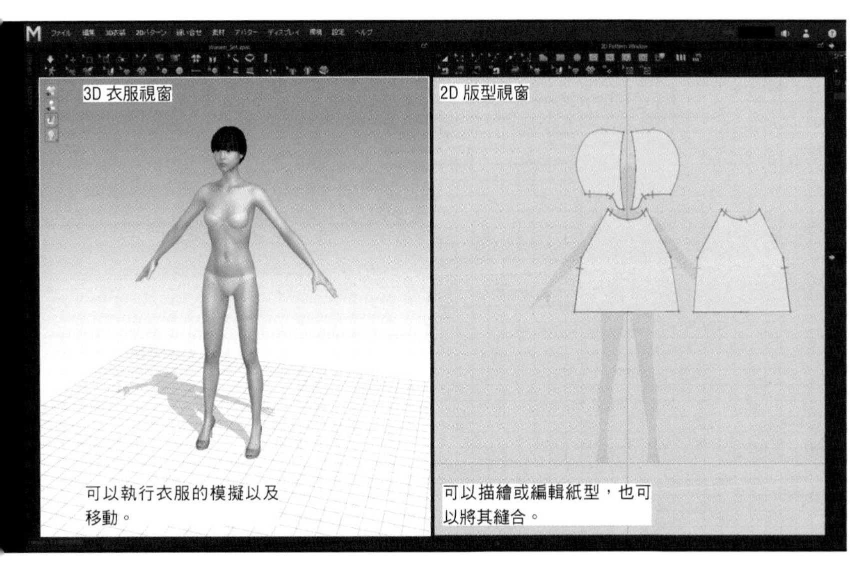

3D 衣服視窗
2D 版型視窗
可以執行衣服的模擬以及移動。
可以描繪或編輯紙型，也可以將其縫合。

〔3D 衣服視窗的基本操作〕

滑鼠按鍵是以拖曳的方式進行操作

右鍵：以物件為中心進行旋轉
滾輪鍵：攝影機的平行移動（Pan 運鏡）
Alt＋左鍵：攝影機的 Zoom 運鏡
Shift＋W 鍵：顯示／不顯示所有的衣服
Shift＋Q 鍵：顯示／不顯示選擇的布料
Shift＋A 鍵：顯示／不顯示 Avatar
Shift＋Ctrl＋滾輪鍵：攝影機的 Z 軸旋轉
Shift＋Ctrl＋A 鍵：重設攝影機鏡頭

〔2D 版型視窗的基本操作〕

滑鼠按鍵是以拖曳的方式進行操作

滾輪鍵：平行移動（Pan）
Alt＋左鍵：Zoom
F 鍵：將畫面移動至選擇位置
Shift＋Z 鍵：顯示／不顯示線分的長度

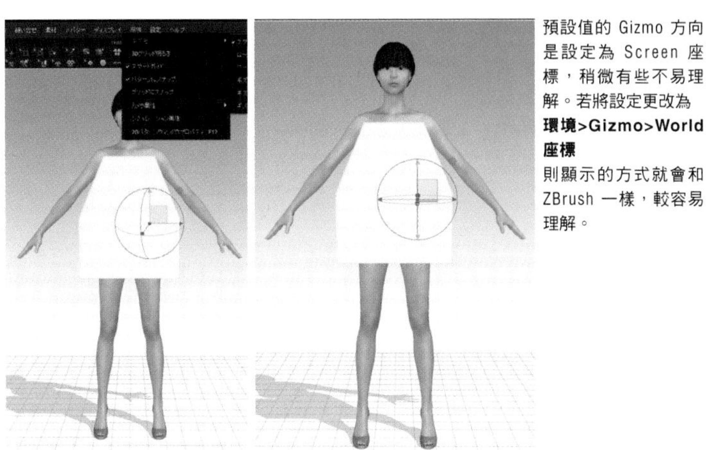

預設值的 Gizmo 方向是設定為 Screen 座標，稍微有些不易理解。若將設定更改為**環境>Gizmo>World 座標**則顯示的方式就會和 ZBrush 一樣，較容易理解。

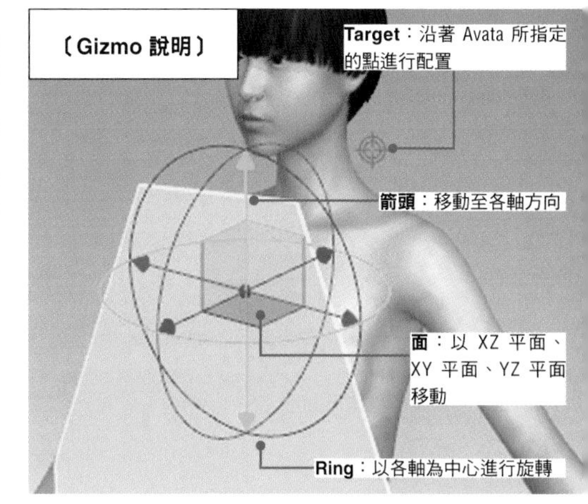

〔Gizmo 說明〕
Target：沿著 Avata 所指定的點進行配置
箭頭：移動至各軸方向
面：以 XZ 平面、XY 平面、YZ 平面移動
Ring：以各軸為中心進行旋轉

角色人物設計

我在開始一件新作品的時候，通常不會描繪底稿，而是直接彙集一些圖片來確定心中的草圖。
這次是以「GAME」為主題進行創作。

01 使用 Daz 設計姿勢

首先要決定人物的姿勢。我會使用 DAZ3D 公司製作的「Daz Studio」（以下稱為 Daz）這套基本上免費的 3D 軟體來決定人物的姿勢。

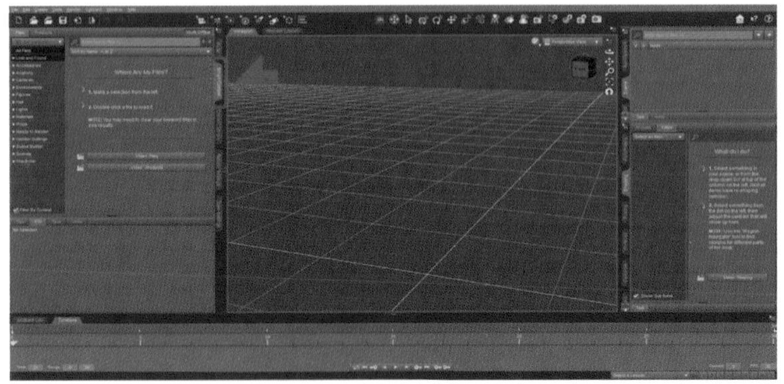

01 啟動 Daz 軟體後，就會出現這個畫面。基本上左邊的這個框架是用來選擇人偶、衣服或姿勢等物件項目的位置，我們要點選由上面數來第 2 個資料夾的 Smart Content。

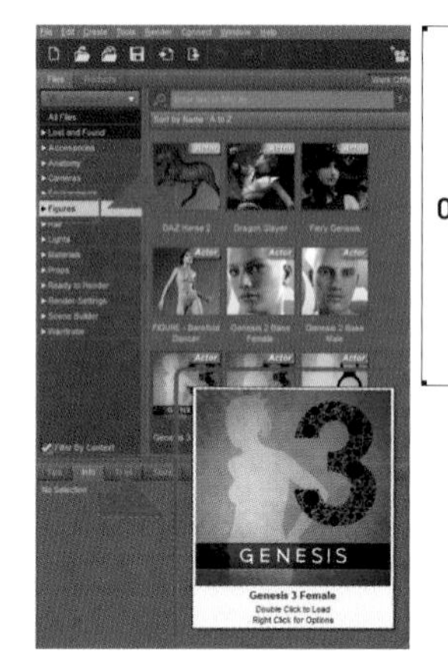

02 選擇左邊的 Figures 後，就會顯示出包含已經付費購買在內的人偶素體一覽。雙點擊基本素體之一 Genesis 3 的 female 素體。

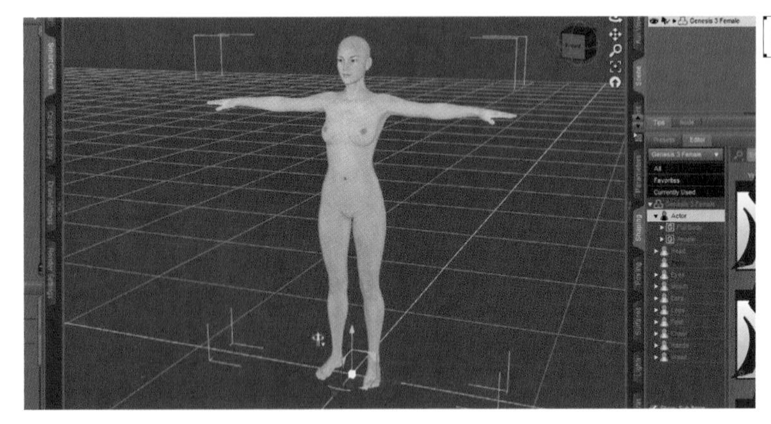

03 於是，就會出現像這樣的女性素體。

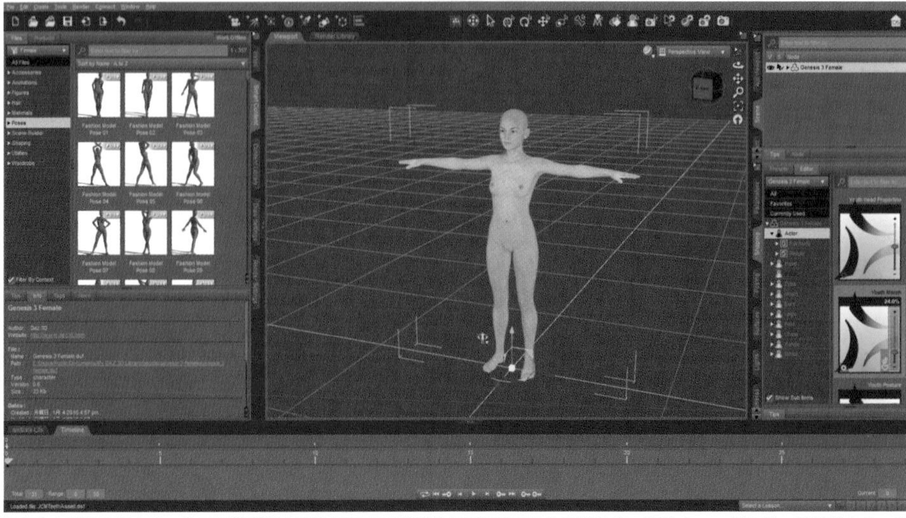

04 在擺出姿勢之前，先要調整透過右側的 Shaping 購買的 Youth Morph 的滑桿數值，調整 Avatar 的年齡、頭部的大小、體型等參數。這次只有對尺寸做了一些調整。

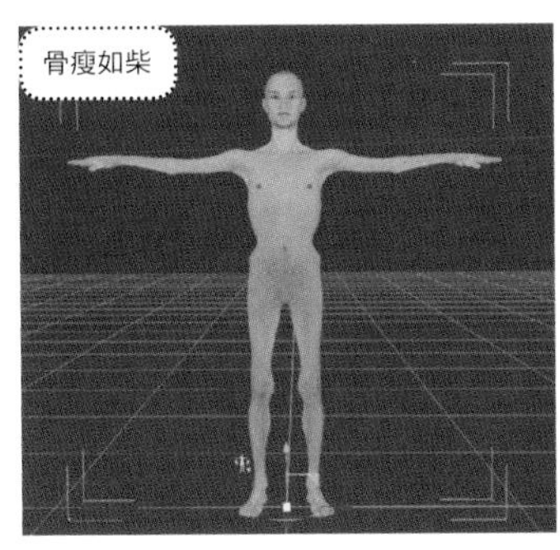

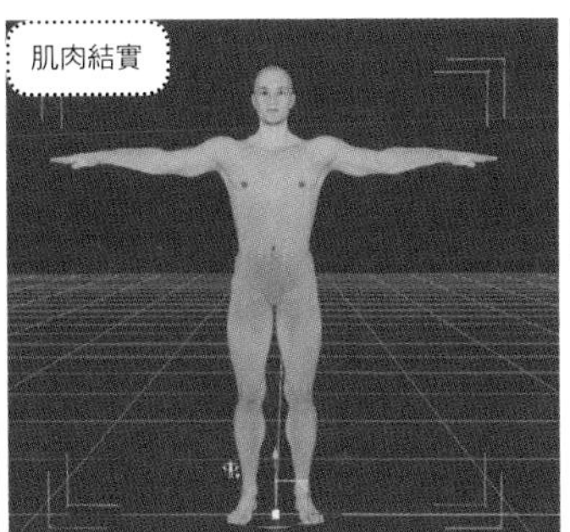

05 順帶一提，Daz 還可以另外購買各種不同的 Morph，用來調整 Avatar 的身高，使身型呈現肌肉結實或骨瘦如柴，可以增加表現的幅度，十分有趣。

06 Avatar 設定完成後，接下來就要調整姿勢了。
選擇要調整的部位，在畫面右邊區塊的 **Posing** 以滑桿數值調整 X、Y 以及 Z 軸的動作。

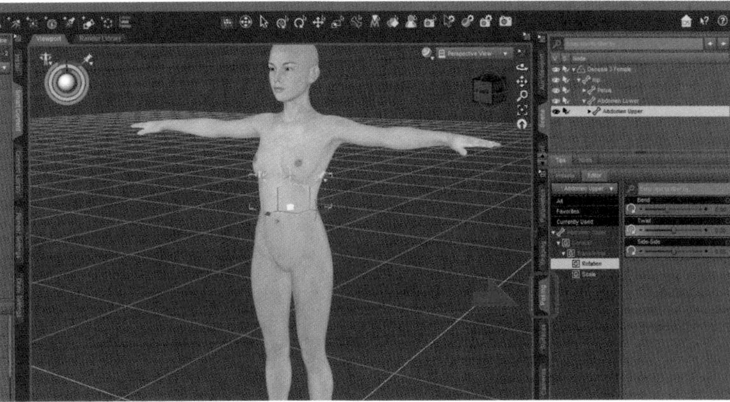

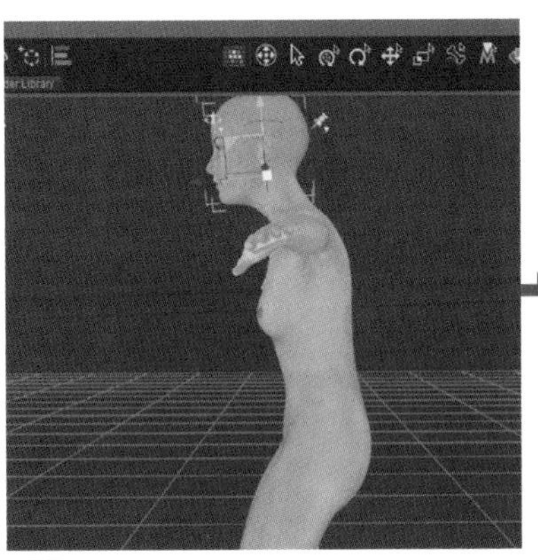

07 調整頸部。

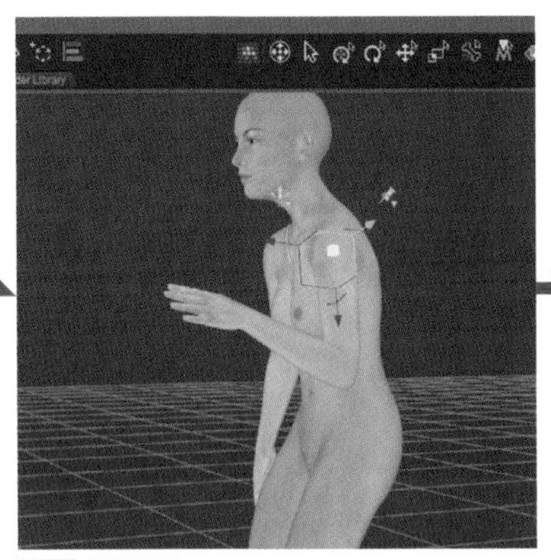

08 調整肩部。

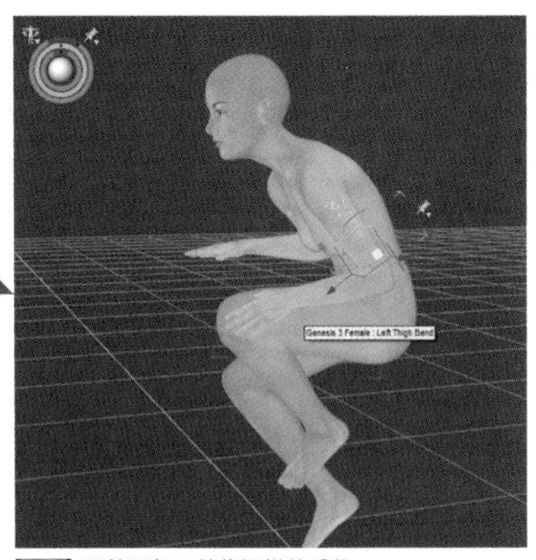

09 調整腳部…就像這樣的感覺。

POINT

即使用滑鼠按住指尖拉扯 Avatar，也會因為 Avatar 體內隱藏了骨骼的設定，只能擺出真人被拉扯時的動作。雖然這樣的操作較為直觀，但要擺出自己心中理想的姿勢，需要相當厲害的操作技巧。因此雖然麻煩了一點，但還是建議區分不同的部位各自一點一點的移動比較確實。
※Genesis8 的 PowerPose 的使用方法已改善得更為直覺。請參考 Daz 的解說（第 66～67 頁）。

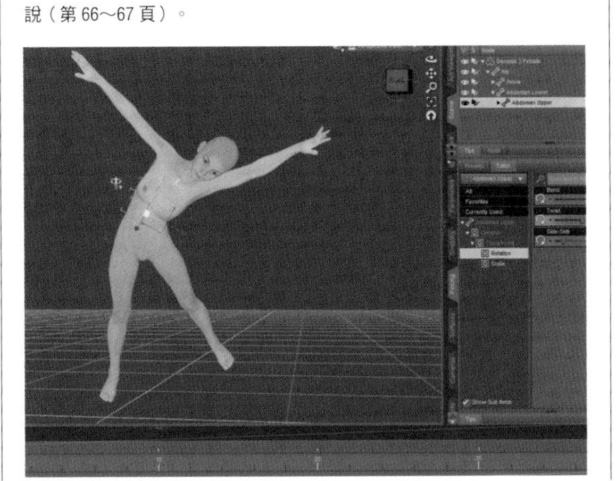

10 擺出像這樣感覺的姿勢。手指的動作只是隨意的彎曲，因為目前只是先將姿勢的氣氛呈現出來而已，這樣的感覺即可。手部後續會再重新製作。

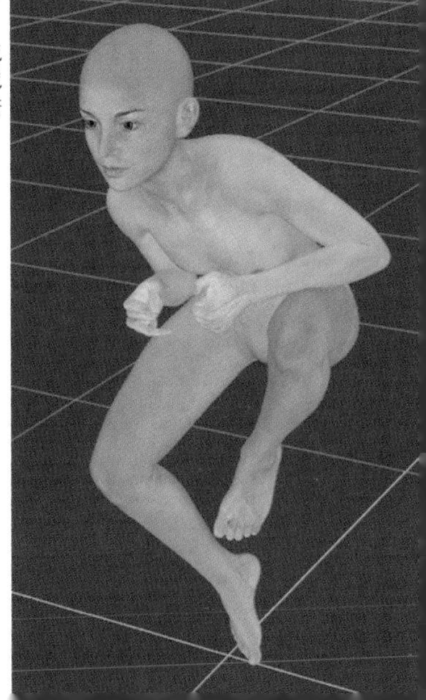

02 載入 ZBrush→確認動作動畫

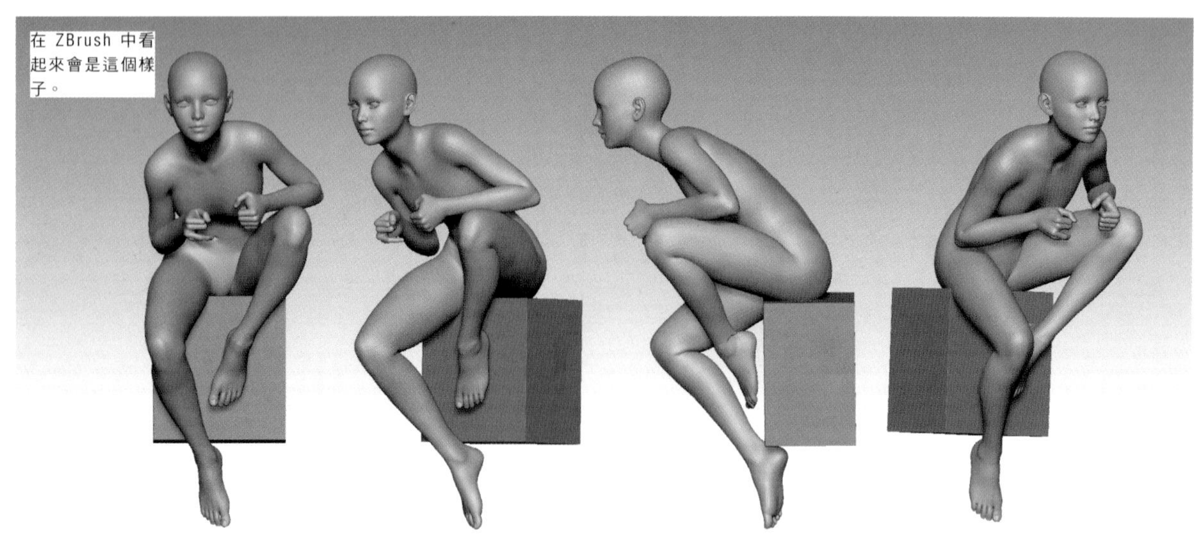

01 由畫面左上方的 File 將檔案種類改為（.obj）後輸出，然後再 ZBrush 載入來觀察整體氣氛。來回重覆幾次這樣的步驟，將姿勢調整成理想狀態。

02 姿勢完成後，接下來要製作動作。
藉由製作動作動畫，可以讓下一個步驟在「Marvelous Designer」這個軟體中製作衣服時，模擬出自然的衣服皺褶。

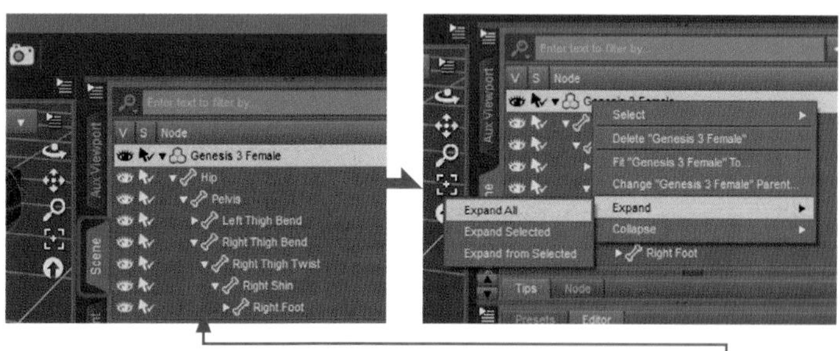

03 選擇右上的 Scene，右鍵點擊最上方的 Genesis 3 Female。接著由 Expand 選擇 Expand All。然後全選 Expand All 所打開的所有關節的選項。

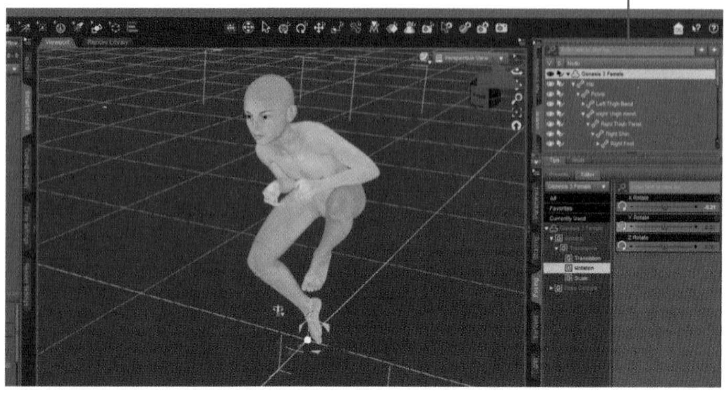

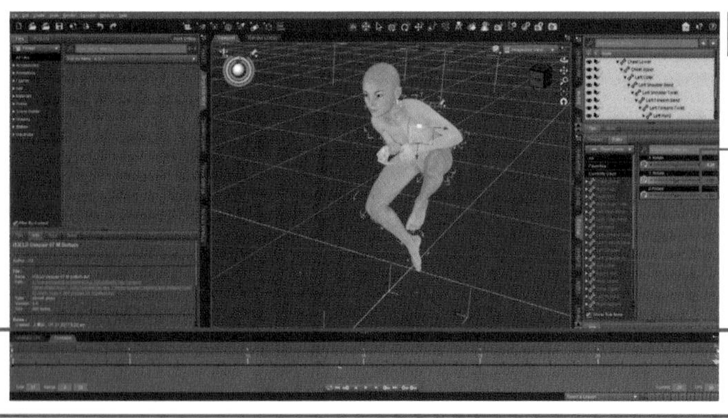

04 保持選取的狀態，將下方長條刻度的 Timeline 黃色三角形箭頭移動到最右側的 30。

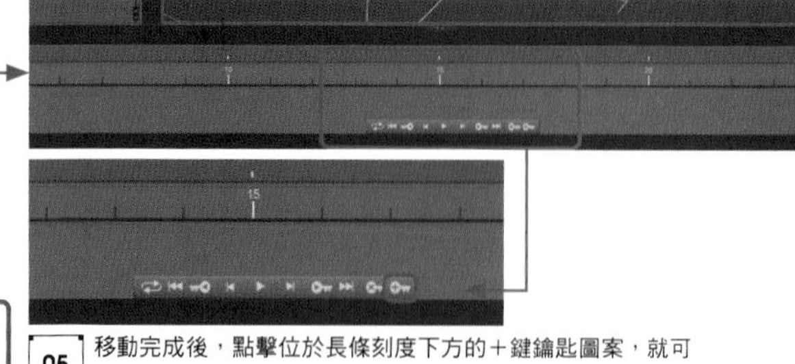

05 移動完成後，點擊位於長條刻度下方的＋鍵鑰匙圖案，就可以將姿勢儲存在動作動畫的第 30 格。

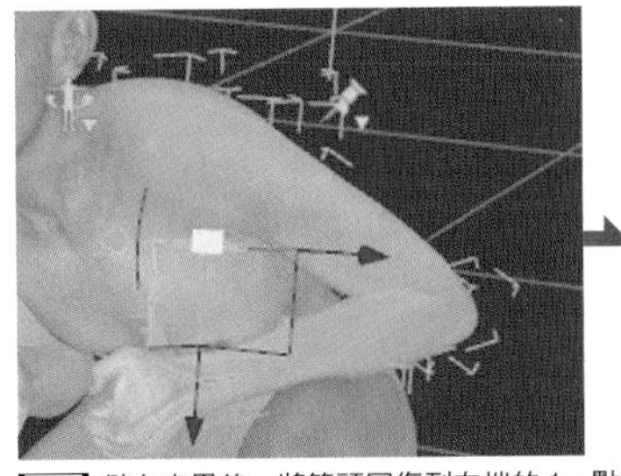

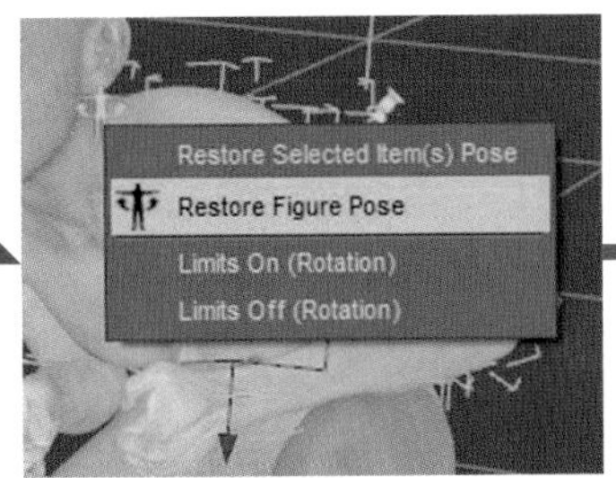

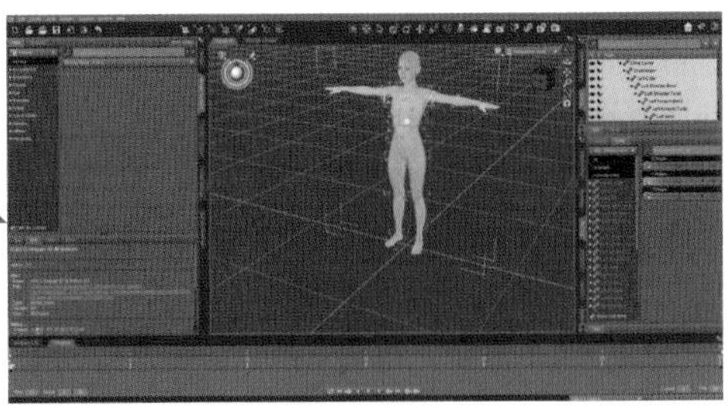

06 儲存完畢後，將箭頭回復到左端的 1，點擊位於人體中心附近的人體標示。選擇 **Restore Figure Pose**，將姿勢重置。

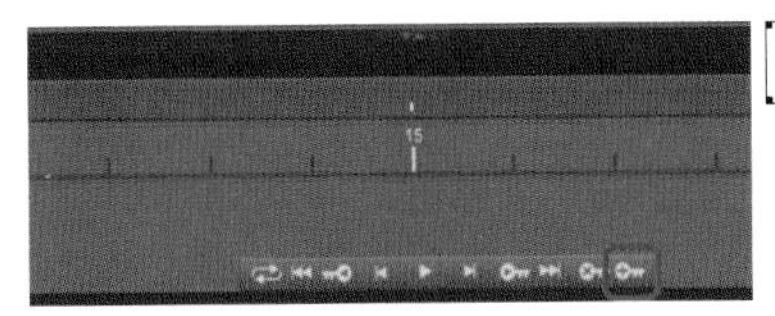

07 姿勢重置之後，確認箭頭位於 1 的位置，再一次點擊鑰匙＋鍵。

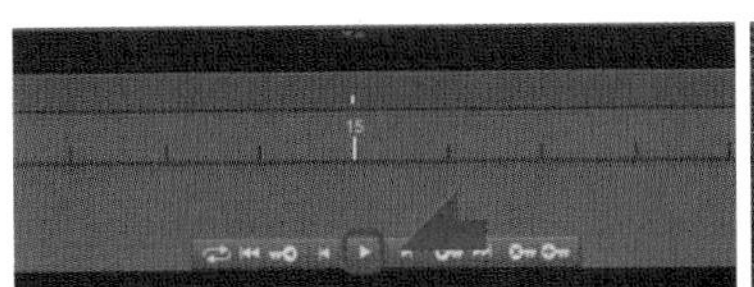

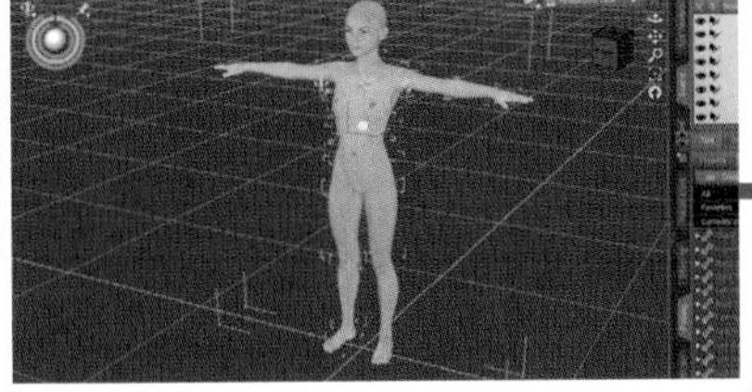

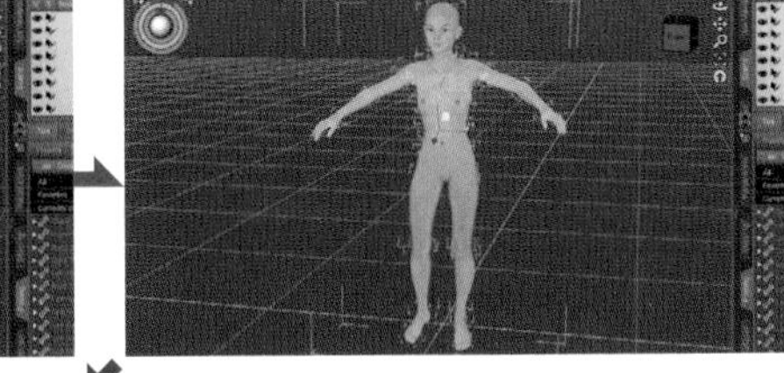

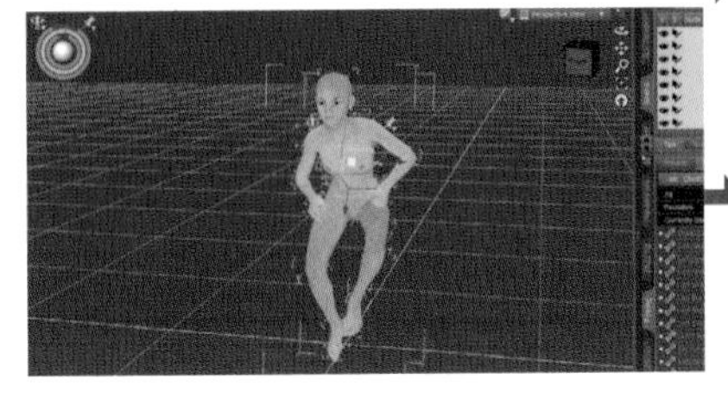

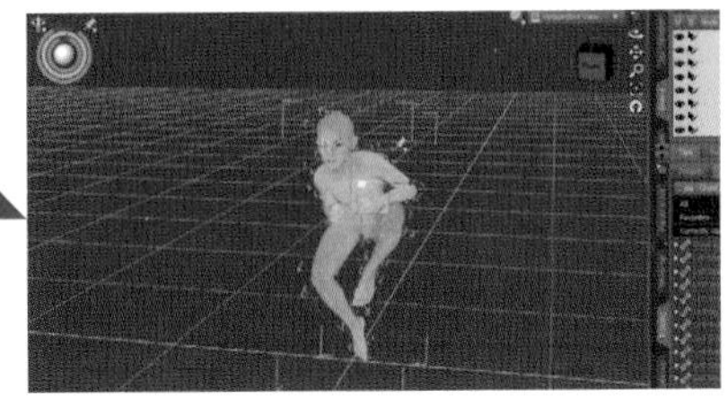

08 如此就完成了動作的準備工作。按下下方長條刻度的播放鍵，就能觀察並確認由 T 姿勢變化到自己製作的姿勢為止的動作動畫。

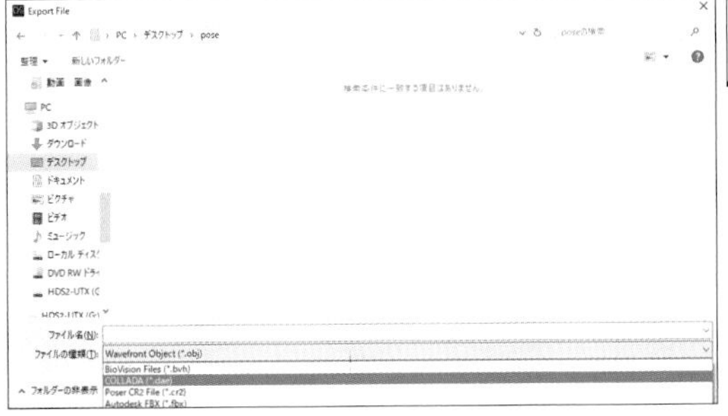

09 為了要進入到下一步驟，先將製作好的資料輸出。由畫面右上方的 File 選擇 Export。取好檔案名稱，將檔案種類設定為 **COLLADA**。

10 於是就會出現這樣的畫面，接著再由 **Show Individual Settings** 將 **Animation** 全選後按下 **Accept**。

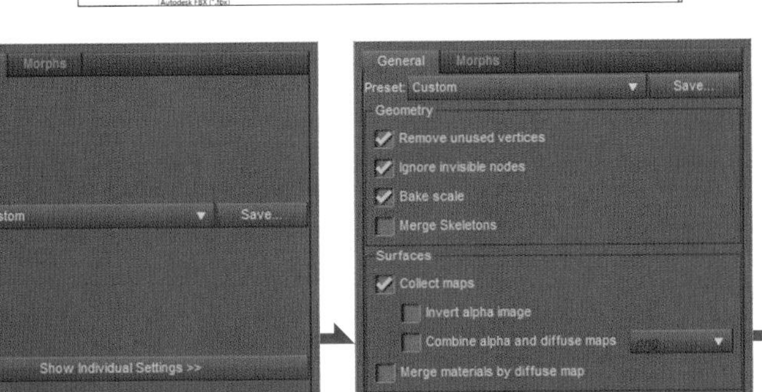

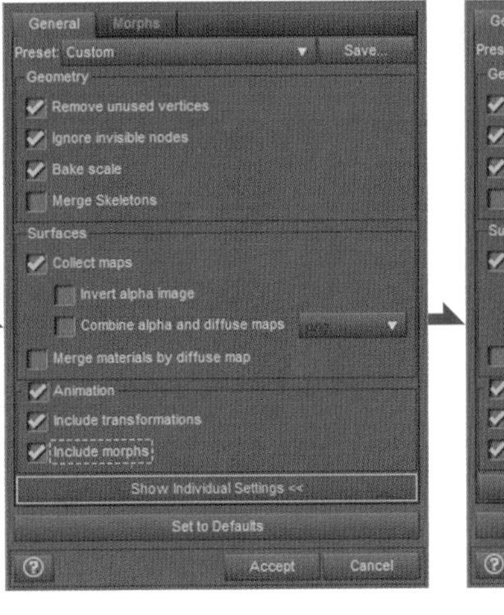

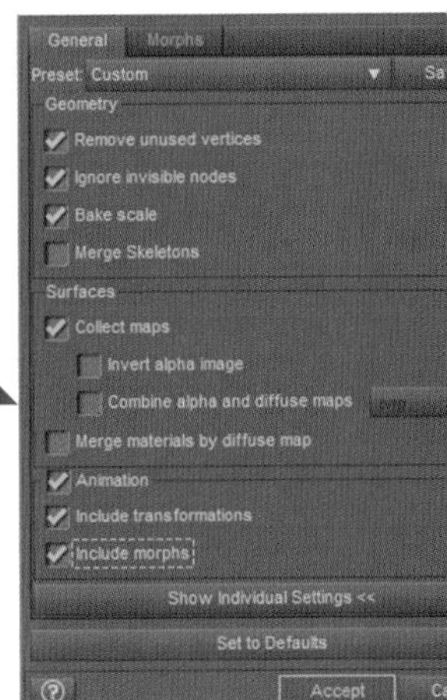

03 使用 Marvelous Designer 製作衣服

接下來要使用 Marvelous Designer 來讓角色人物穿上衣服。這次的「GAME」，是以老是窩在房間裡打電玩的女孩子為印象，因此打算製作成寬鬆的居家服（連帽衫）。

01

Marvelous Designer 是將實際上製作衣物的工程以 CG 建模重現的高水準布料模擬工具。由於是基於正式的服裝製作技術，因此可以容易地將實際存在的服飾完整建模出來。
（轉載自《Flashback Japan》https://flashbackj.com/clo/marvelous_designer/）

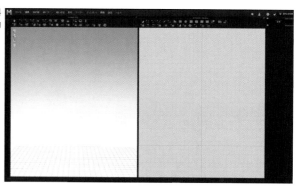

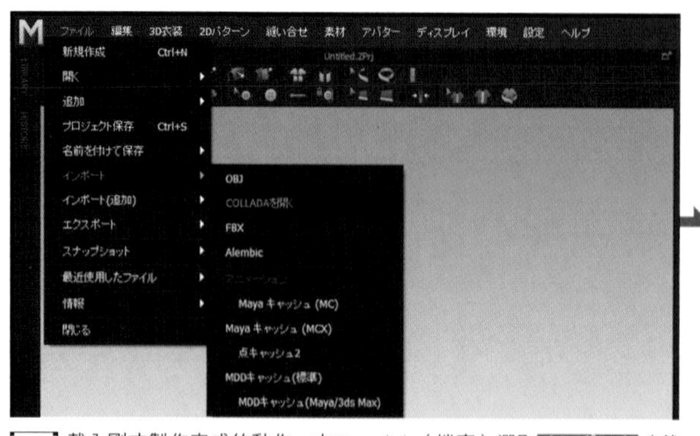

02

載入剛才製作完成的動作。由ファイル（檔案）選取**インポート**（載入）→**COLLADAを開く**（開啟 COLLADA），即可載入先前的資料。

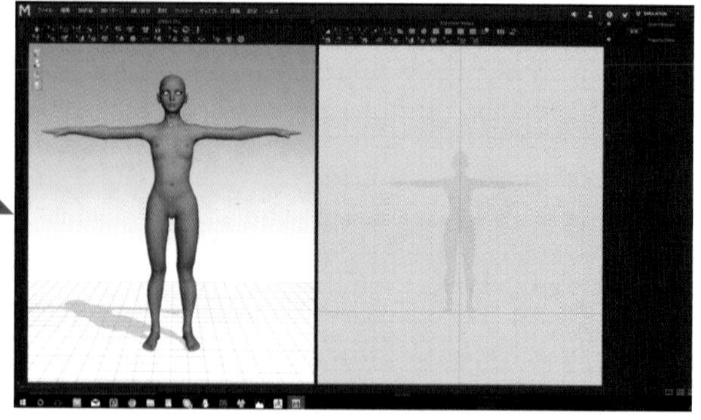

03

先前製作完成的 Avatar 登場。
左側為模擬畫面，右側為描繪紙型的畫面。在右側製作的版型會在左側轉變成衣服，達到即時模擬的效果。

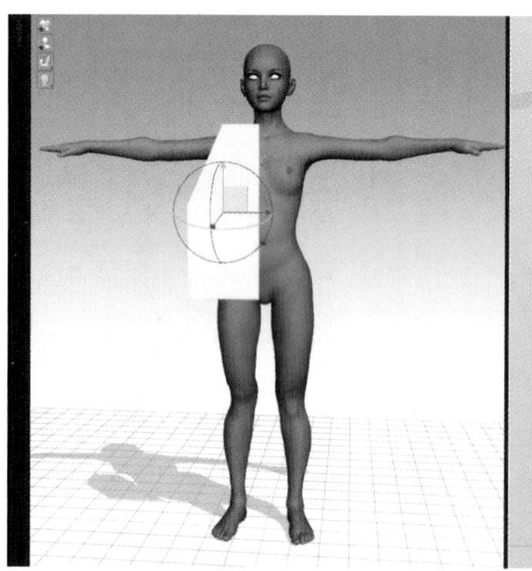

04

就算是像我這樣對裁縫一竅不通，完全沒有製作版型能力的人，只要有了 Marvelous Designer，也能製作得像一回事。首先要在網路上搜尋連帽衫的版型。當我們了解各部位的結構後，就可以參考資料開始製作。
選擇 **Polygon**（多邊形）、使用滑鼠在半邊身體描繪出簡單的圖形，布料就會隨之出現在畫面上。

「Polygon」模式可以讓我們徒手自由描繪紙型。

這是最後完成的版型。一開始在網路上搜尋到的版型資料，看起來也是像這個樣子，便以此為目標製作紙型。

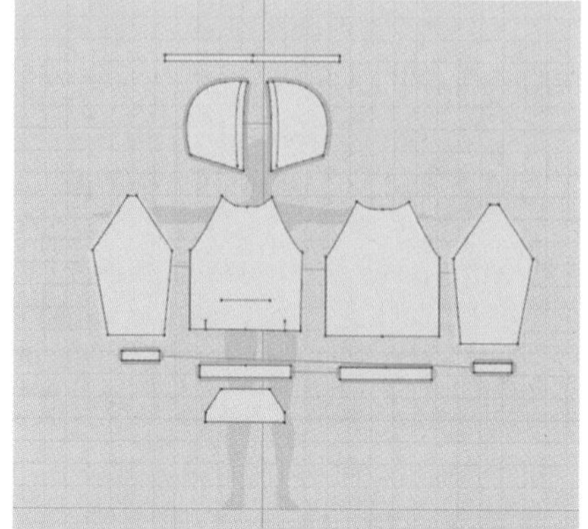

05 變更為版型編輯模式，點選中心線。選擇展開後，畫面就會出現左右對稱的布料。

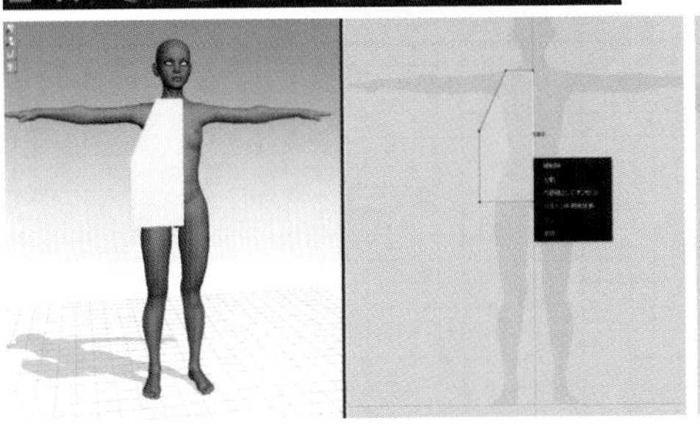

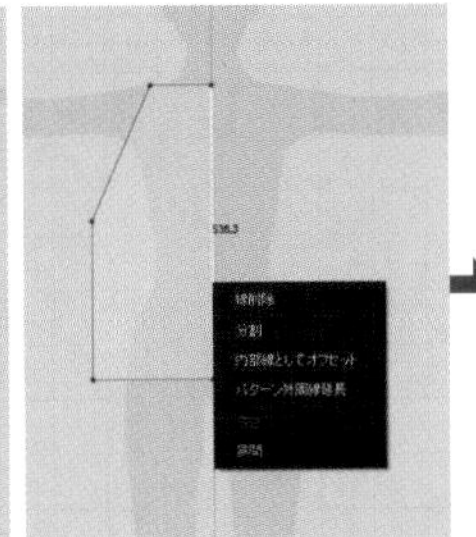

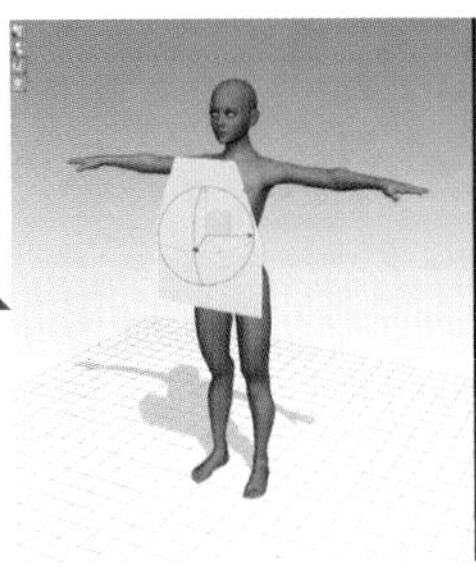

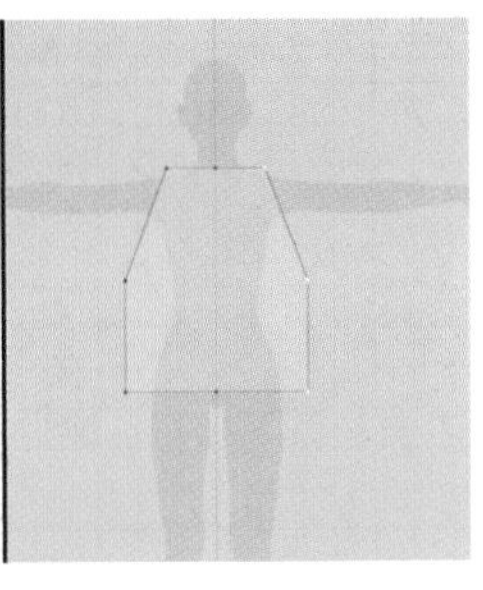

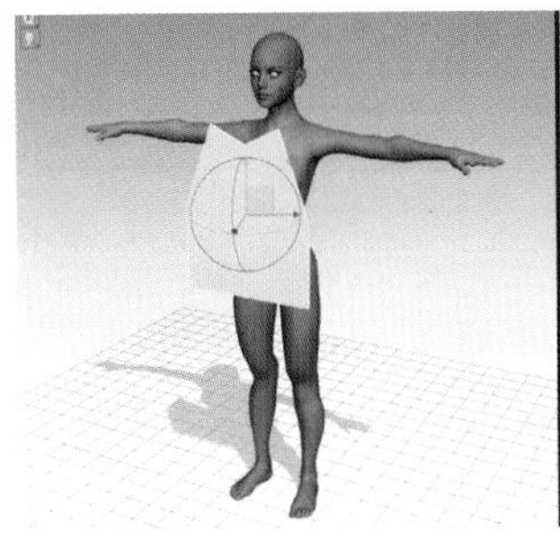

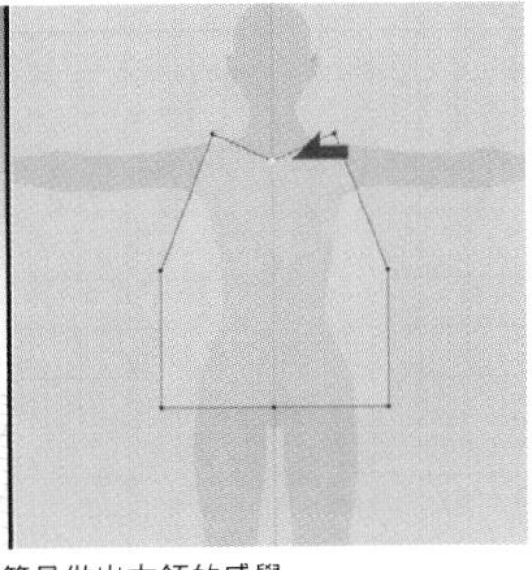

06 將衣襟中心點直接向下拖曳，勉強算是做出衣領的感覺。

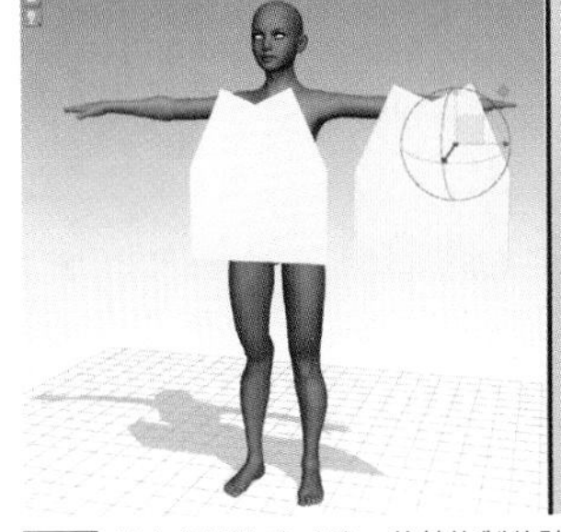

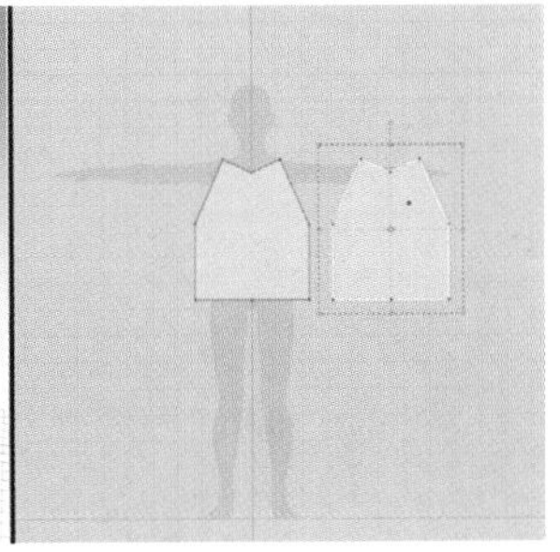

07 前衣身製作完成後，將其複製後貼上。

08 Marvelous Designer 的布料有前後區分的概念，因此右鍵點擊左側模擬畫面後衣身布料，選擇水平反轉。接下來就直接移至背部即可。

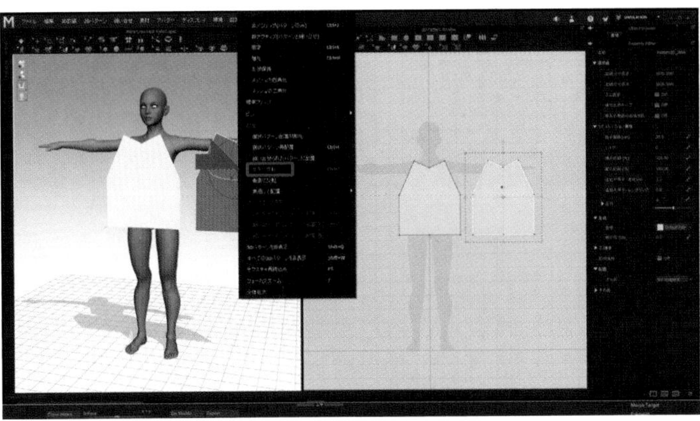

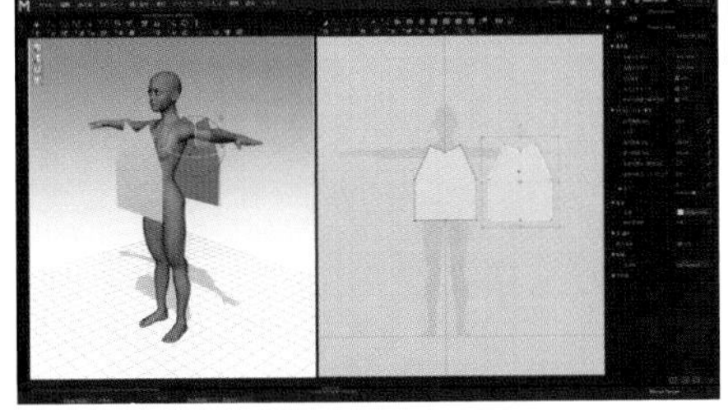

09 灰色的面就是布料的裡面。

10 選擇縫合模式，首先要將脇邊縫合。

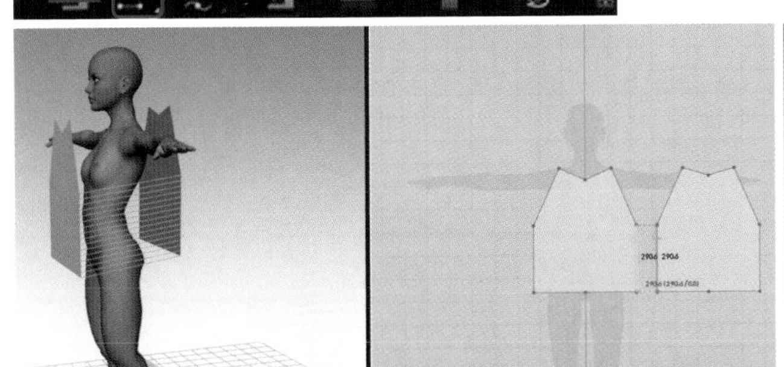

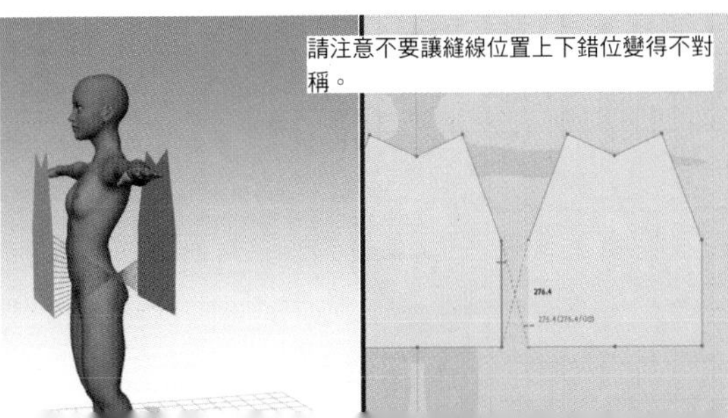

請注意不要讓縫線位置上下錯位變得不對稱。

04 製作套頭部位

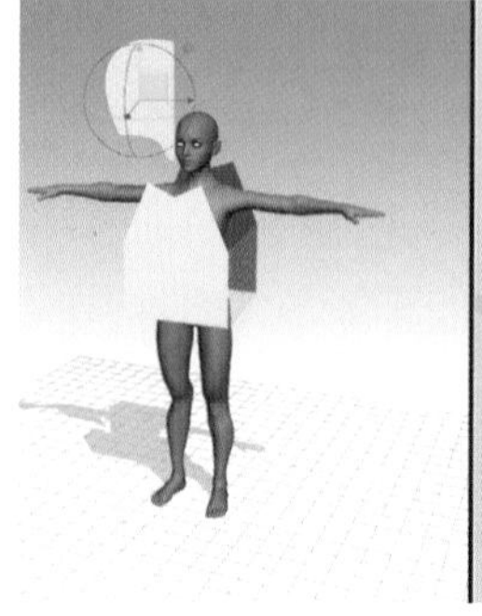

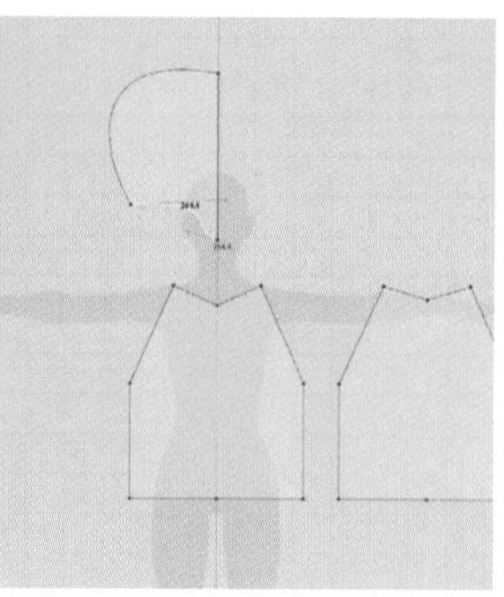

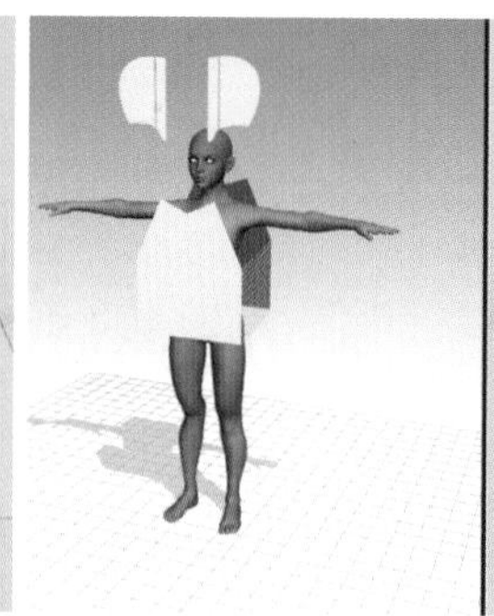

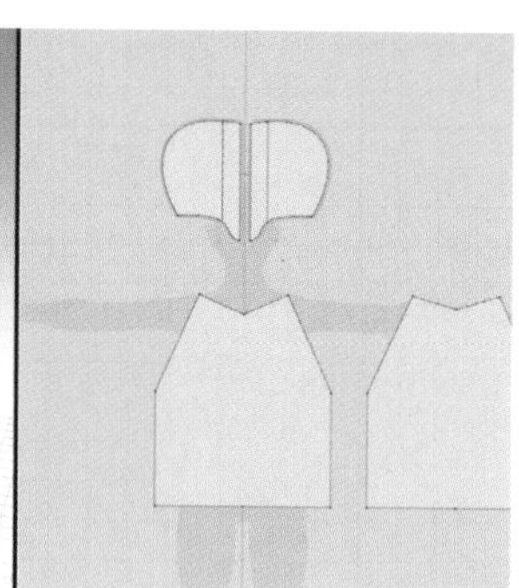

01

先製作套頭部位。以之前相同的步驟使套頭部位出現在畫面上。

02 紅色線條是內部 Polygon 線。稍後要將套頭部位的邊緣折起來增加厚度，所以要先將位置參考線標示出來。

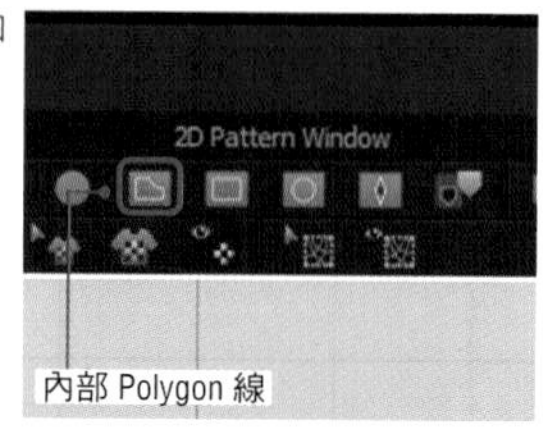

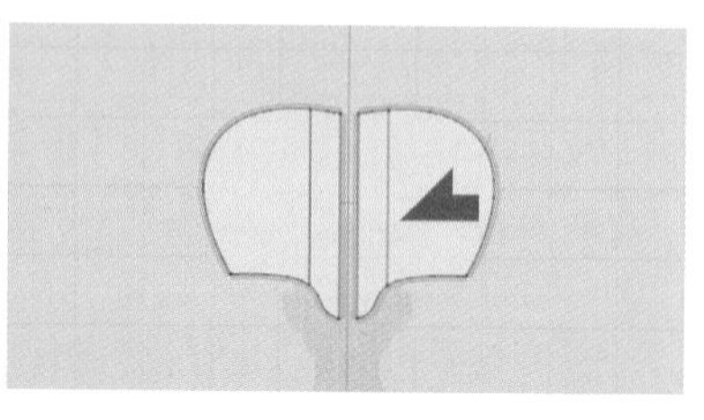

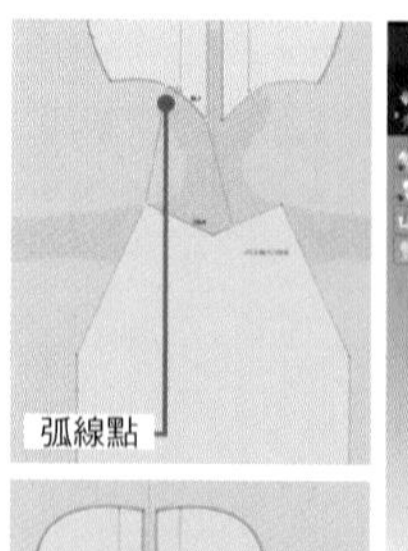

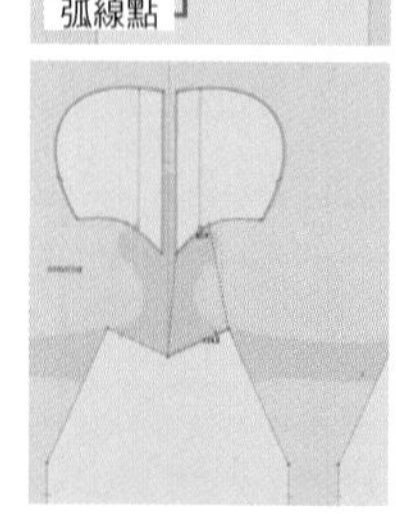

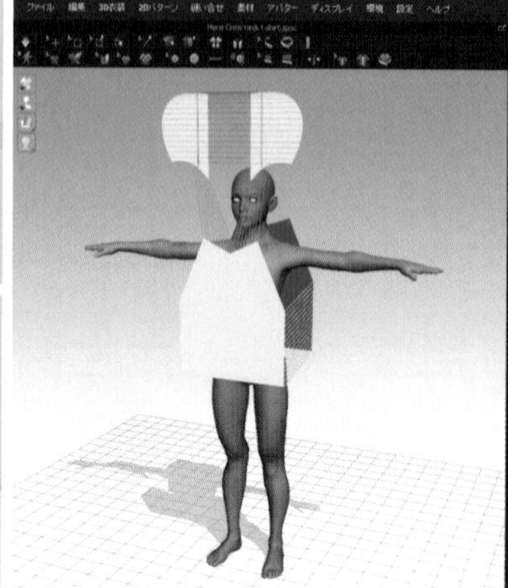

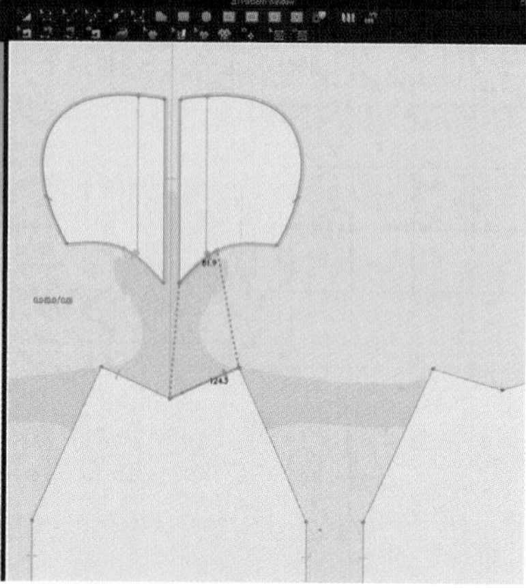

03

使套頭部位的前面交叉並縫合。為了要縫合得更自然，在套頭部位下方線的中心附近追加一些弧線點。

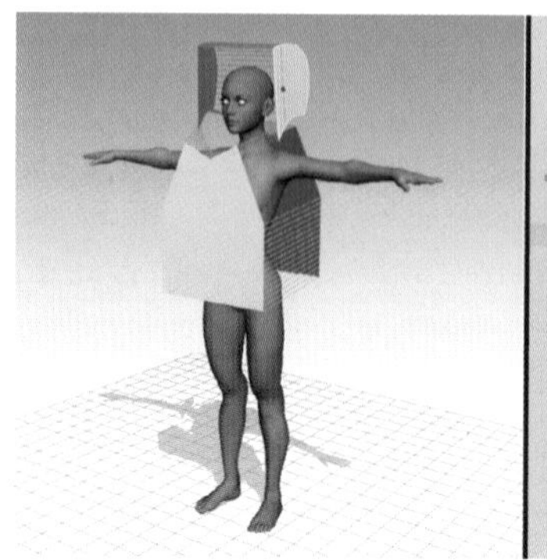

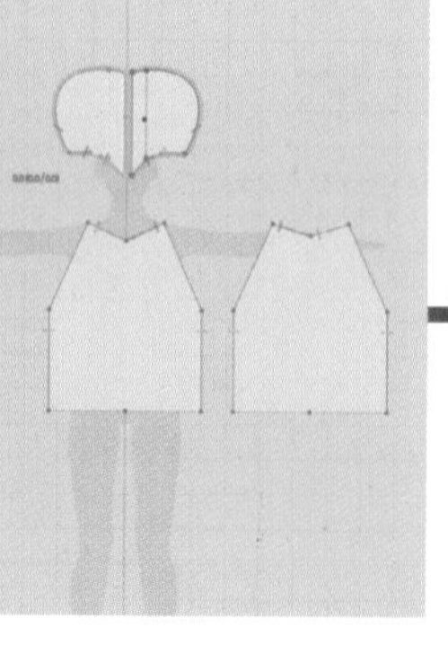

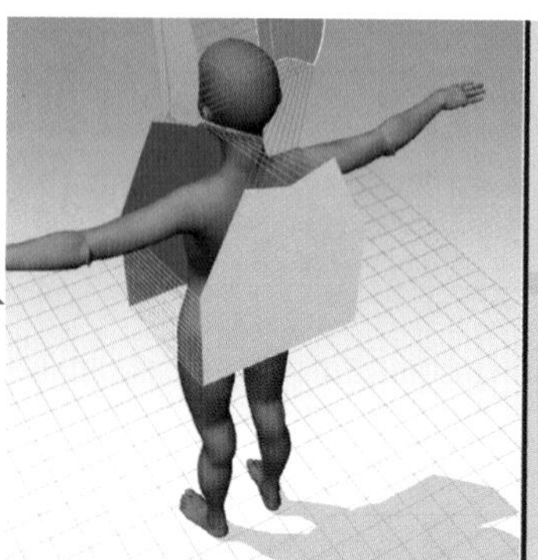

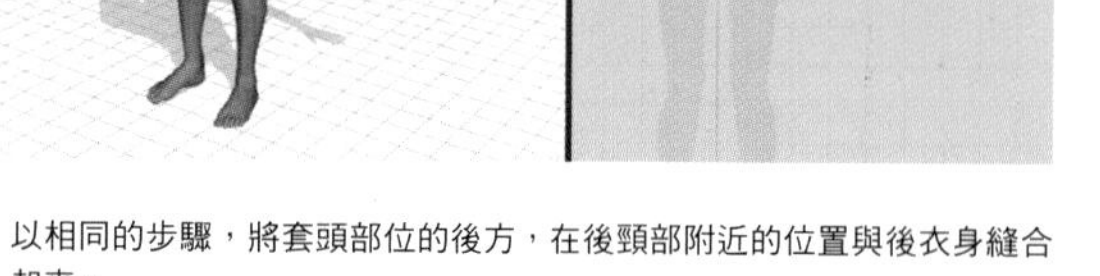

04 以相同的步驟，將套頭部位的後方，在後頸部附近的位置與後衣身縫合起來。

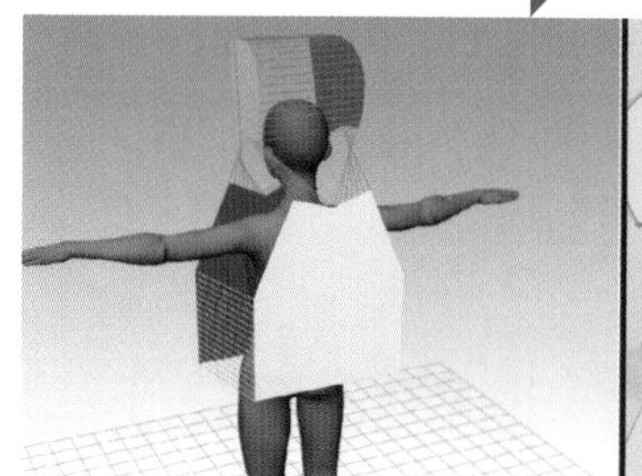

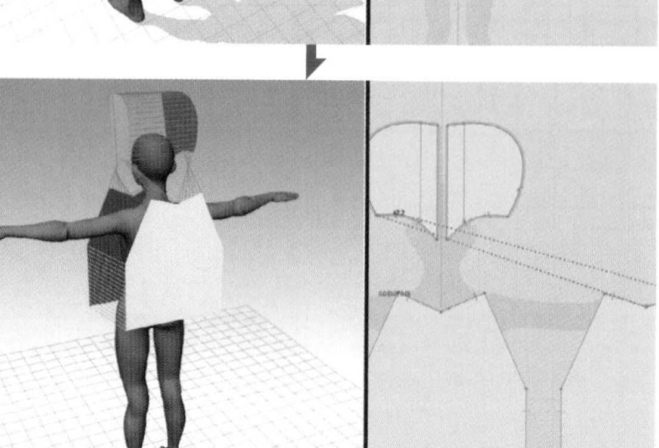

05 試穿在模特兒身上進行調整

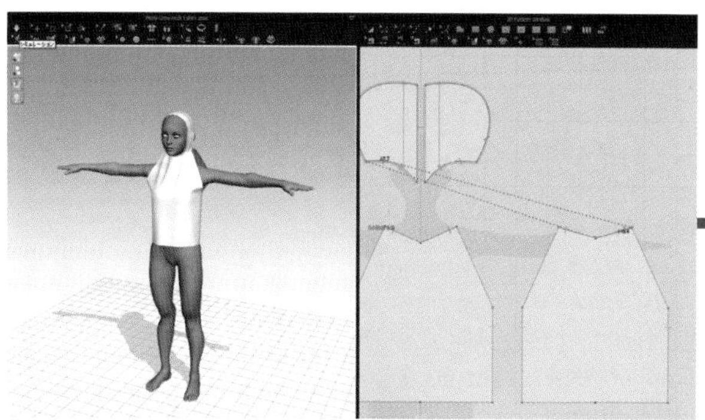

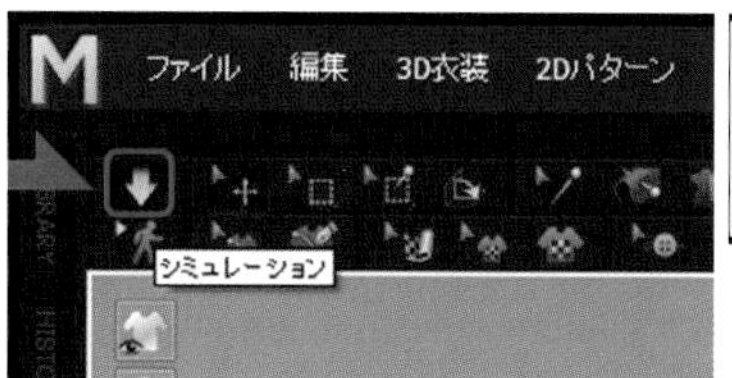

01 到了這個步驟終於要開始試穿了。點擊畫面左上方的**シミュレーション**（模擬穿衣）。

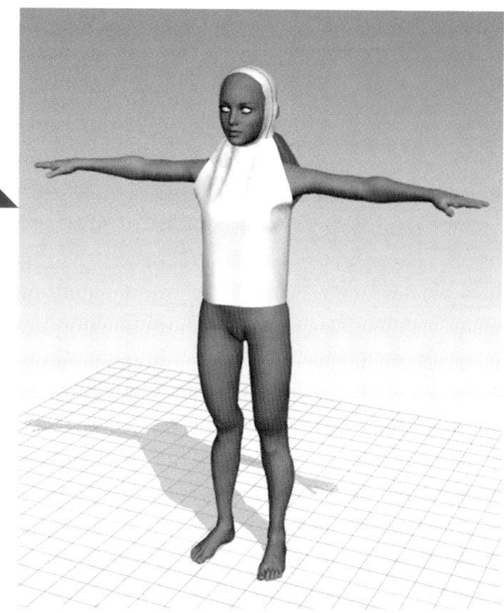

02 左側畫面會逐漸地進行物理性模擬，外觀怎麼看起來有點像是某種貓科機器人呢？

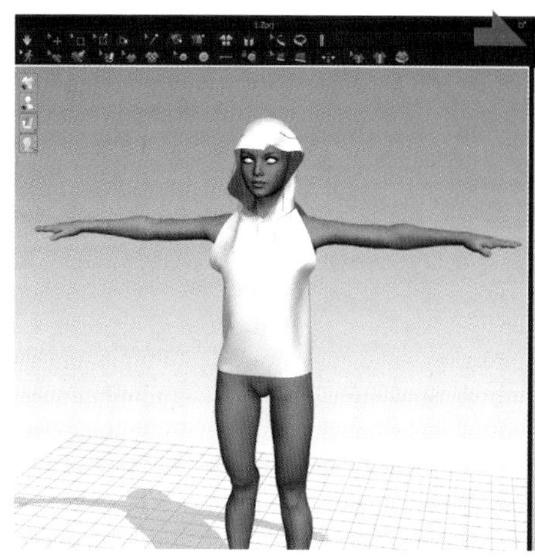

03 因為套頭部位的尺寸過小，所以要在右側的版型視窗選擇套頭部位，然後再以**パターン変形**（版型變形）來放大尺寸。

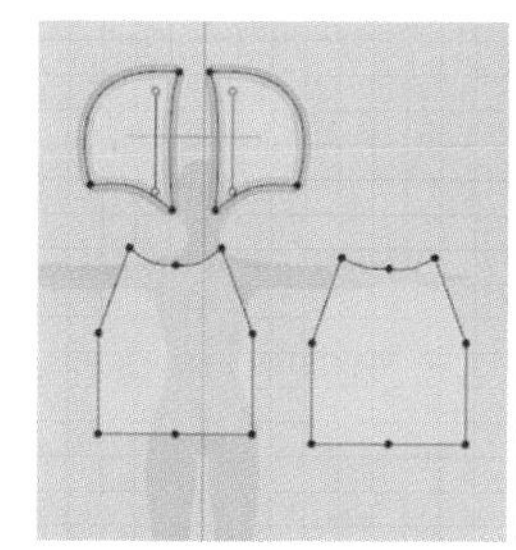

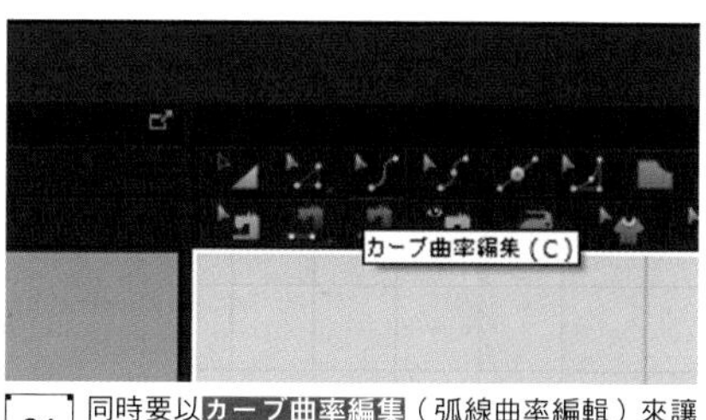

04 同時要以**カーブ曲率編集**（弧線曲率編輯）來讓衣領變得更圓，並調整套頭部位的形狀。

05 為了要讓套頭部位的邊緣看起來更有厚度感，可以將布料折疊起來呈現。選擇**長方形**，描繪出四角形布料。

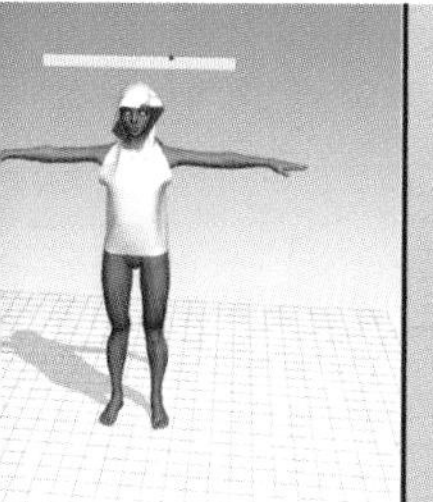

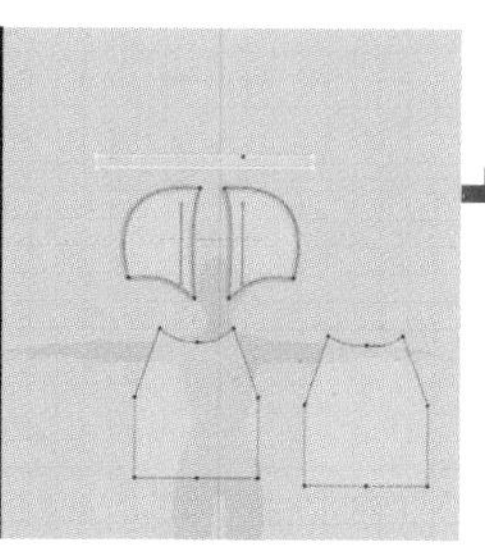

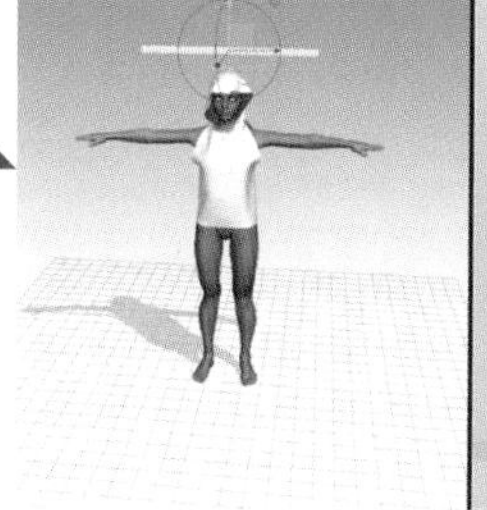

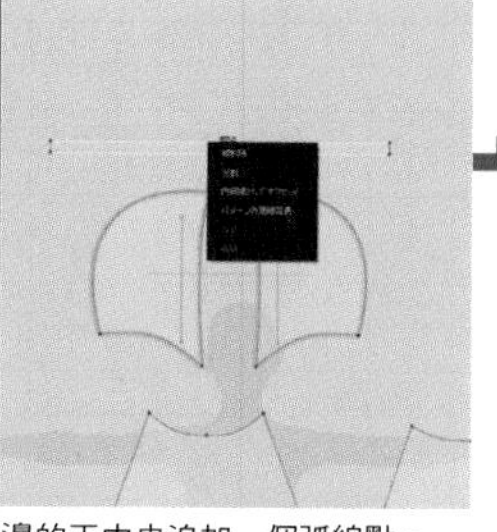

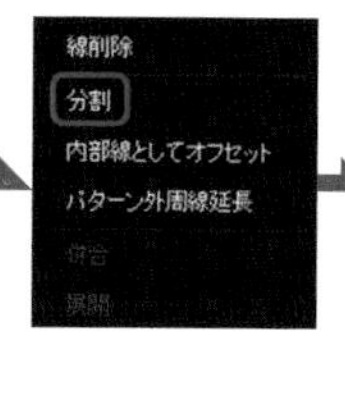

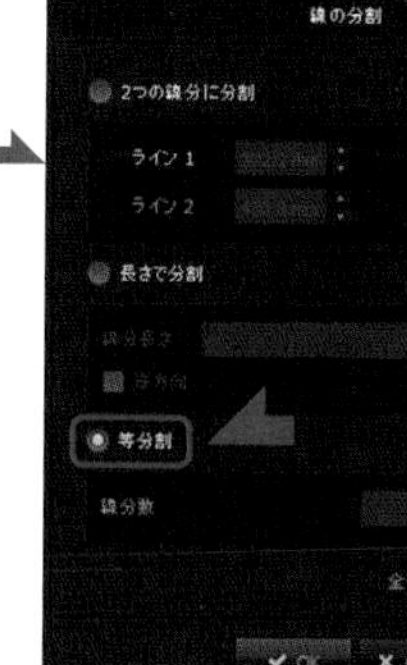

06 變更為型版編輯模式，右點擊長邊→**分割**→**等分割**的值設為 2。如此就會在這個邊的正中央追加一個弧線點。

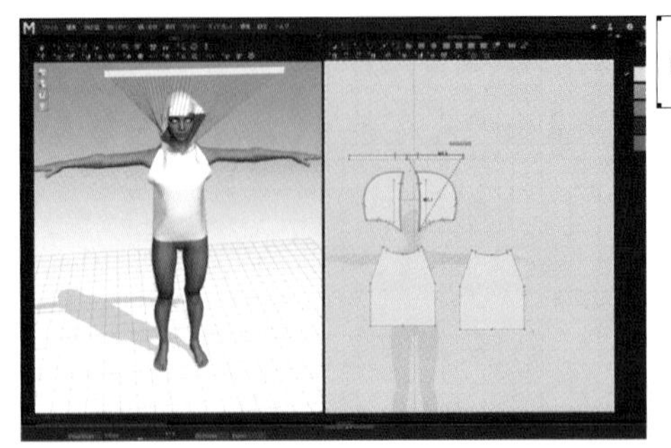

07 將長方形縫合在套頭部位的邊線。

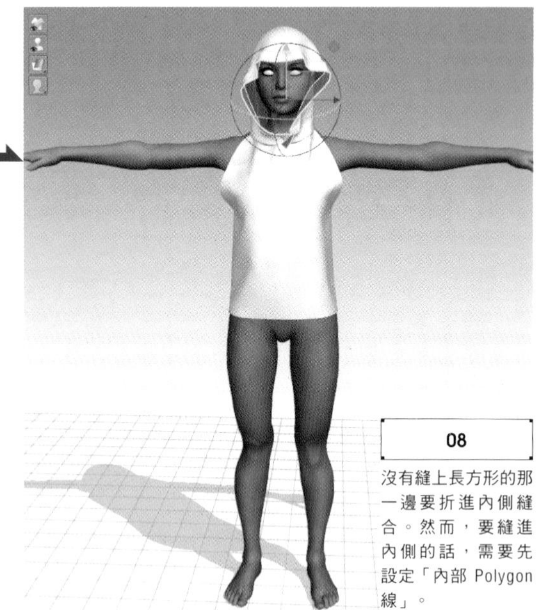

08 沒有縫上長方形的那一邊要折進內側縫合。然而，要縫進內側的話，需要先設定「內部 Polygon 線」。

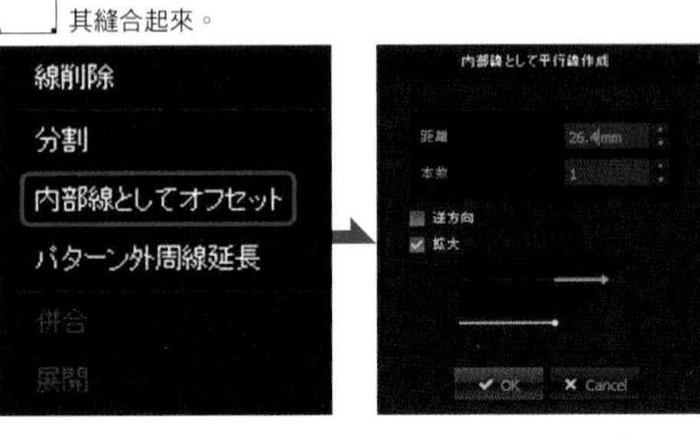

確認長方形的短邊長度是否為 26.4mm。

09 先前有標示了位置參考線，但因為編輯的過程中會出現斷線，因此暫時先將其刪除。

10 在套頭部位右點擊「パターン編集（版型編輯）」，這次要選擇「**内部線としてオフセット**（Offset 為內部線）」，將距離設定為 26.4mm。於是套頭部位的邊線就會形成與長方形相同寬度的「內部 Polygon 線」，如此就能夠將其縫合起來。

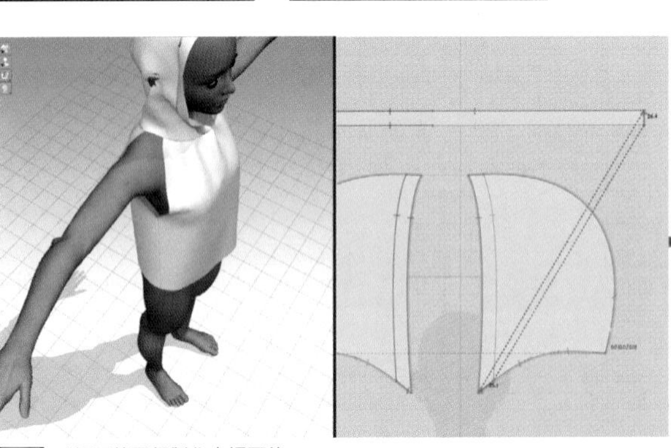

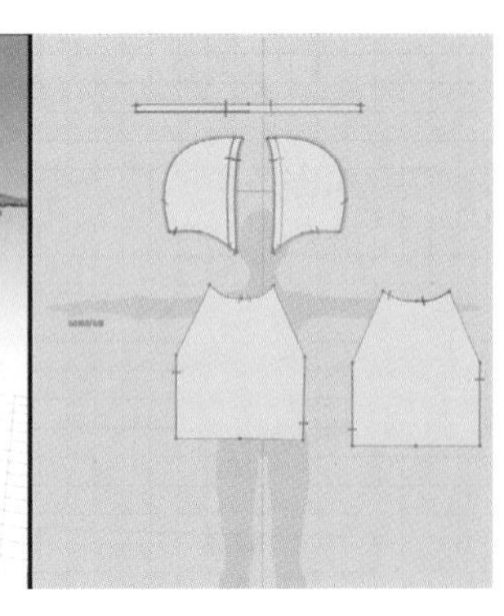

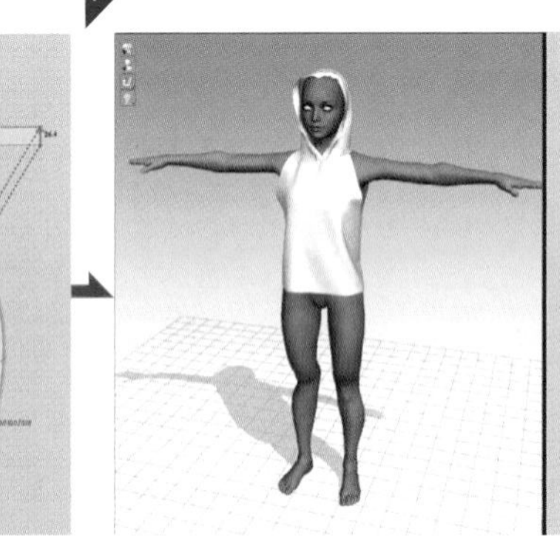

11 以相同的要領製作衣襬下緣。

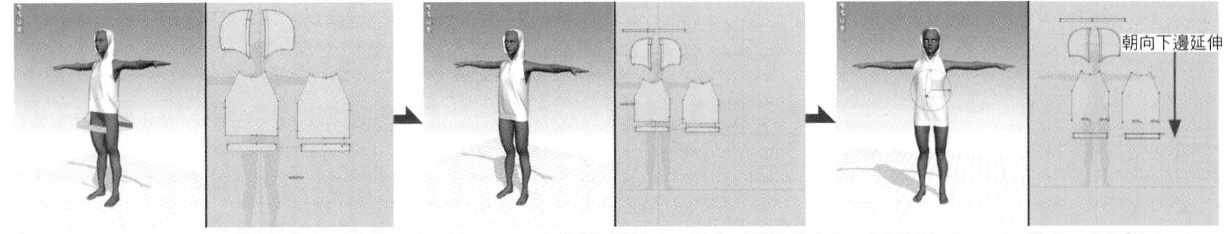

12 進行模擬穿衣，因為感覺衣服長度不足的關係，再以「パターン変形（版型變形）」模式，只選擇前衣身、後衣身的下邊，再向下拖曳。按下「シミュレーション（模擬穿衣）」後，衣長就會一下子增加，變成畫面中的樣子。

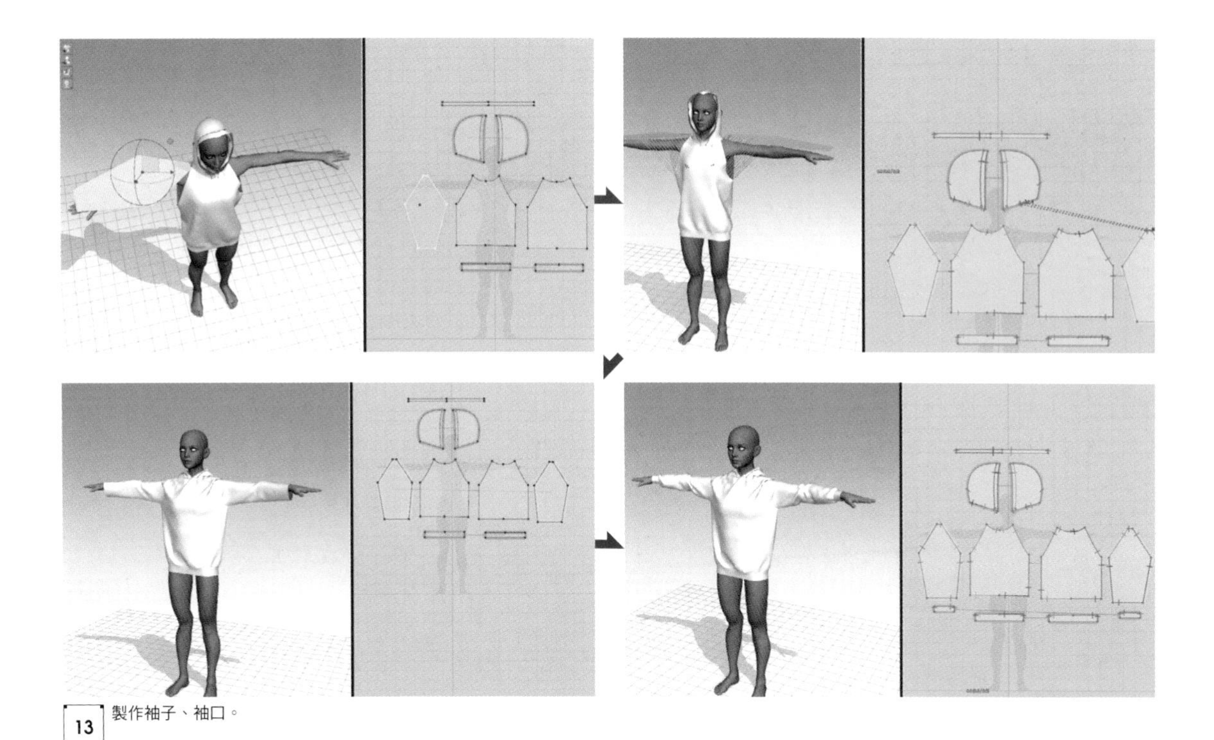

13 製作袖子、袖口。

14 順帶一提，當左側畫面在進行模擬穿衣時，使用這個**選擇／移動**功能，可以捏住布料，用來拉平皺褶，或者是調整被身體肌肉卡住的布料。這裡要使用這個功能，將套頭部位自頭部拉下。

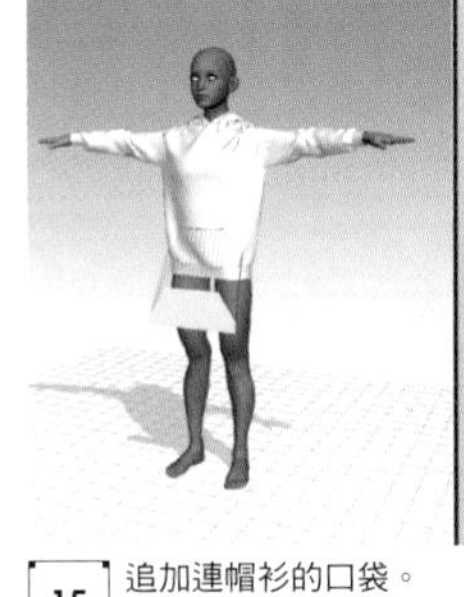
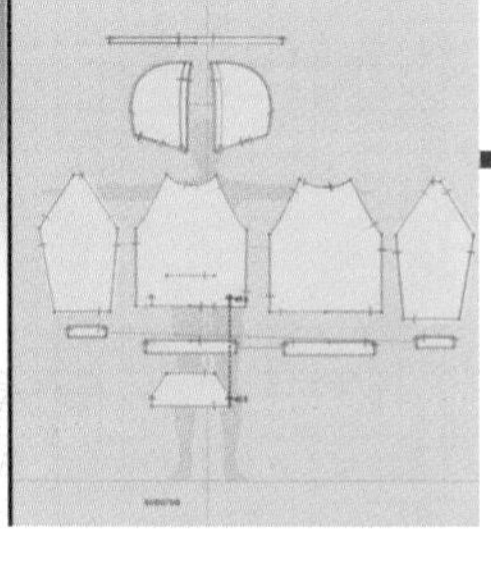
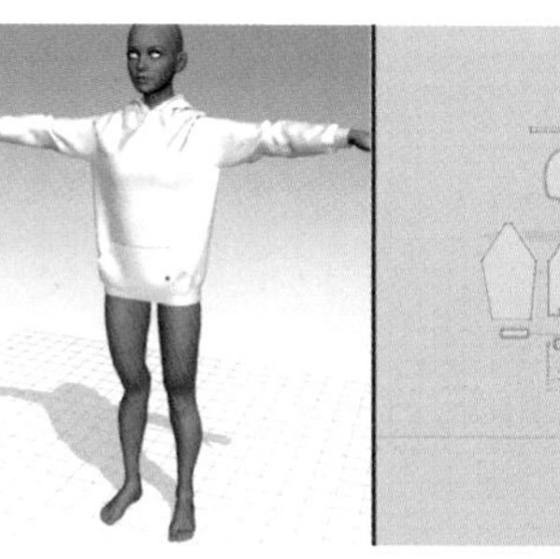
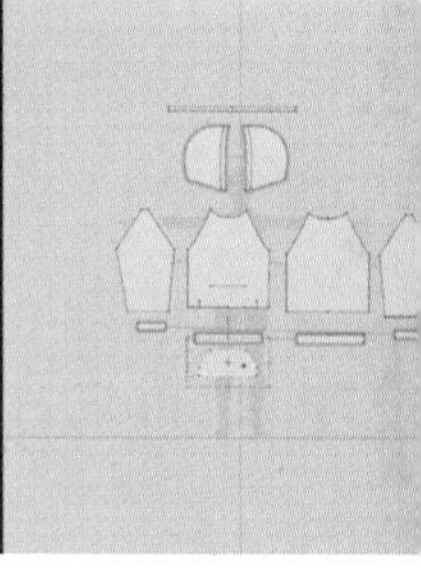

15 追加連帽衫的口袋。

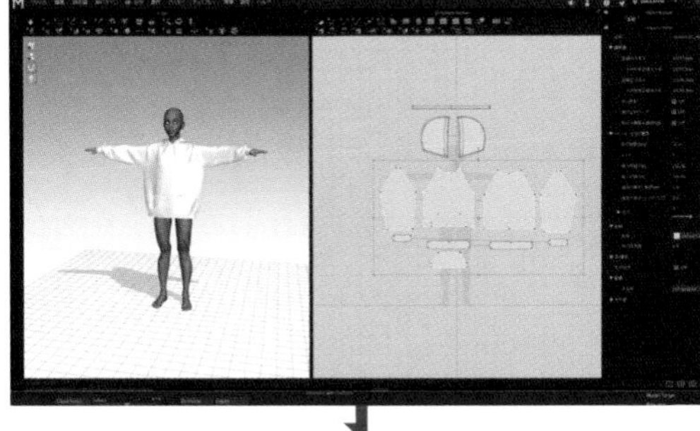
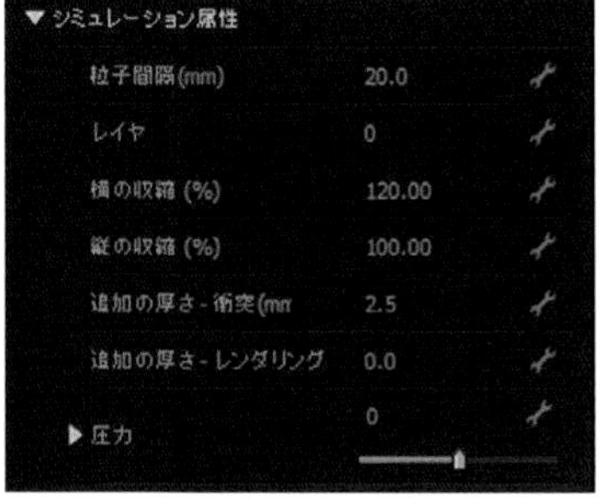

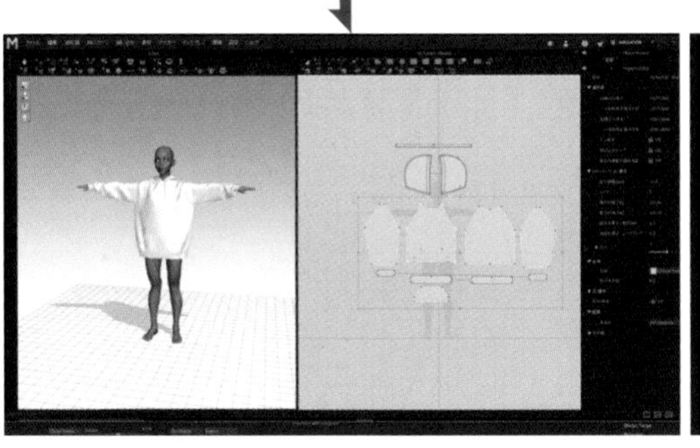
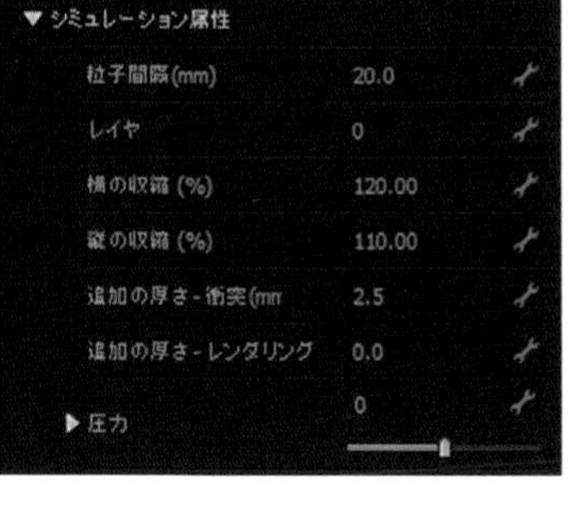

16 到此為止，連帽衫的素材都已經備齊了。接下來要進行調整。因為想要呈現出寬鬆的感覺，因此要在右側視窗的**シミュレーション属性**（模擬穿衣屬性）變更橫向收縮、縱向收縮的數值，調整尺寸感。原本兩者都是 100.00，這裡要將橫向收縮更改為 120.00，縱向收縮更改為 110.00。

POINT

各位會發現 Avatar 的表情有所變化。這是因為製作過程中，在動作的模擬階段發現沒辦法完整地載入 Avatar，所以又回到 Daz，重新製作了一次 COLLADA。此時為了要能夠與先前的檔案做區隔，因此在 Daz 增加了表情的變化。

06 模擬皺褶狀態

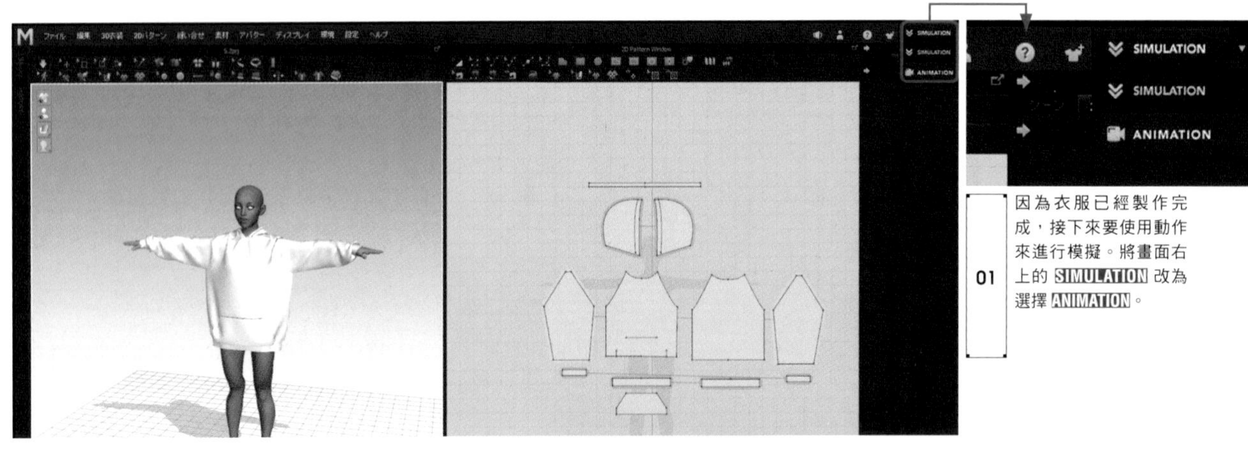

01 因為衣服已經製作完成，接下來要使用動作來進行模擬。將畫面右上的 SIMULATION 改為選擇 ANIMATION。

02 於是就會變成這樣的畫面。

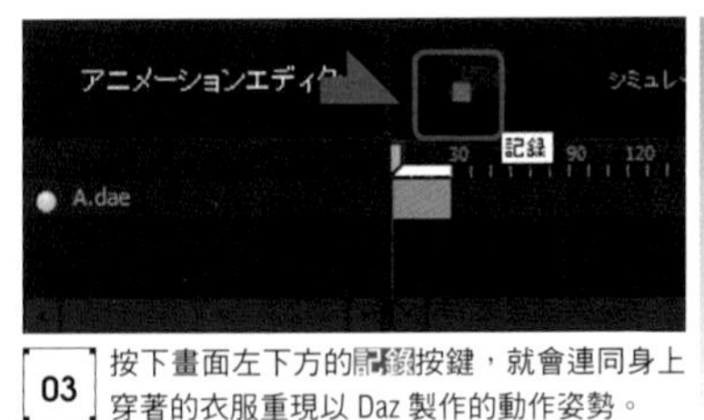

03 按下畫面左下方的記錄按鍵，就會連同身上穿著的衣服重現以 Daz 製作的動作姿勢。

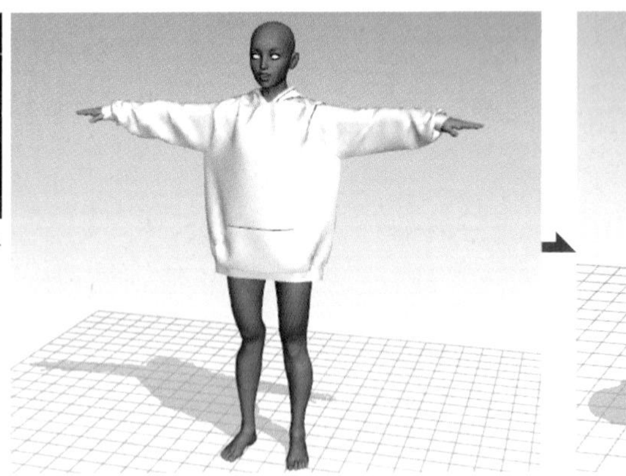

04 由「ANIMATION」再回到「SIMULATION」，使用「選擇／移動」功能，捏住布料調整皺褶的狀態。

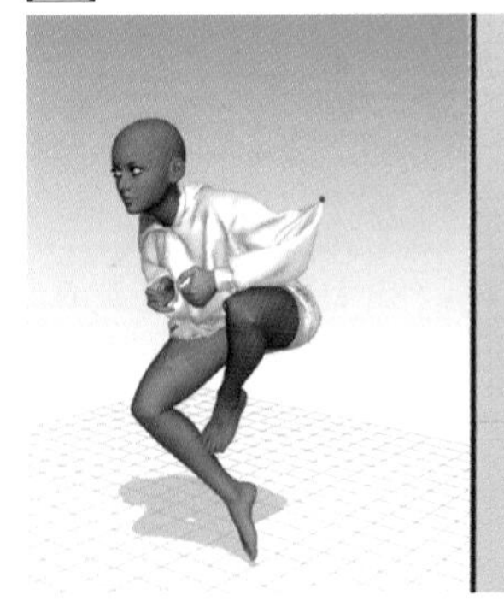

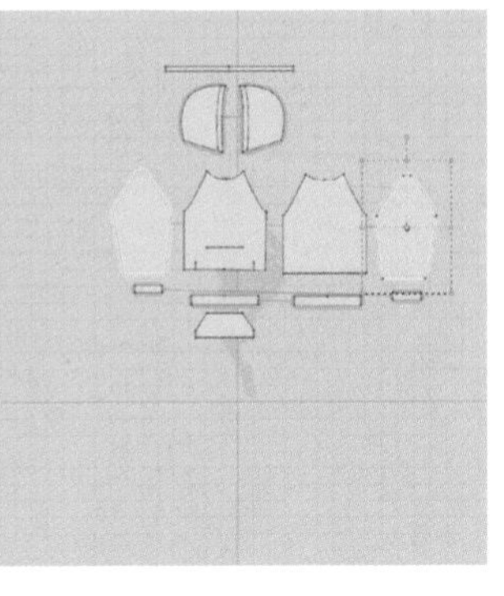

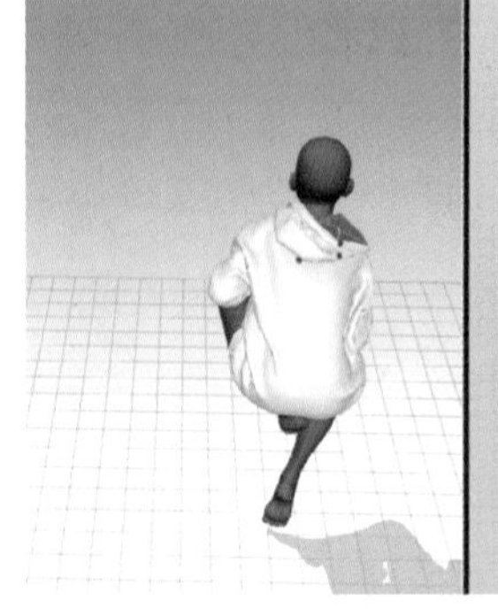

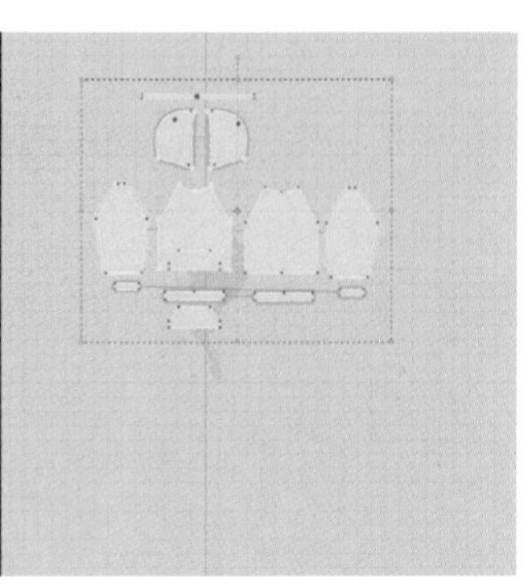

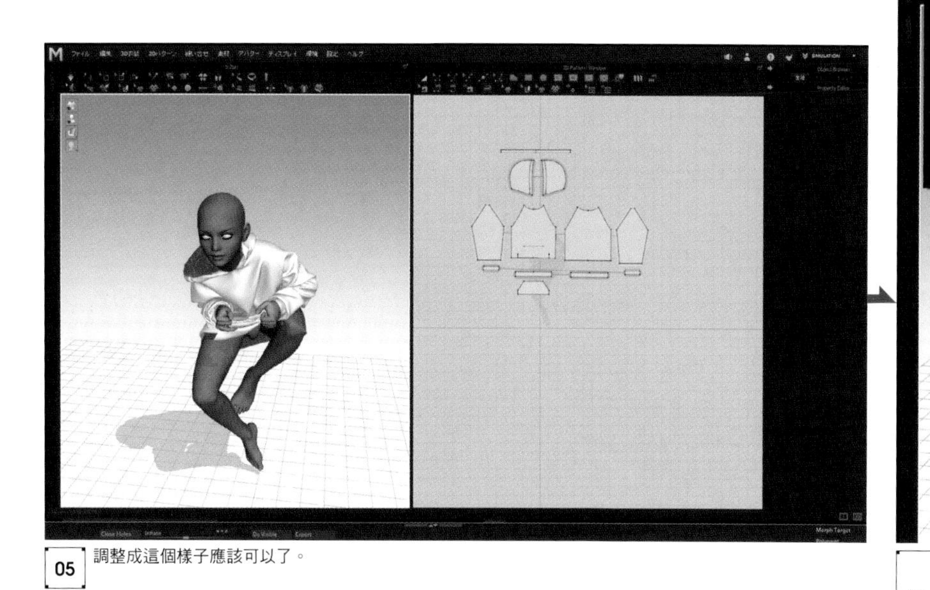

05 調整成這個樣子應該可以了。

06 當皺褶調整到滿意的狀態後，由左上方的ファイル（檔案）選擇**エクスポート（輸出）**→**OBJ**，將檔案儲存到電腦桌面，再以 ZBrush 進行確認。

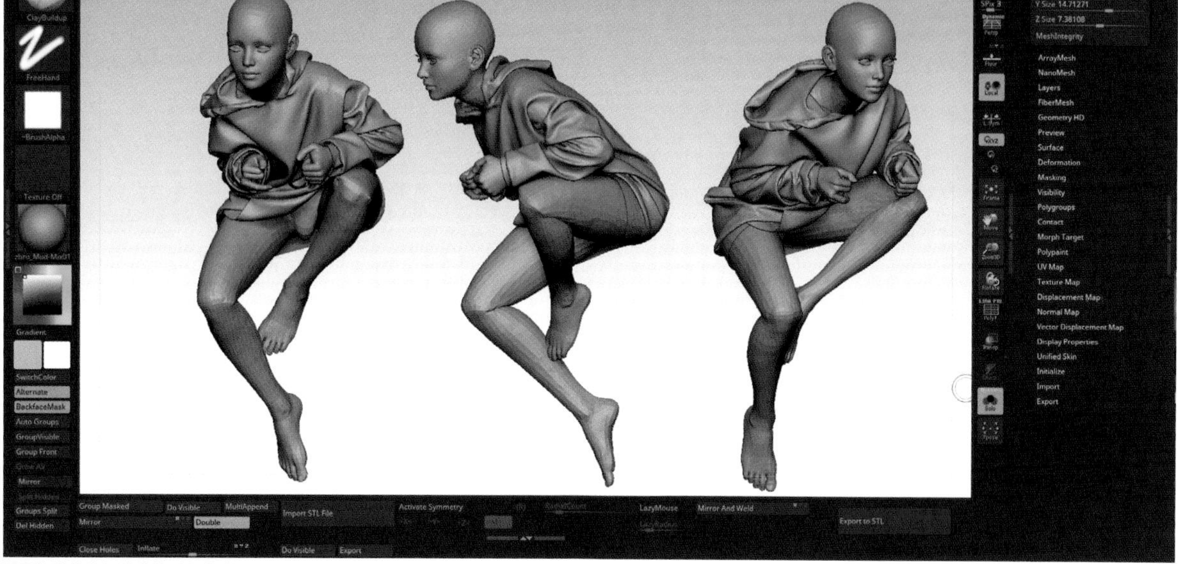

07 雖然膝部的狀態看起來亂七八糟，但我們總算完成了以 Daz 製作姿勢的 Avatar 穿著衣服時，皺褶狀態的模擬作業。雖然說這些步驟只是用來挑選其中可以留用的皺褶的基本設計階段，但我認為這確實是「用來製作耐人尋味的表現的工具軟體」。

POINT

順帶一提，紙型的各部位都會區分成不同的 Polygroup。

Sculpt（進行雕刻）

設計完成之後，接下來要轉移到 ZBrush 開始進行雕刻。

01 設定

POINT 我想大家應該都會將 ZBrush 的面板配置成自己喜歡的排列順序。我個人是覺得下圖這樣的配置方式使用起來蠻方便順手的。

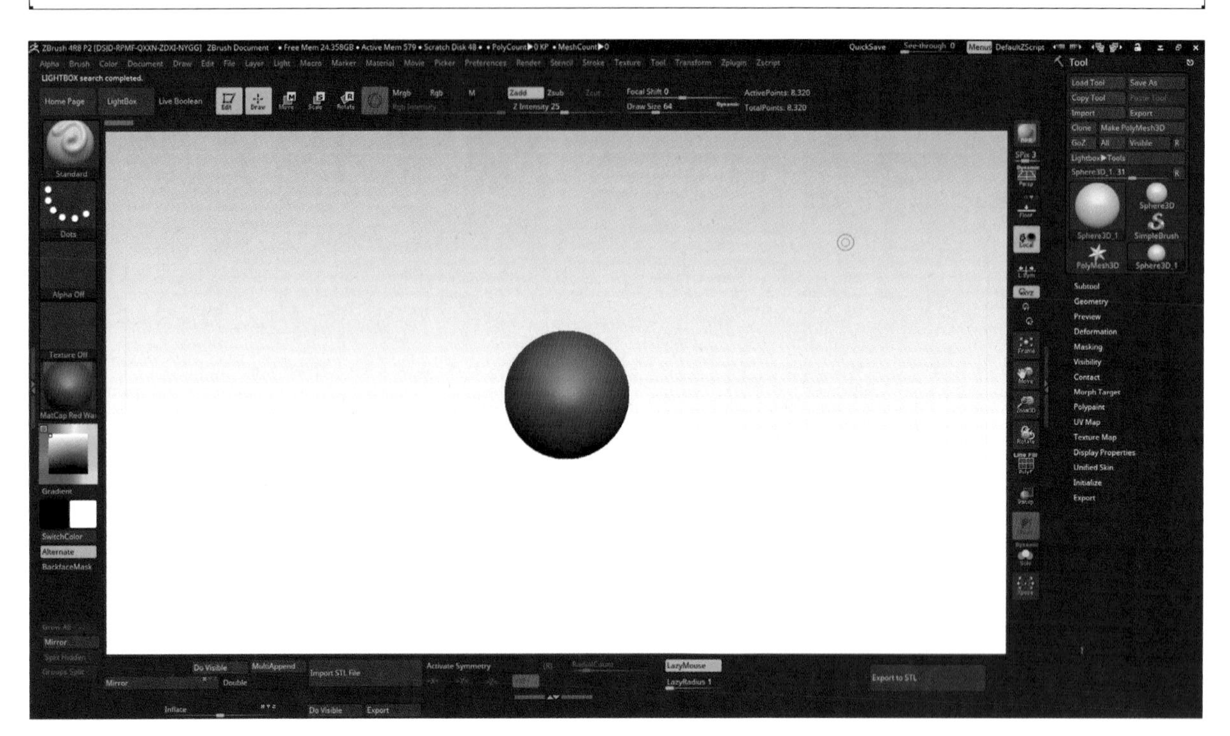

我們要以這個畫面來進行後續的解說，因此先將各項功能的位置標示出來。功能的部分請參考第 65 頁的解說。

Tool > Polygroups > Group Masked　Tool > Deformation > Mirror　Transform > Activate Symmetry　Stroke > LazyMouse　Tool > Geometry > Mirror And Weld

Group Masked　Do Visible　MultiAppend　Import STL File　Activate Symmetry　(R)　RadialCount　LazyMouse　Mirror And Weld　Export to STL
Mirror　Double　>X<　>Y<　>Z<　>M<　LazyRadius 8
Close Holes　Inflate　Do Visible　Export

Tool > Geometry > Modify Topology > Close Holes　Tool > Deformation > Inflate

POINT

我經常會從榊馨老師的部落格（http://sakakikaoru.blog75.fc2.com/blog-entry-18.html）下載客製化筆刷及 Matcap 來使用，其中又以「zbro_Mud_3Dcoat」這個材質最常使用，因此這次就統一使用這套設定來製作。

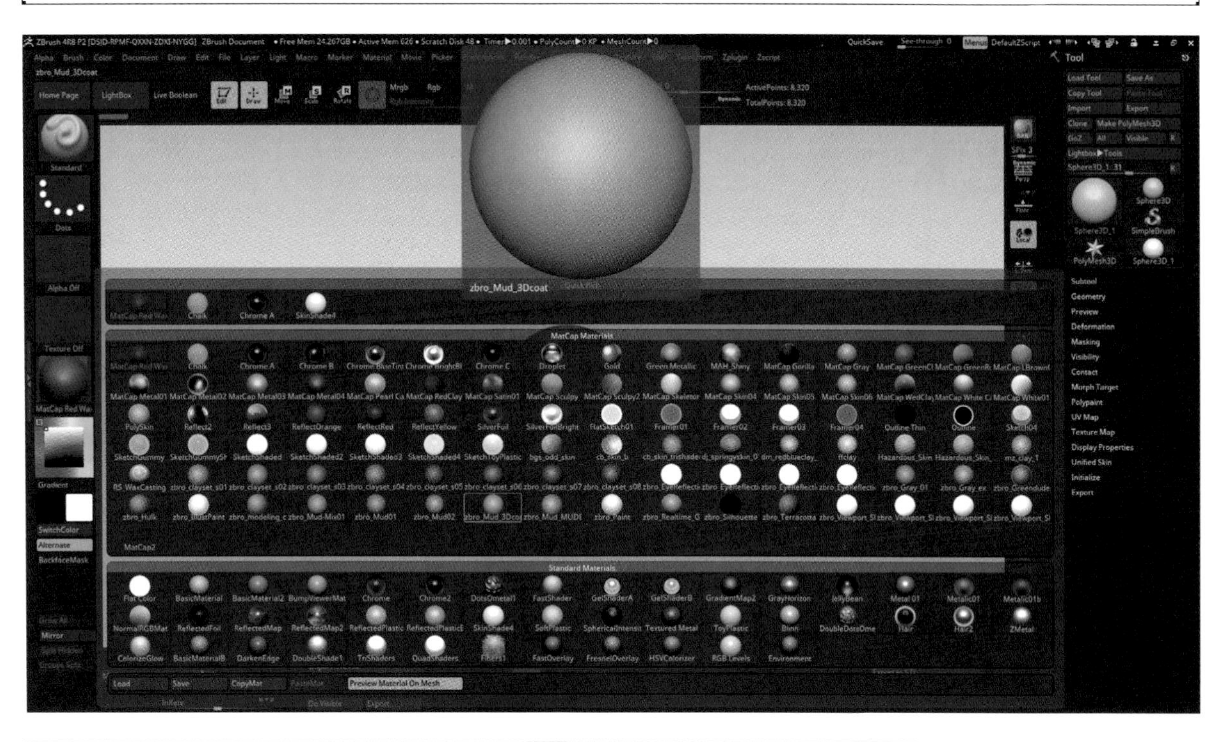

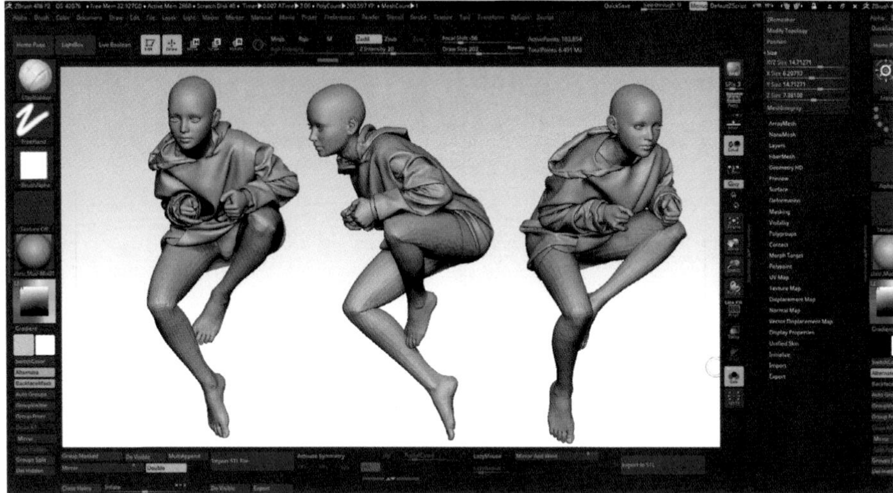

在 Marvelous Designer 中使用動作功能時，Avatar 會變成低多邊形（Low Polygon），使得細部細節遭到破壞，因此要由 Daz 載入 Avatar，將其置換。

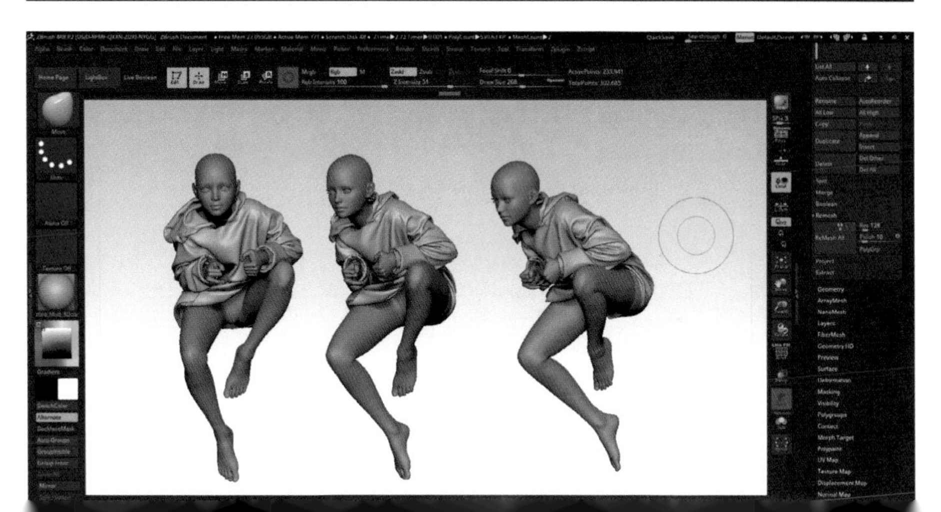

02 製作臉部

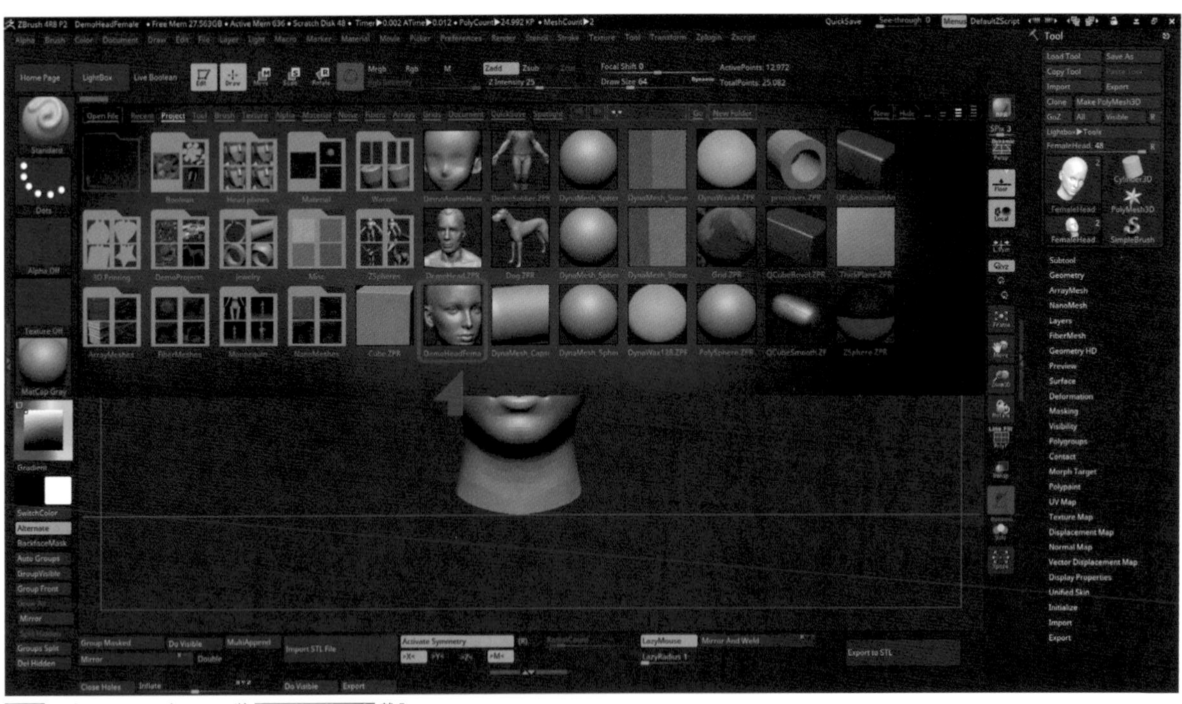

01 開啟 LightBox，由 Project 將 DemoHeadfemale 載入。

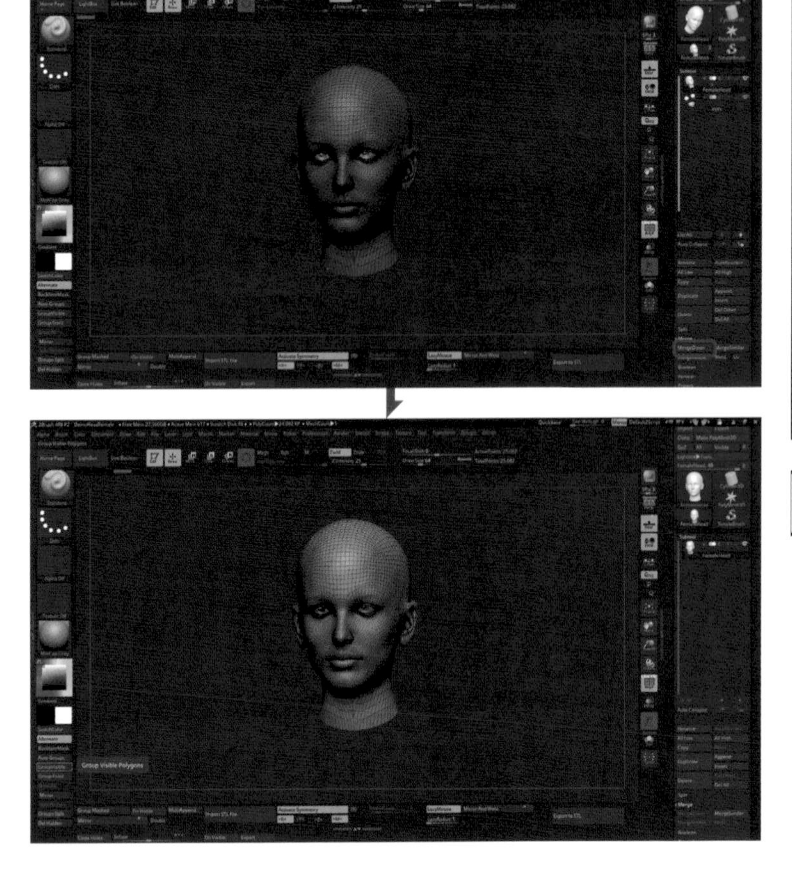

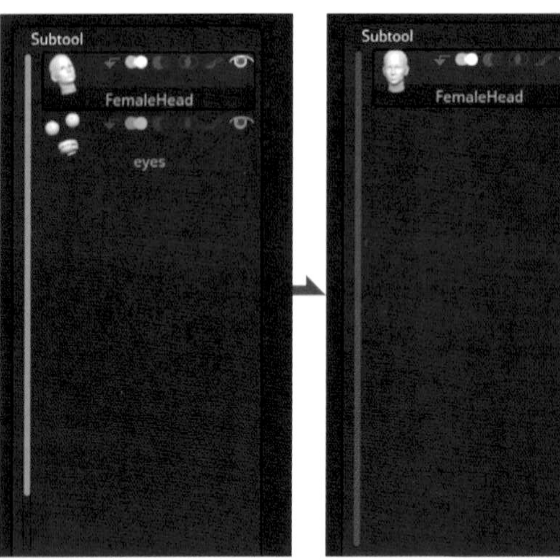

02 選擇 Subtool 的 FemaleHead，按下 MargeDown 使其成為一個模型圖層。然後在 GroupVisible 將 Polygroup 也整合在一起。

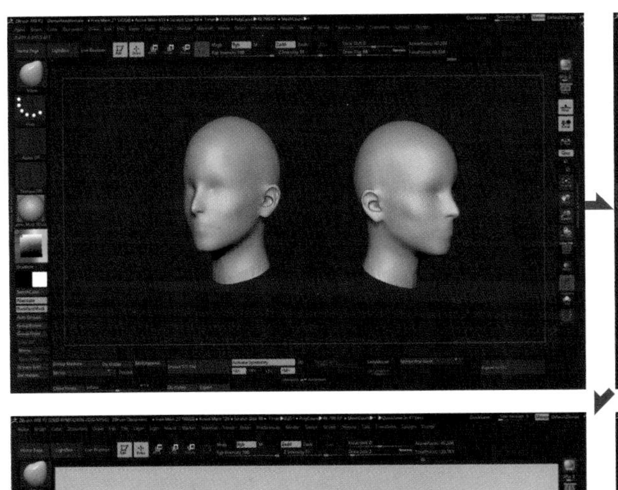

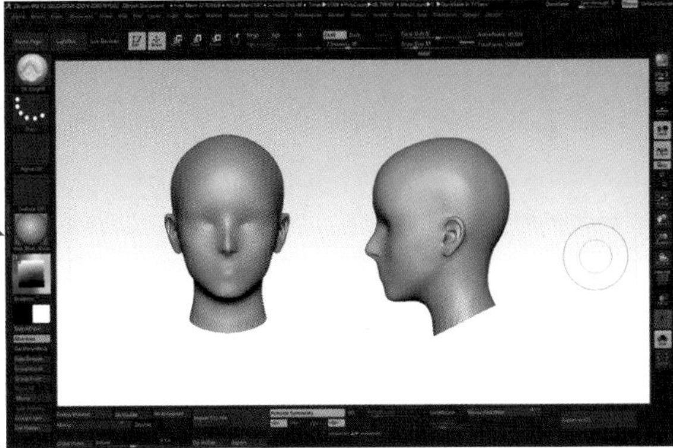

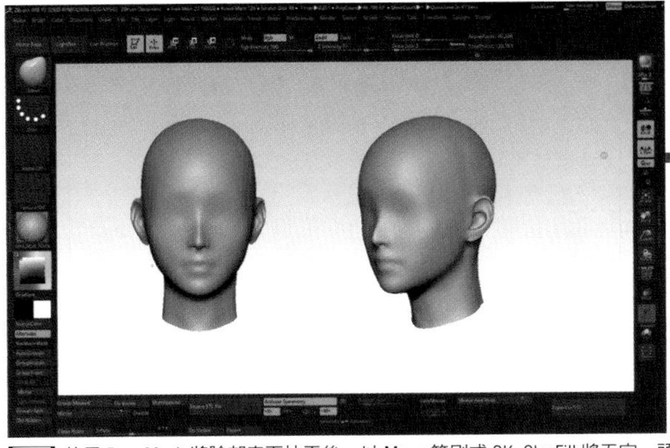

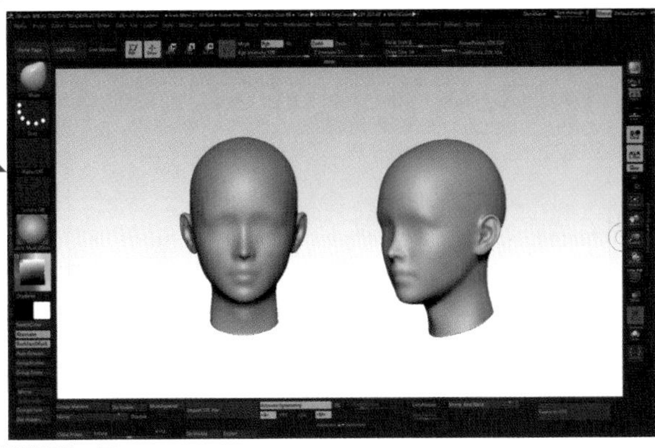

03 使用 DynaMesh 將臉部表面抹平後，以 Move 筆刷或 SK_ClayFill 將五官、頭型稍微調整一下。

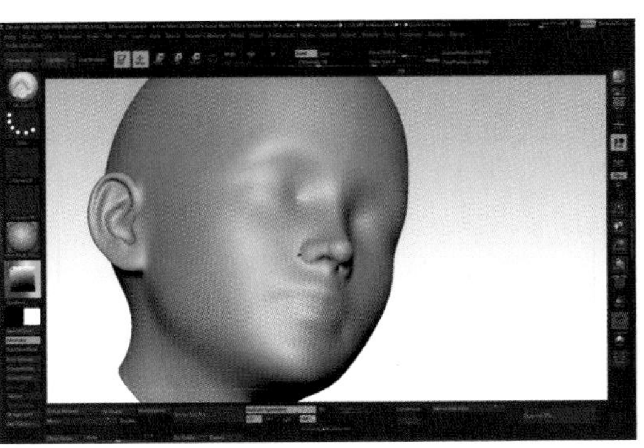

04 當五官、頭型完成後，接下來大多會由鼻子開始製作。

05 製作口部及下巴時，只要完成到一個階段，就使用 Smooth 筆刷。反覆這樣的動作，將臉部的氣氛塑造出來。這裡是以榊馨老師的客製化筆刷 SK_Slash2 及 SK_ClayFill 進行製作。

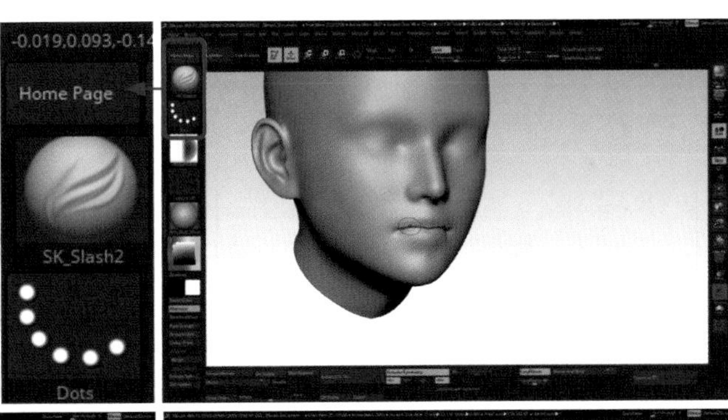

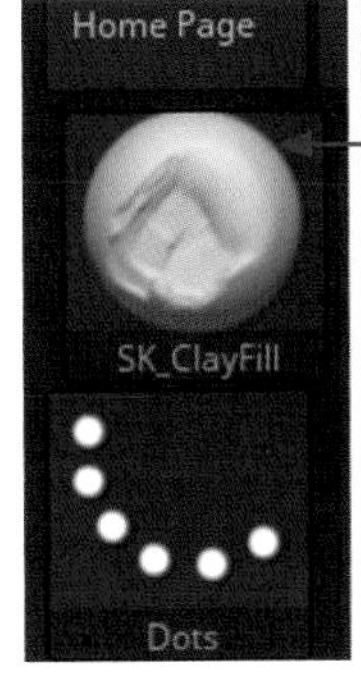

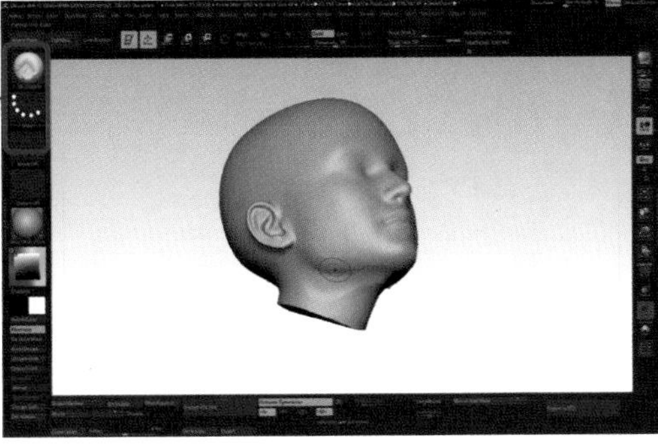

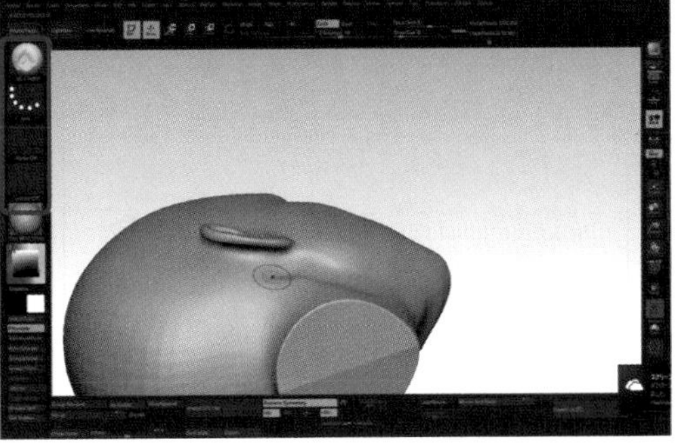

03 製作頭部

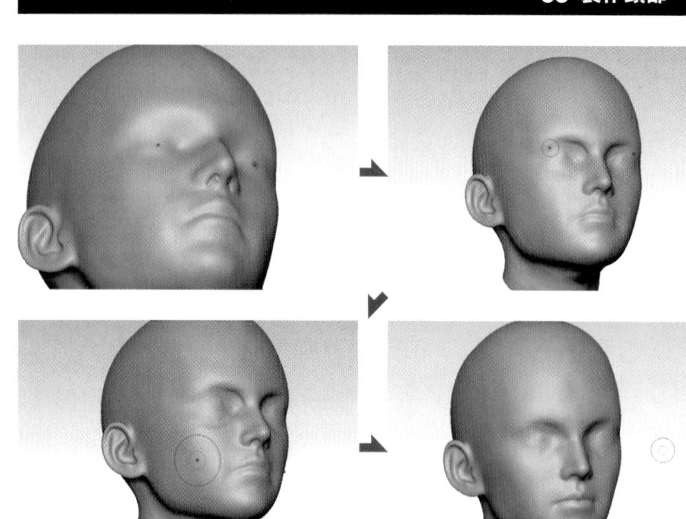

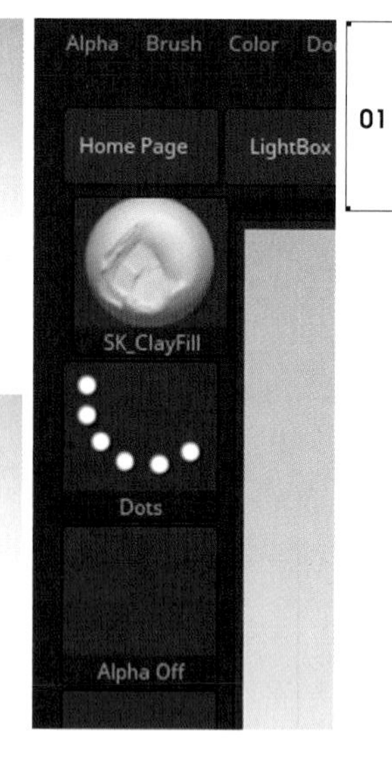

01 使用 SK_ClayFill 進行眼睛周圍的造型作業。要將骨骼的形狀、眼球的形狀、以及覆蓋其上的皮膚視為一整個外框線（Outline）大幅度地進行雕塑。

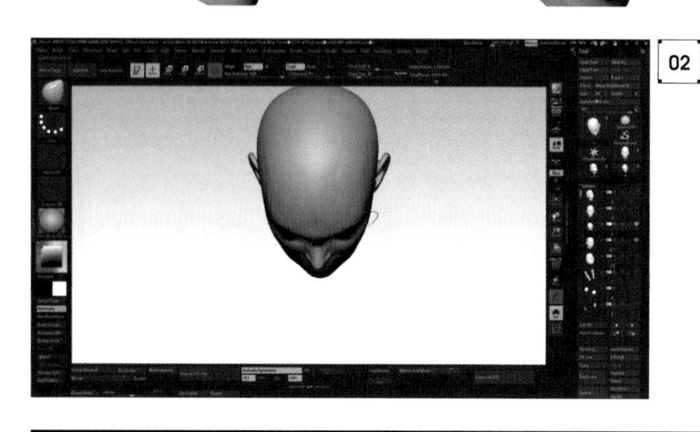

02 旋轉觀察模特兒，從各種不同角度一邊確認形狀，一邊進行作業。

04 製作眼球

01

接下來要將眼球裝入眼眶。雖然臉部看起來又呈現光滑的狀態了，但就是要重覆製作細節、然後將表面抹平這樣的步驟，一直到雕塑出自己理想的臉部為止。表面的細部細節總是在這樣的一進一退之間完成。

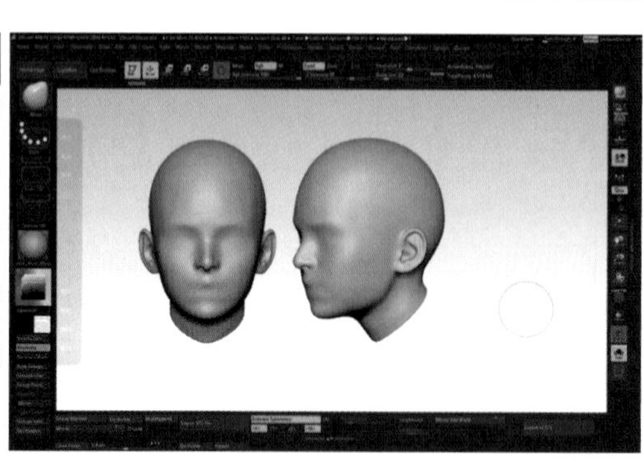

02

以 IMM Primitives 筆刷選擇 Insert Sphere，將 ActivateSymmetry 的 X 設定為開啟，然後在眼睛上方拖曳出來。

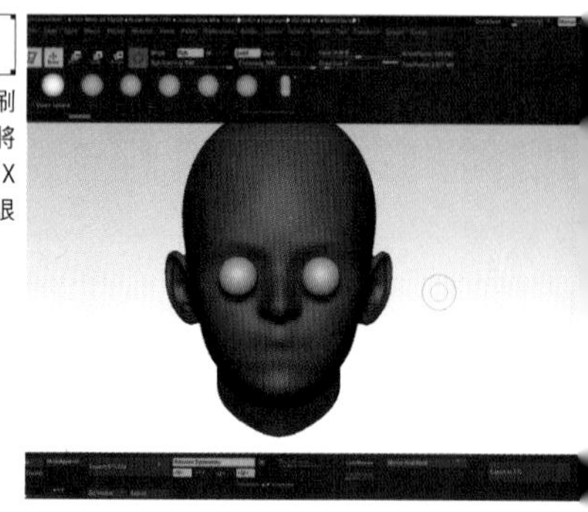

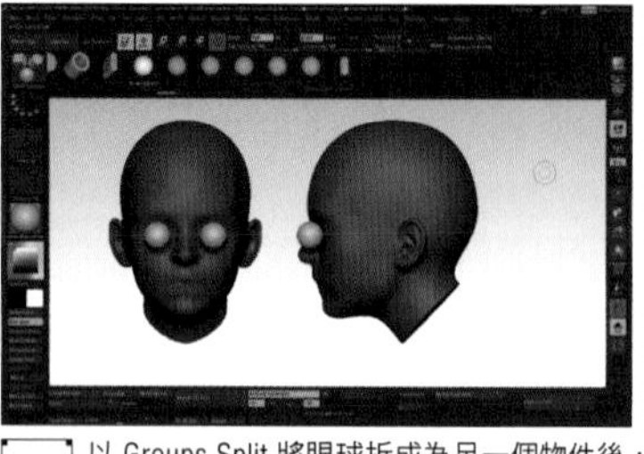

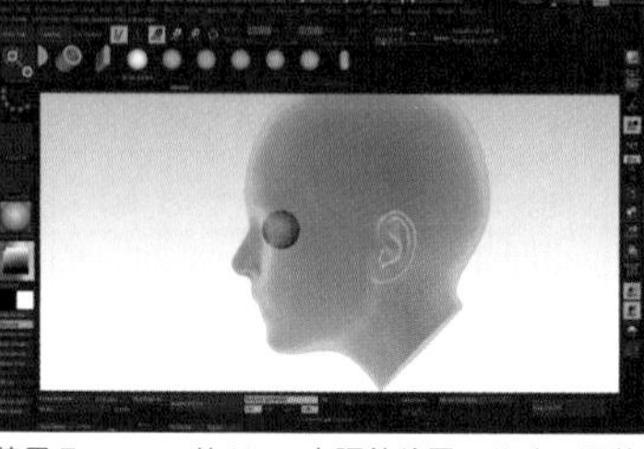

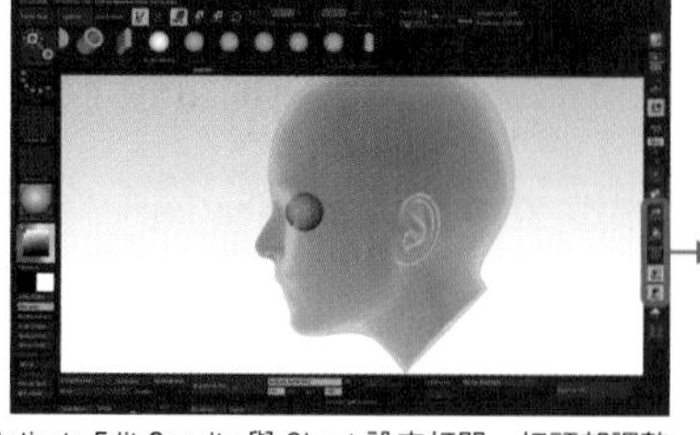

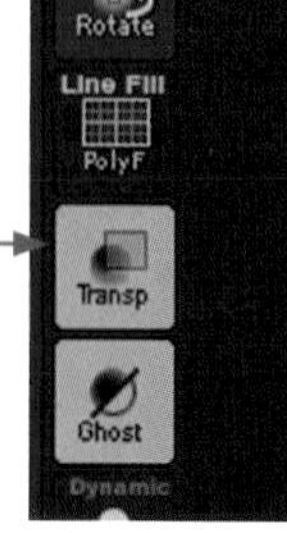

03 以 Groups Split 將眼球折成為另一個物件後，使用 Transpose 的 Move 來調整位置。此時，要將 Activate Edit Opacity 與 Ghost 設定打開，把頭部調整成透明來確認位置。

05 製作眼瞼

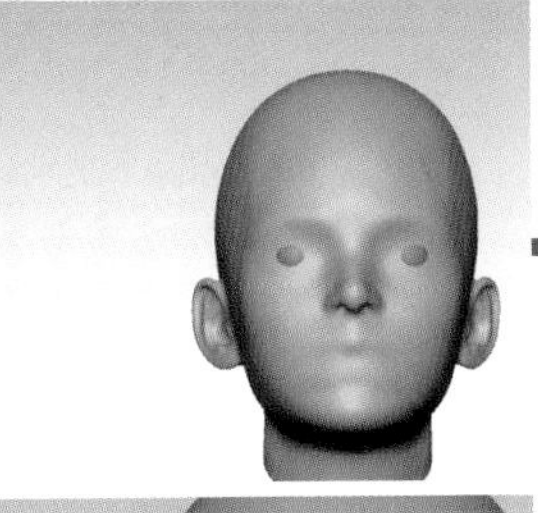

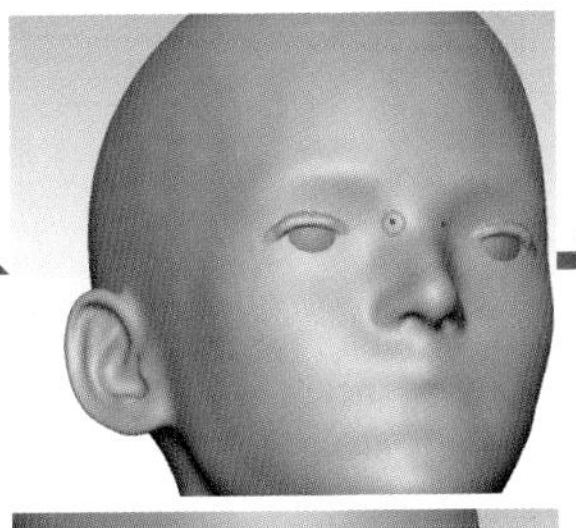

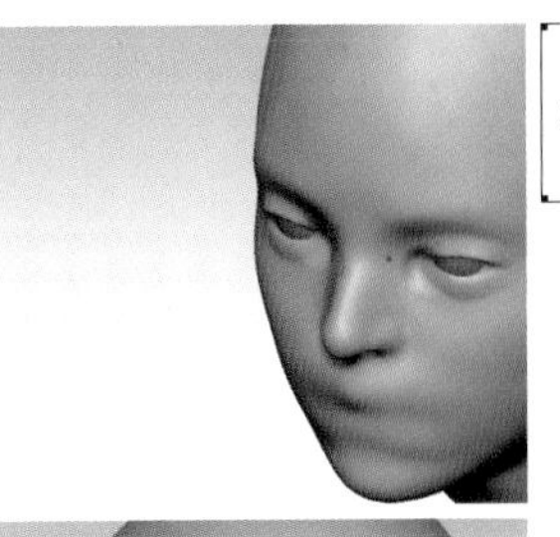

01 使用 ClayBuildup 與 SK_Cloth 來製作眼瞼。

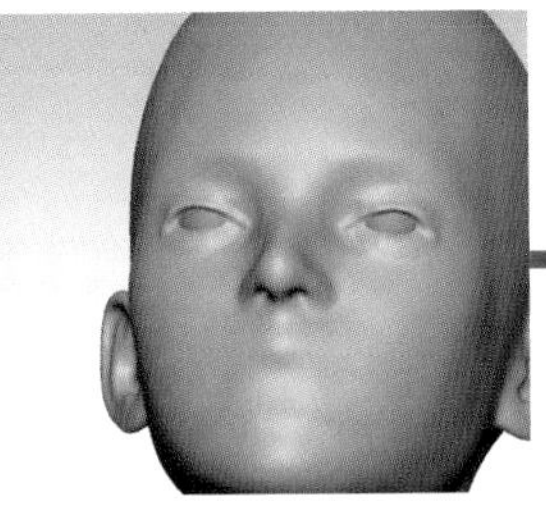

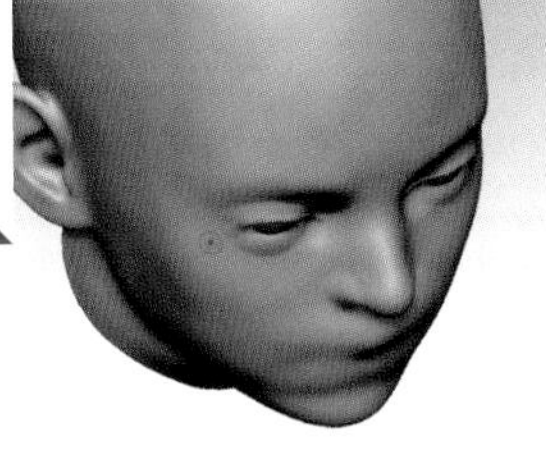

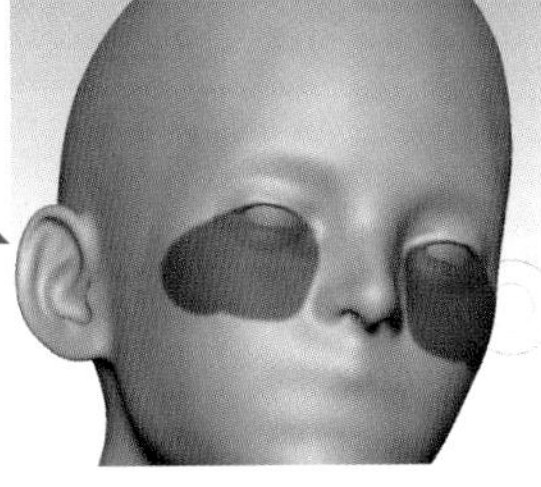

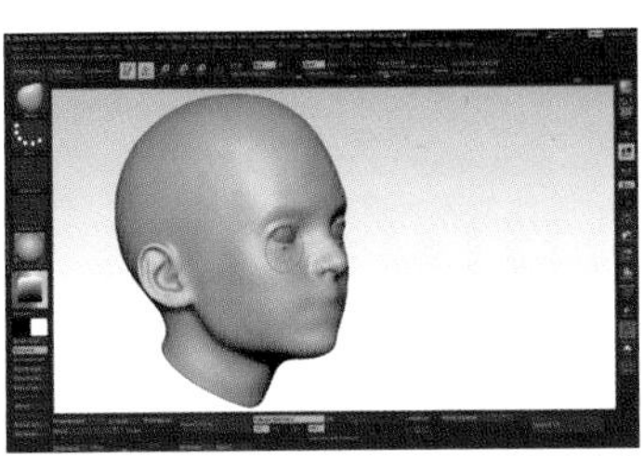

02 大致的形狀完成後，就要調整眼睛大小。

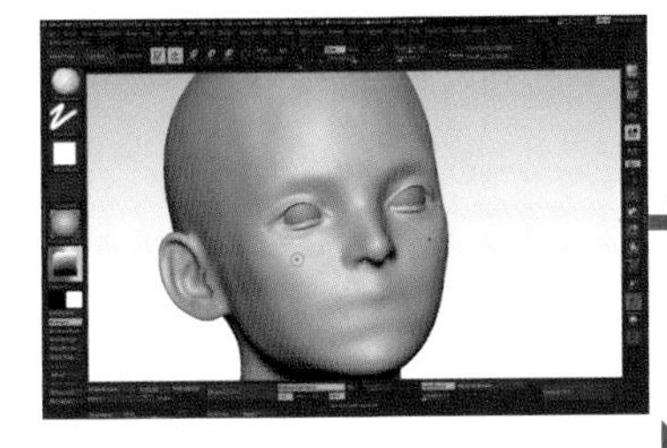

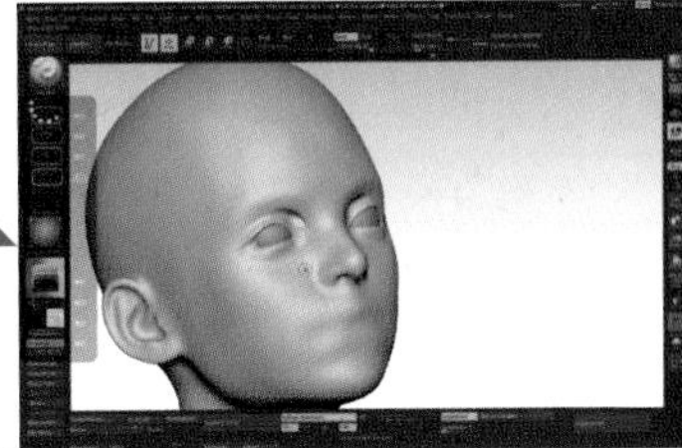

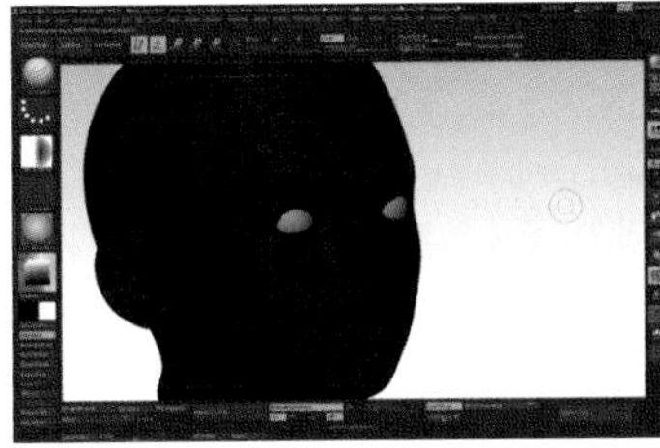

03 接下來開始製作細部的表現，因此要增加面數（網格）的密度。將 Dynamesh 的 Resolution 數值提高。

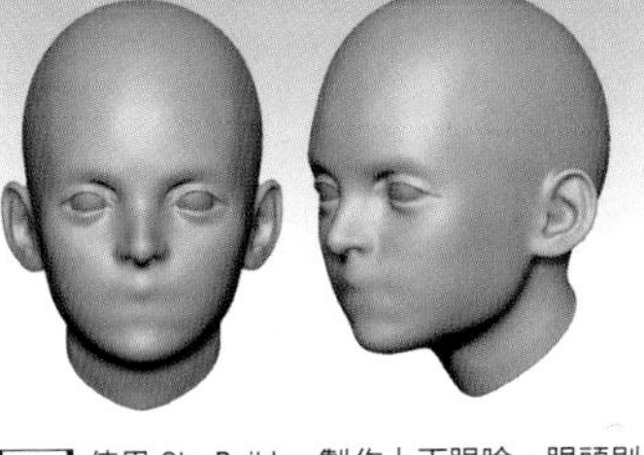

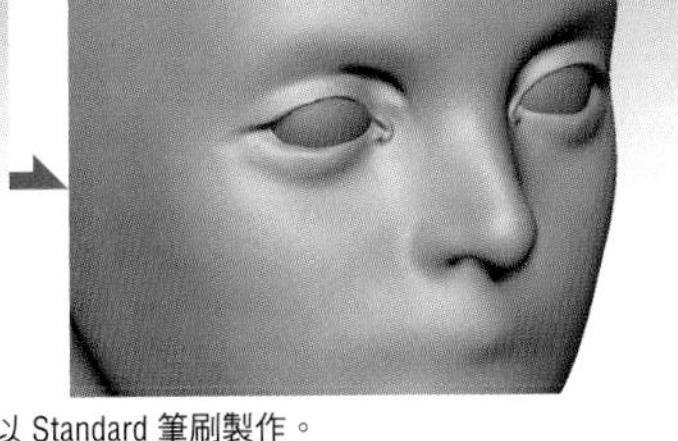

04 使用 ClayBuildup 製作上下眼瞼，眼頭則以 Standard 筆刷製作。

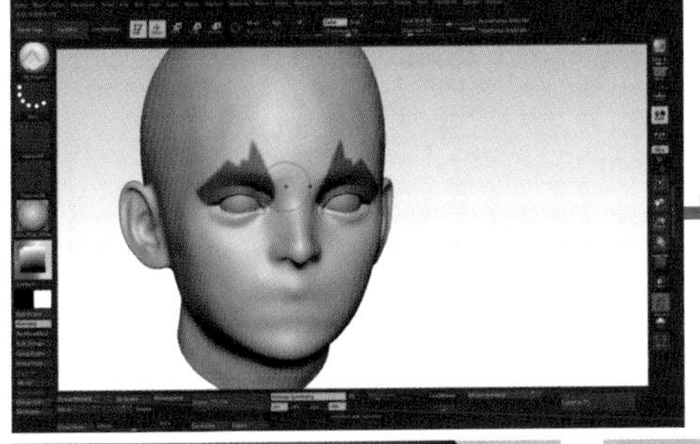

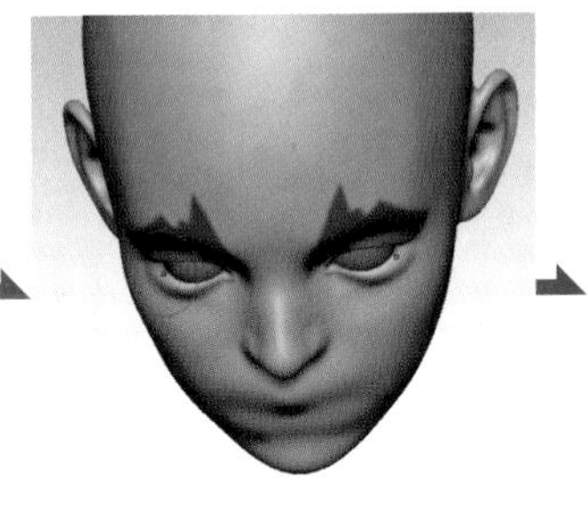

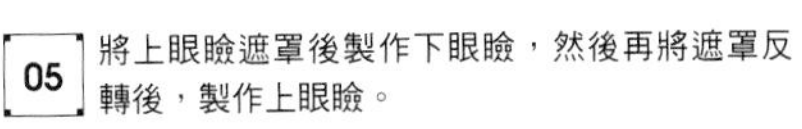

05 將上眼瞼遮罩後製作下眼瞼，然後再將遮罩反轉後，製作上眼瞼。

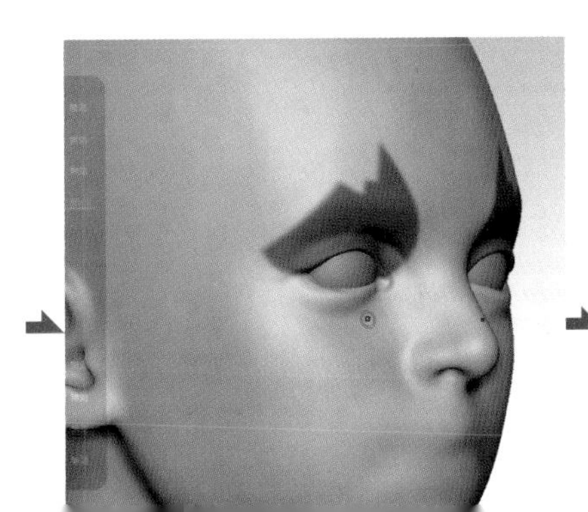

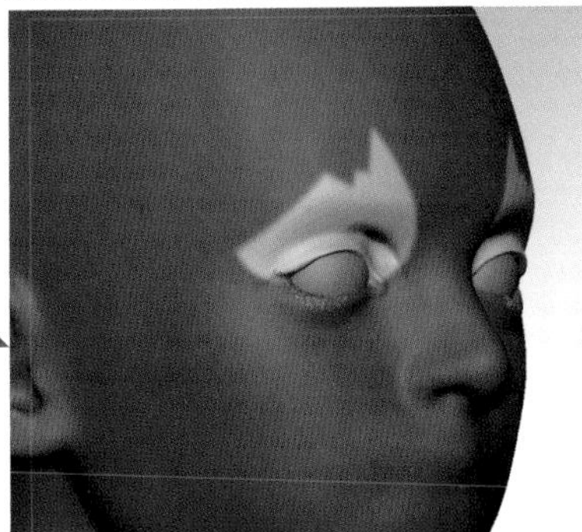

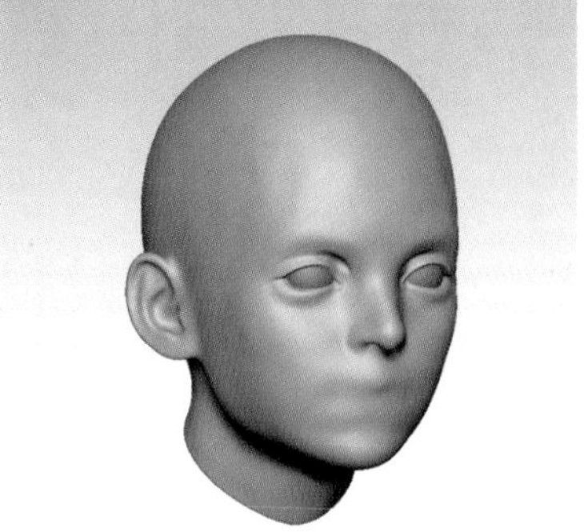

06 製作口部

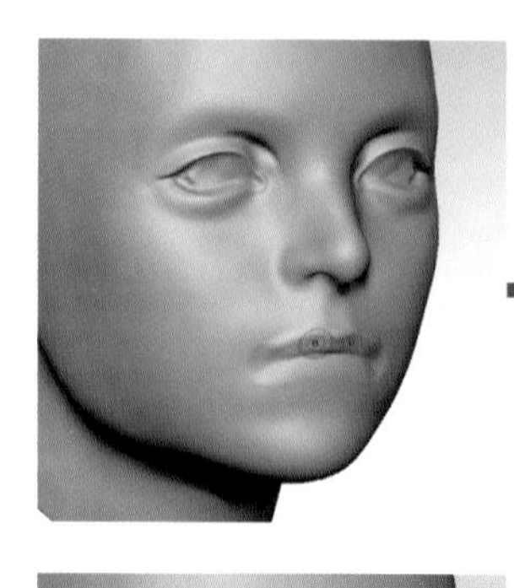

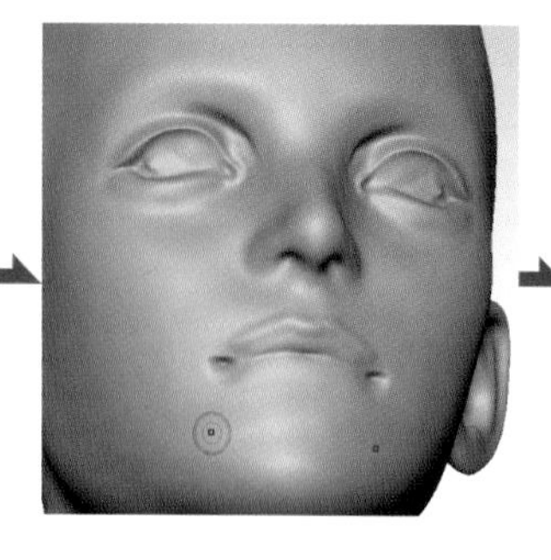

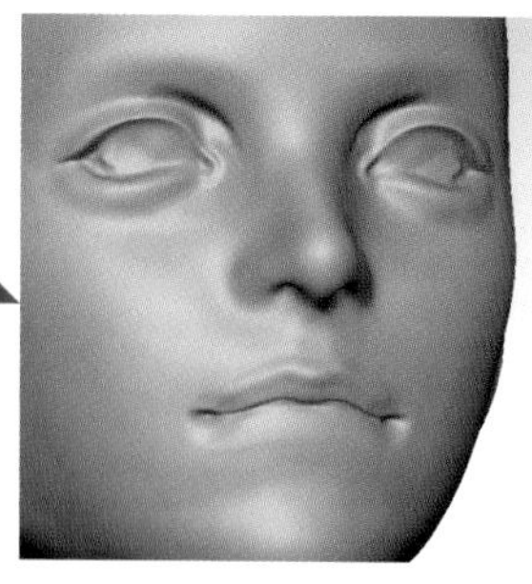

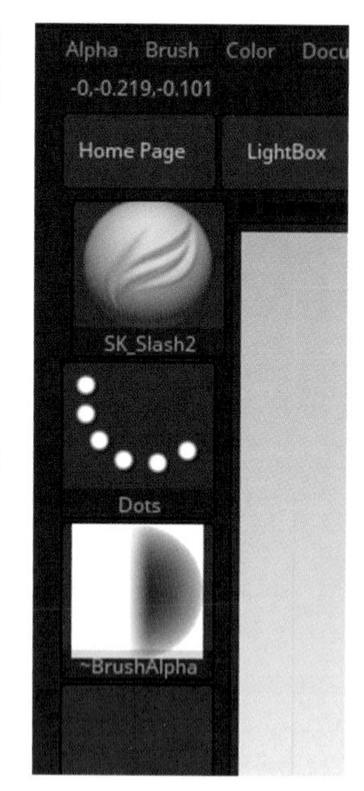

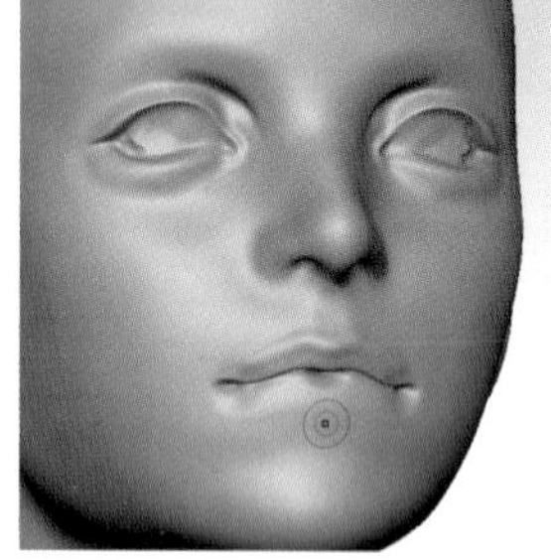

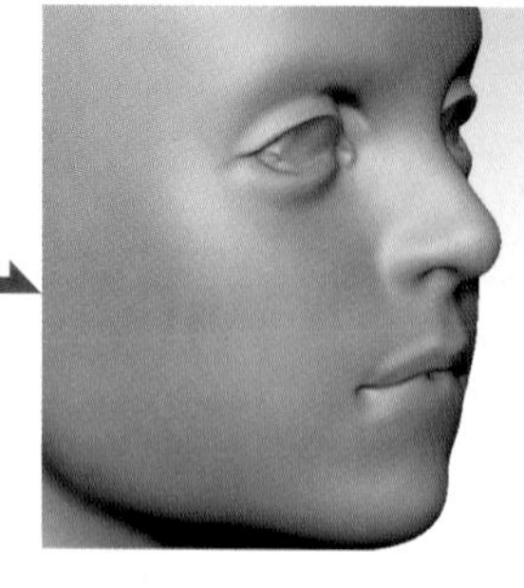

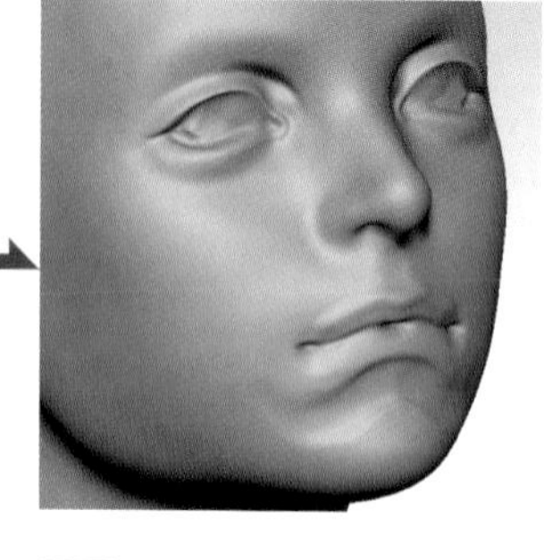

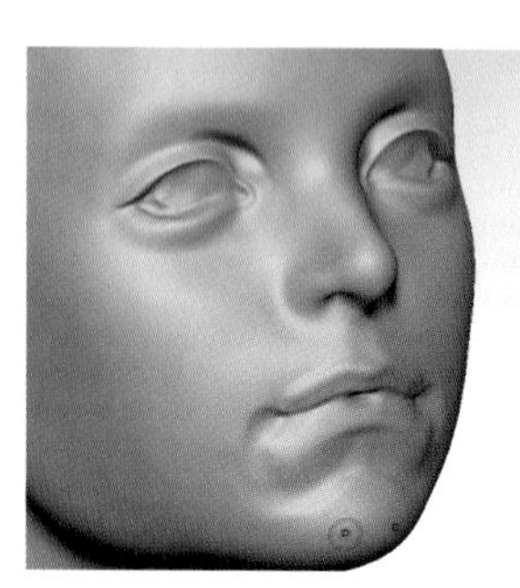

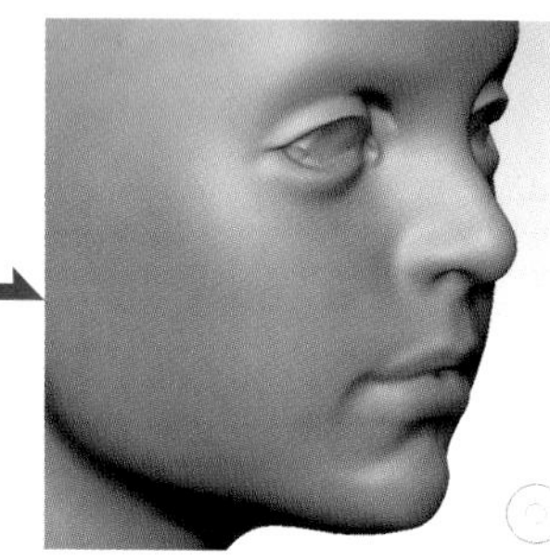

01 先將下唇的肌肉製作得誇張一點，然後再以 Smooth 抹平。口部的銳利凹槽處使用 SK_Slash2 來製作。

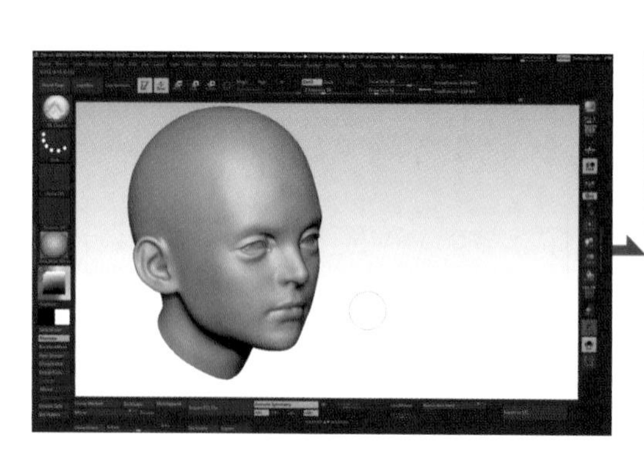

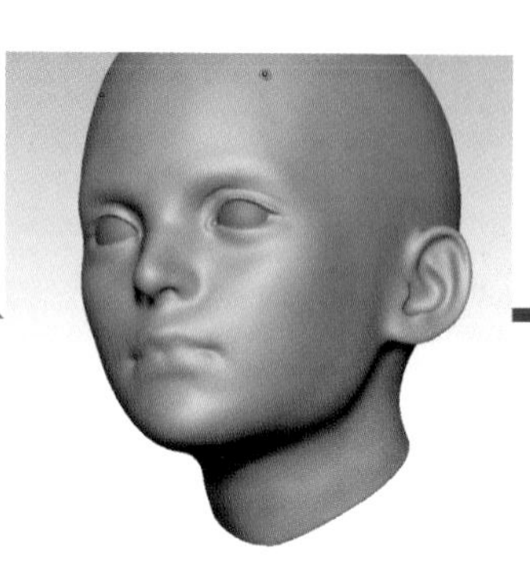

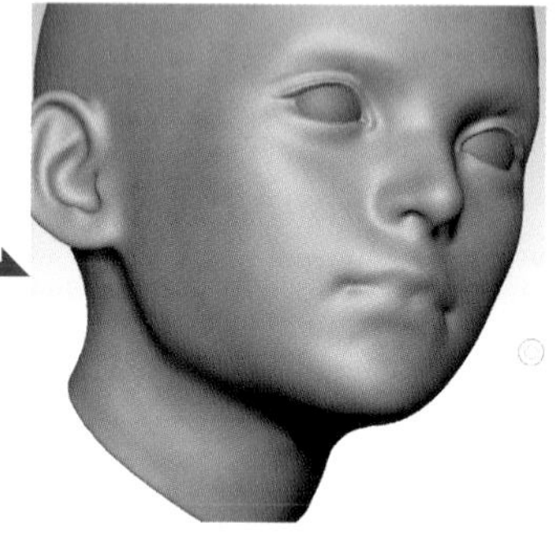

02 到目前為止算是將眼鼻五官都製作出來了。

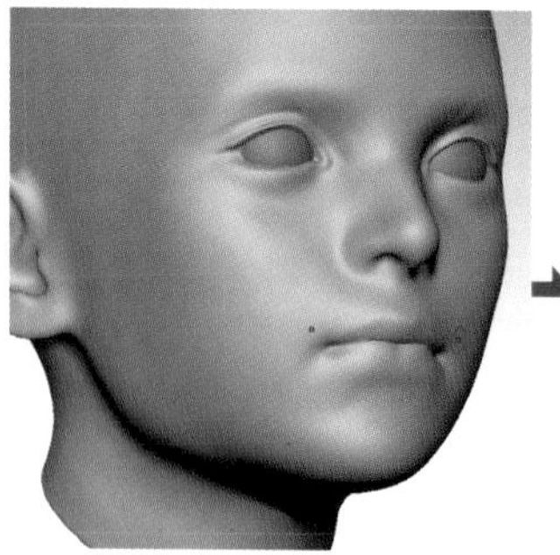

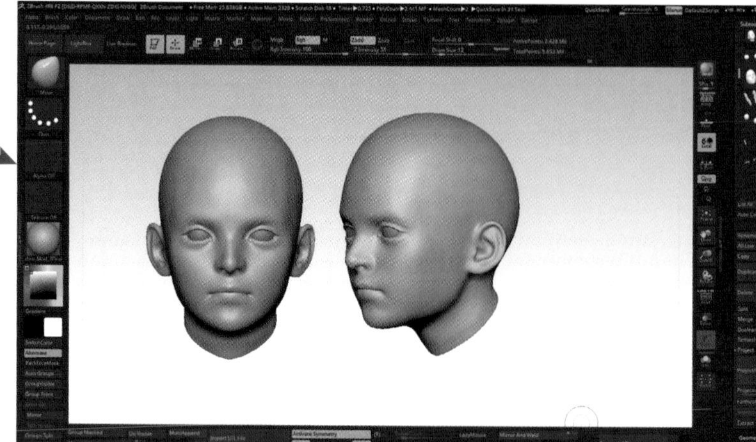

07 製作頭髮

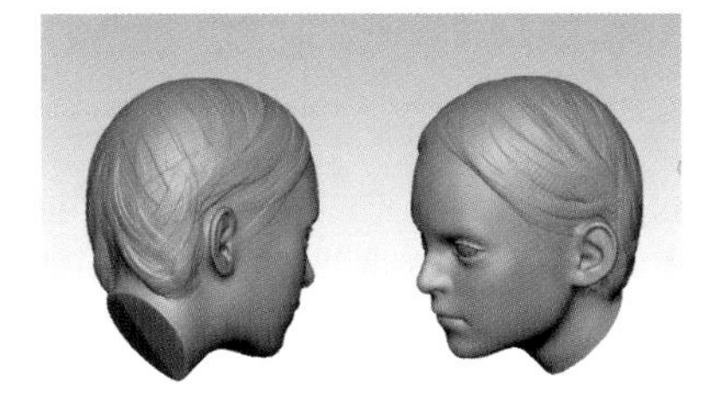
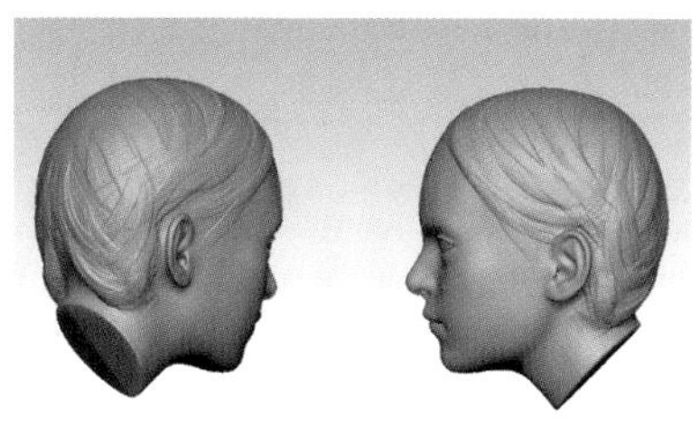
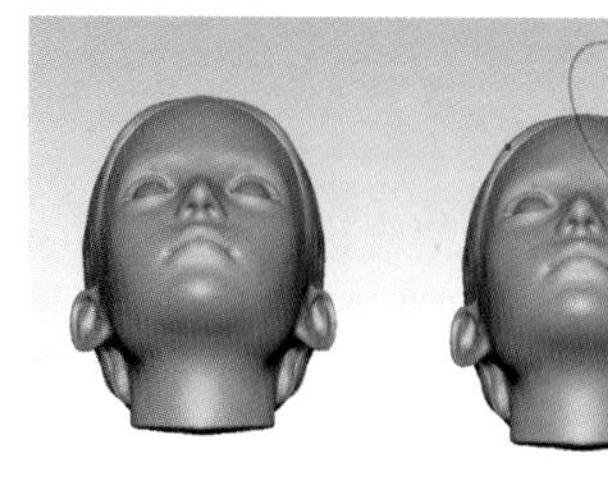

01 使用 ClayBuildup 製作頭髮的位置參考線。製作時以辮子女孩為印象。額頭的頭蓋骨部位不要設計得太過顯眼。

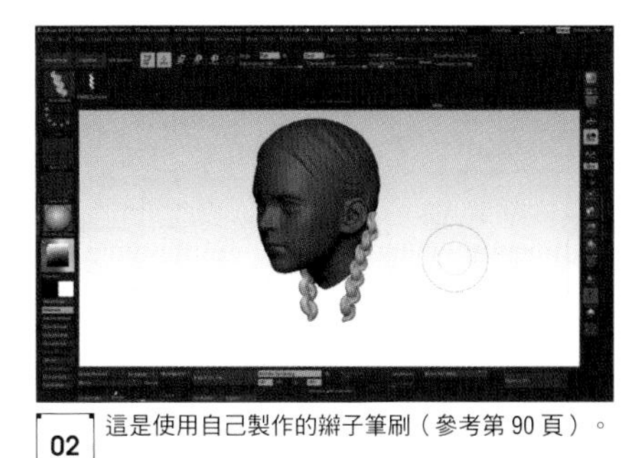

02 這是使用自己製作的辮子筆刷（參考第 90 頁）。

03 將 MaskRect 的 Alpha 設定為 Alpha27，建立一個漸層的遮罩。

POINT

使用插入筆刷並開啟 Storke>CurveModifiers 的 CurveFallOff 圖表，調整 Size 曲線控制器時，可以呈現朝向弧線的終點愈變愈小的效果。

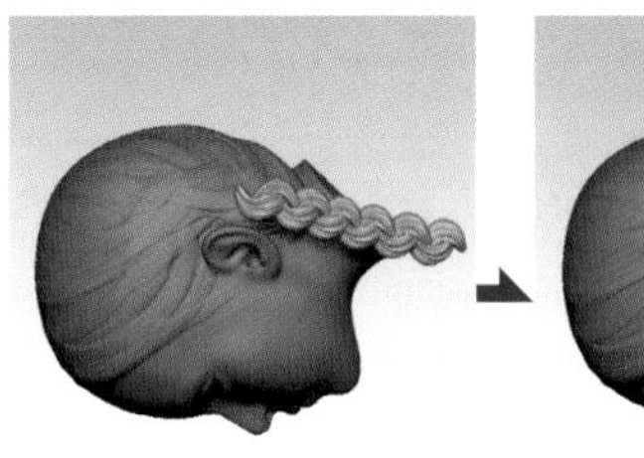
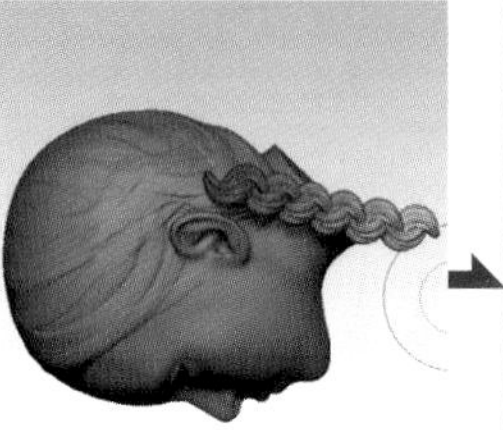

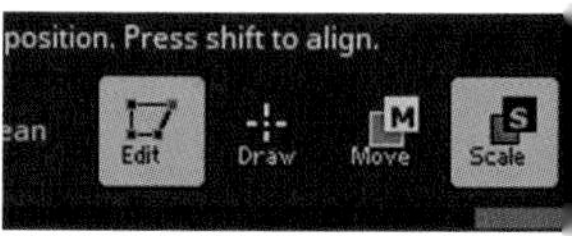

04 同樣使用漸層遮罩、Transpose 的 Scale 以及 Move 來調整辮子。

05 將遮罩反轉，透過 Transpose 的 Scale 來變更尺寸。

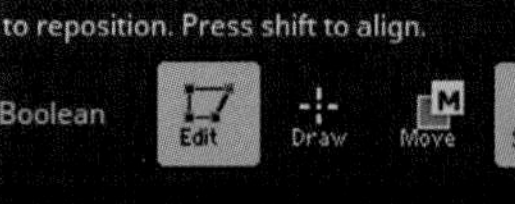

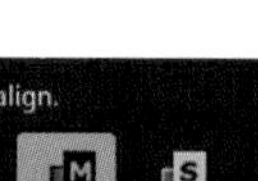

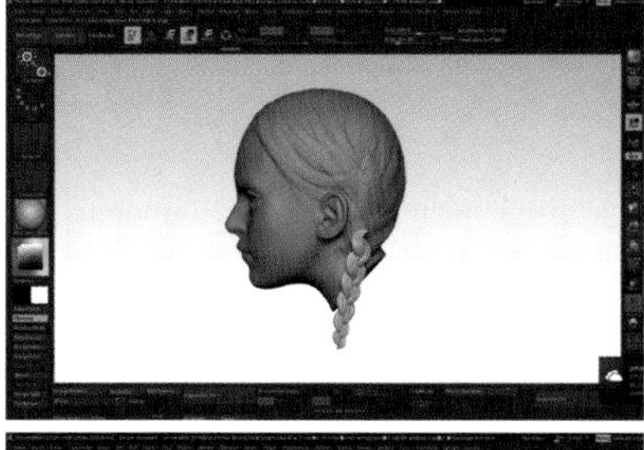
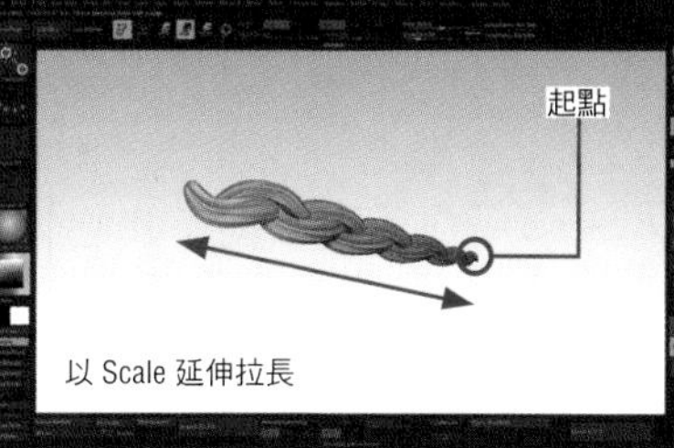

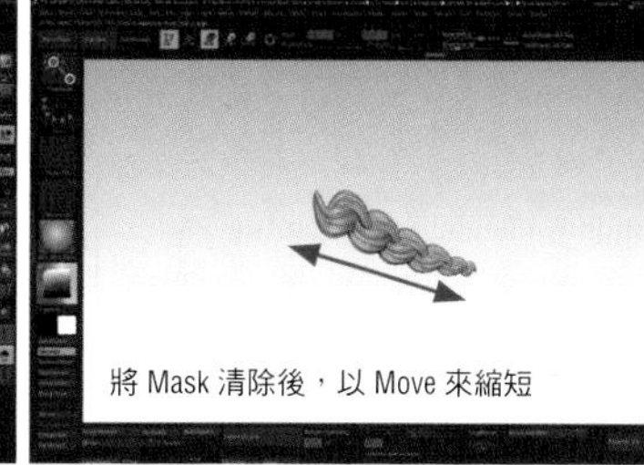

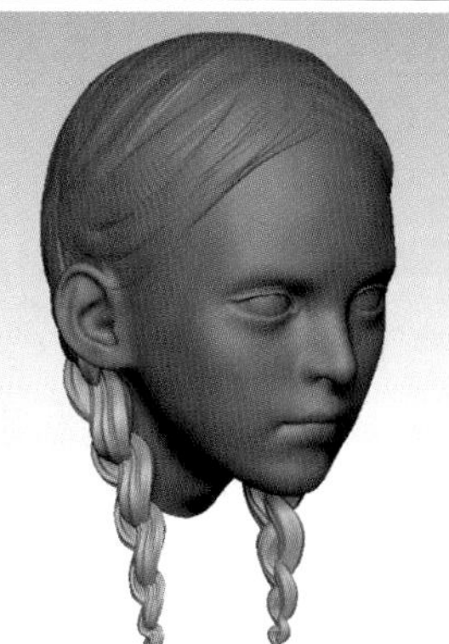

08 辮子筆刷的製作方法

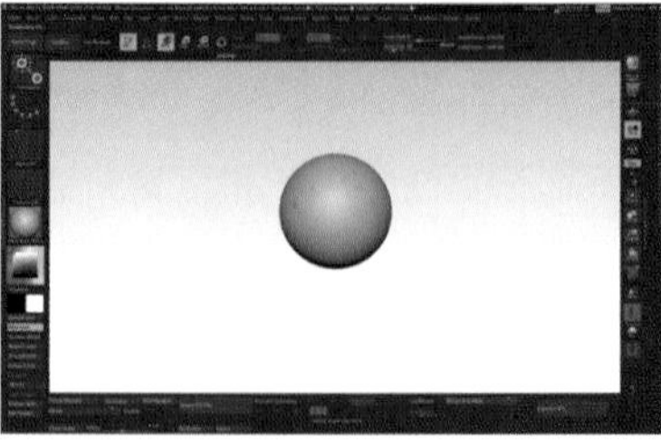

01 在 Lightbox 選擇 Sphere3D，按下 T 鍵，進入 Edit 模式。

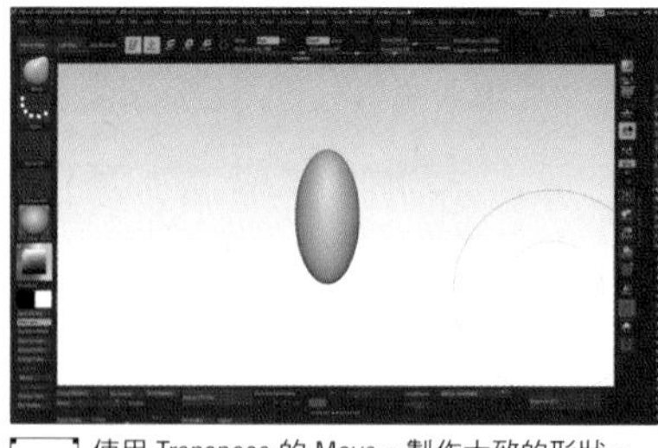

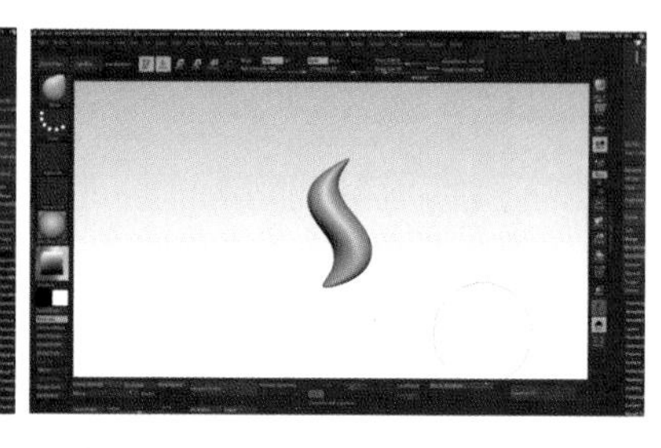

02 使用 Transpose 的 Move，製作大致的形狀。

03 執行 DynaMesh，製作頭髮的細部細節。

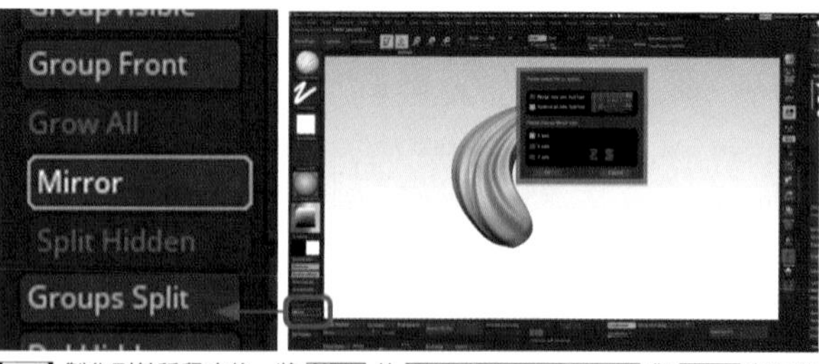

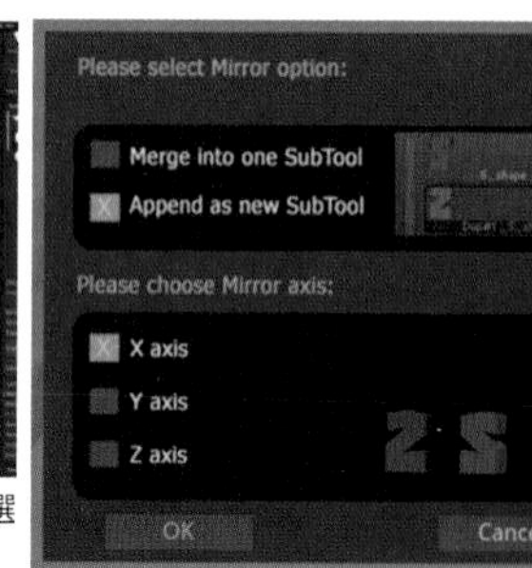

04 製作到某種程度後，將 Mirror 的 Append as new SubTool 與 X axis 都勾選後執行。

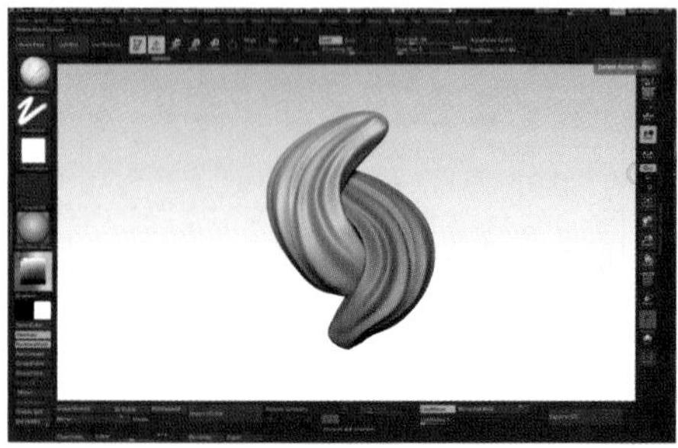

05 使用 Transpose 的 Move 將位置稍微向下錯開後，建立一個區塊。

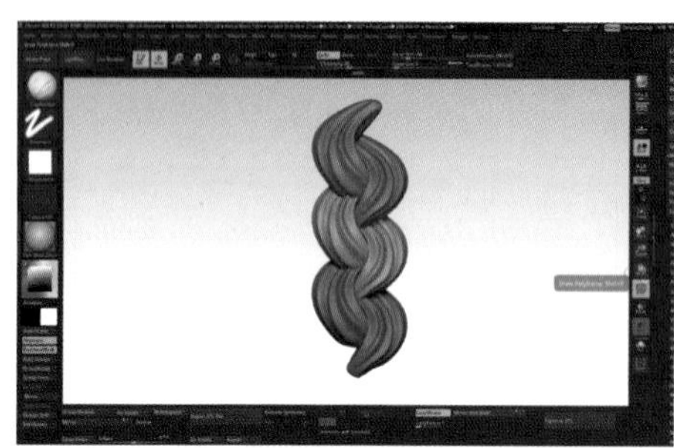

06 然後再將該區塊向下錯開，copy 後 Paste，一共製作 3 個區塊。

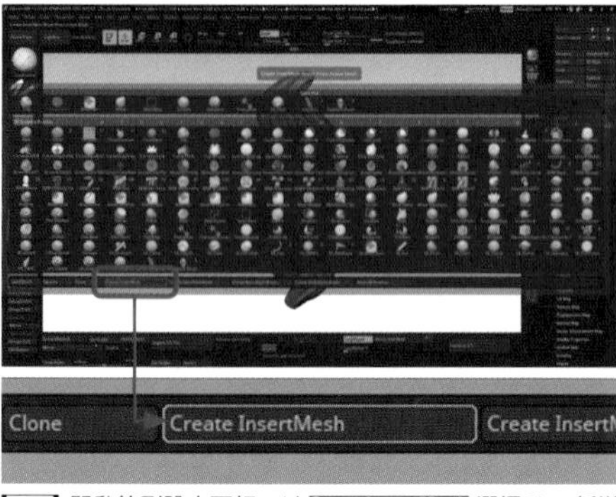

07 開啟筆刷設定面板，以 Creat InsertMesh 選擇 New 新增筆刷。

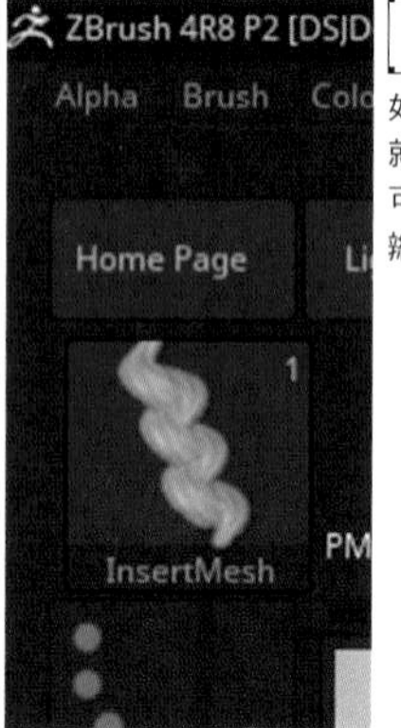

08 如此一來，InserMesh 就完成了。照這個樣子可以讓 3 個區塊形成的辮子無限延伸下去。

09 如果要讓辮子可以配合 Stroke（筆觸）延伸的話，可以透過 Stroke→Curve，將 CurveMode 功能打開。

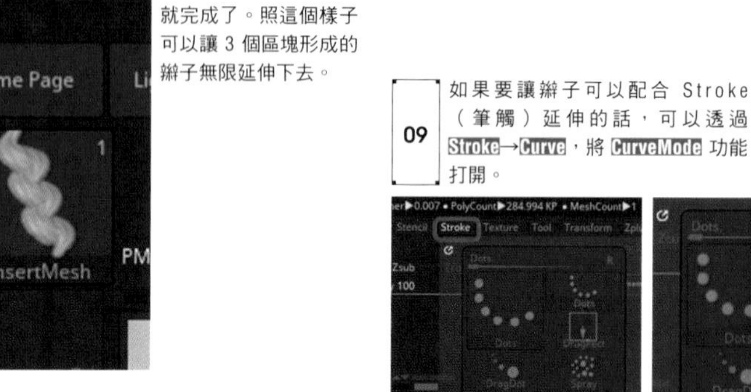

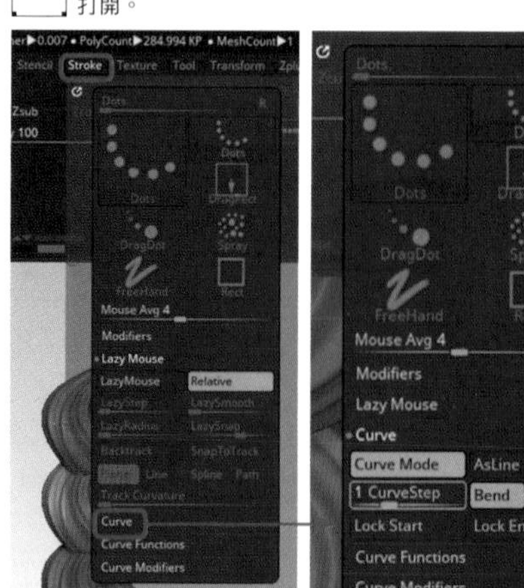

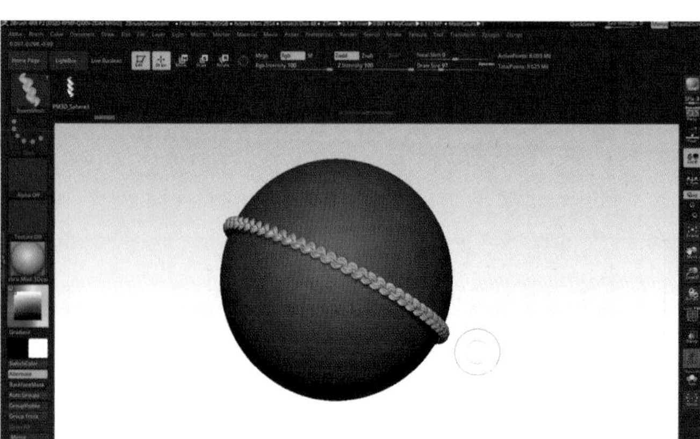

10 到此為止，辮子筆刷完成了。在筆刷設定面板上按下 Saveas，將筆刷儲存起來，方便有需要的時候，隨時都能夠點選使用。

09 製作眼睫毛

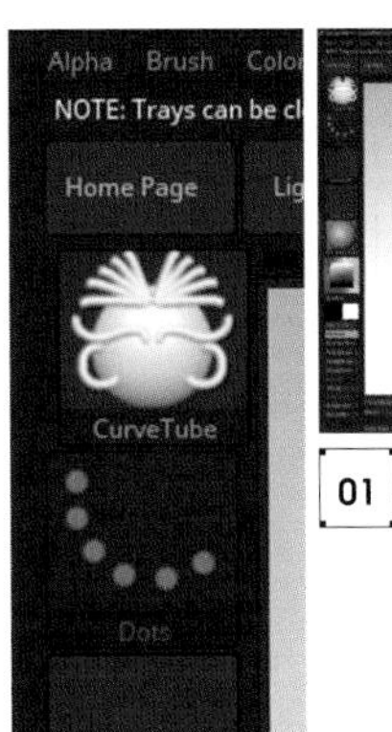

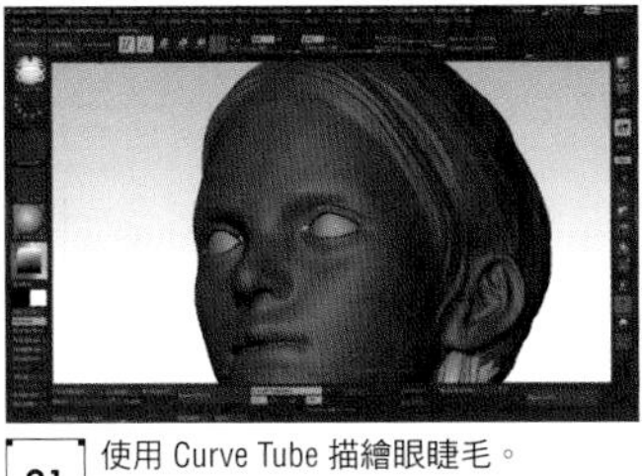

01 使用 Curve Tube 描繪眼睫毛。

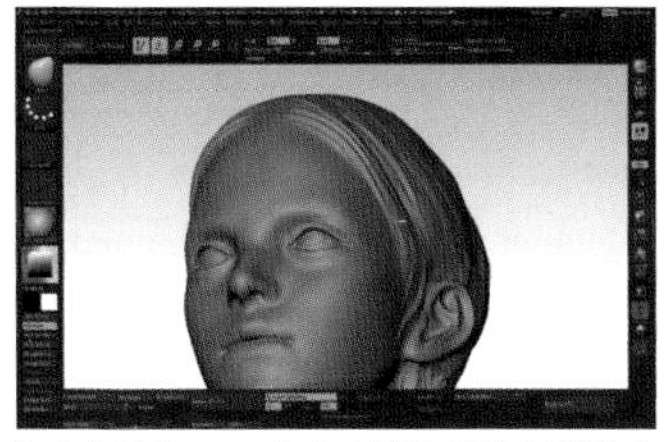

02 以 Groups Split 將其區分為另外的物件。

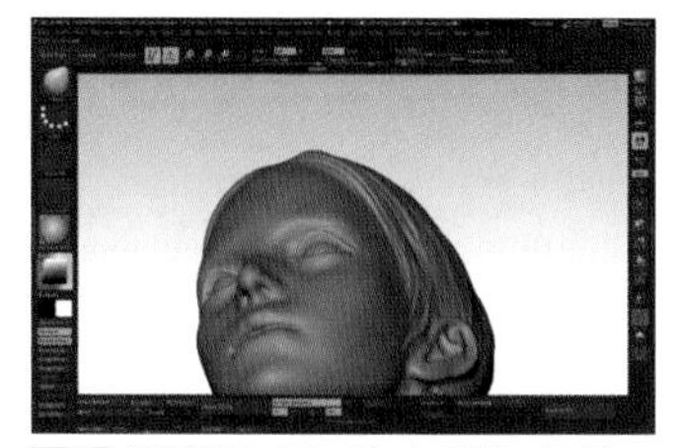

03 並打開 BackFaceMask 功能，以 Move 筆刷調整形狀。

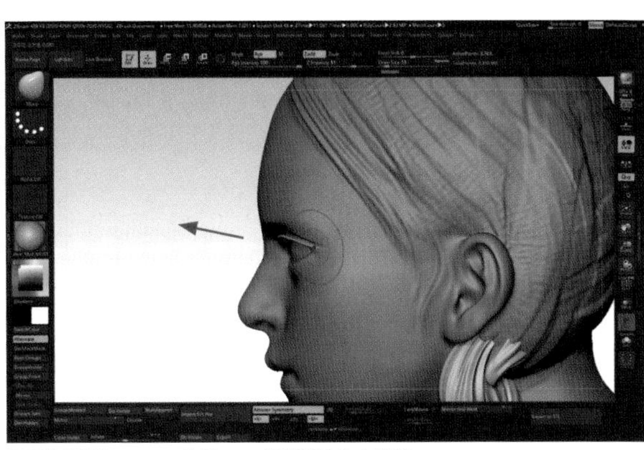

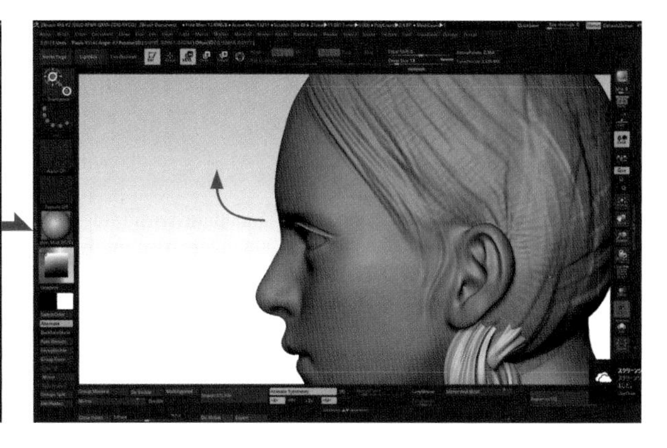

04 使用 Transpose 的 Move，使眼睫毛向上翹起。

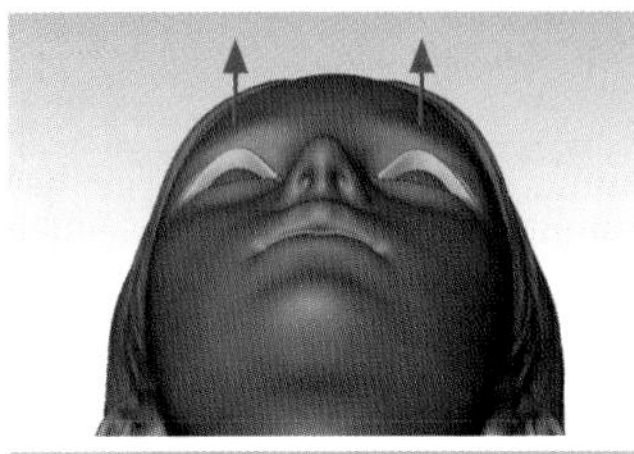

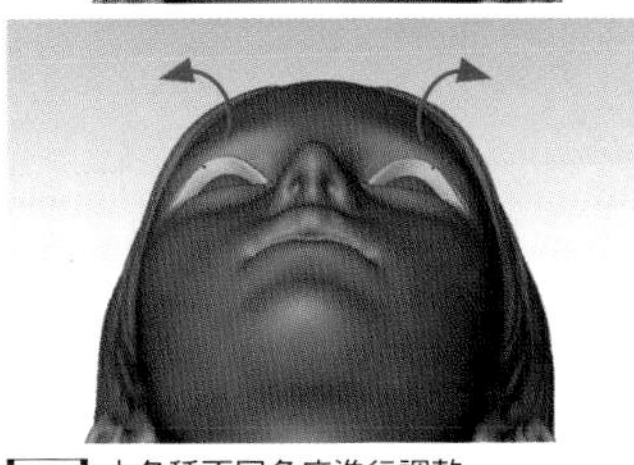

05 由各種不同角度進行調整。

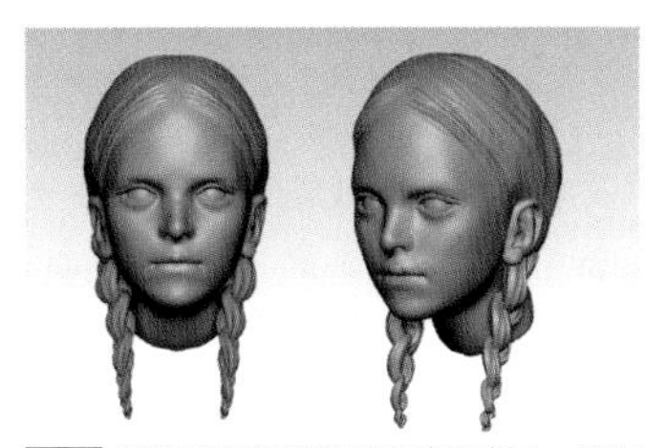

06 總算是將整個臉部塑造出來了。接下來要將其與身體結合。

07 變成像是這樣的感覺。順帶一提，這是由已存為 ZTool 檔案的臉部與身體的模型，透過 **MultiAppend** 載入而來。

10 加上表情

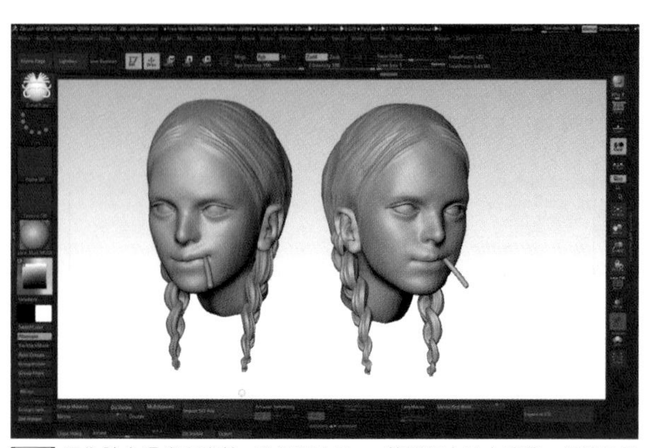

01 因為臉上還沒有表情，因此要以 Move 筆刷加上口中咬著一根糖果般的表情。 糖果棒使用 CurveTube 做個樣子即可。

02 基本上是以隨意加上各種設計，採用較好的點子→重新整理修飾這樣的感覺進行製作。有時候製作到某個程度卡住無法進行下去，甚至還會大幅度更改主題重新來過。這次不知道是否能進行得順利呢…？

11 製作耳機

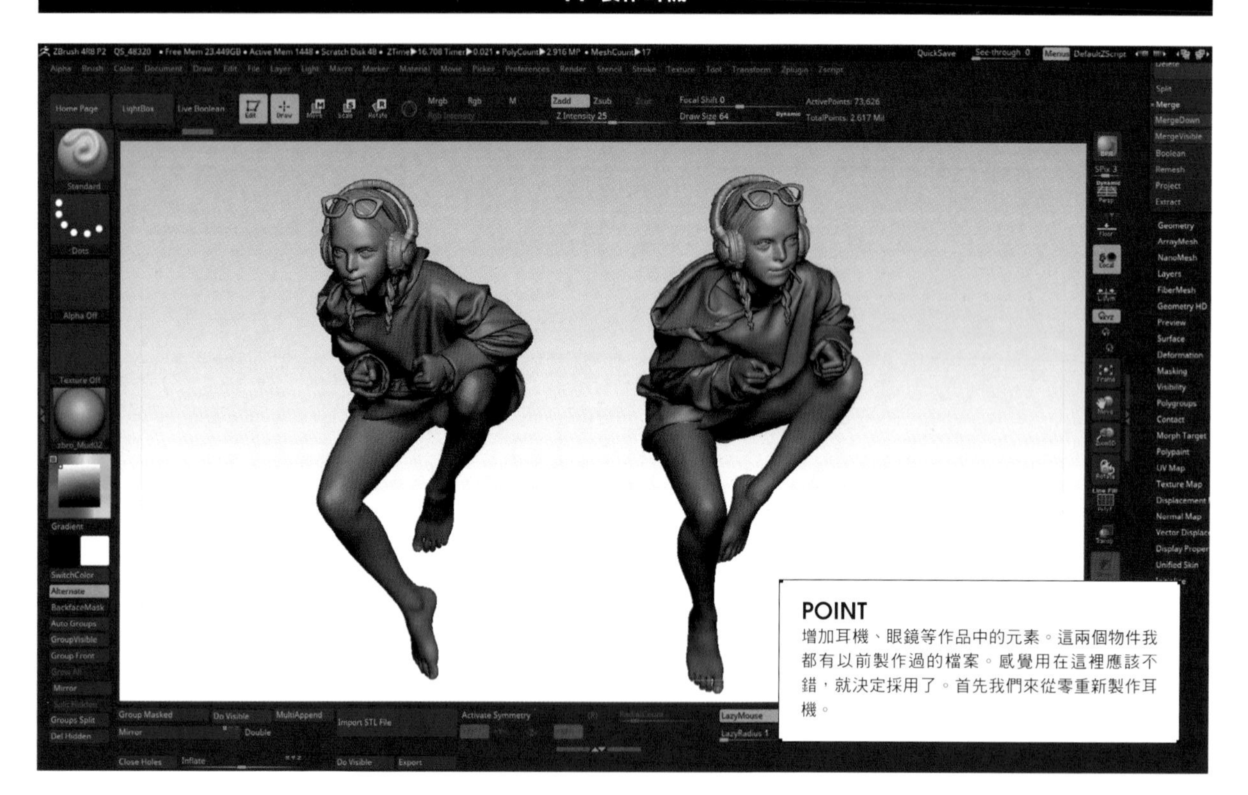

POINT

增加耳機、眼鏡等作品中的元素。這兩個物件我都有以前製作過的檔案。感覺用在這裡應該不錯，就決定採用了。首先我們來從零重新製作耳機。

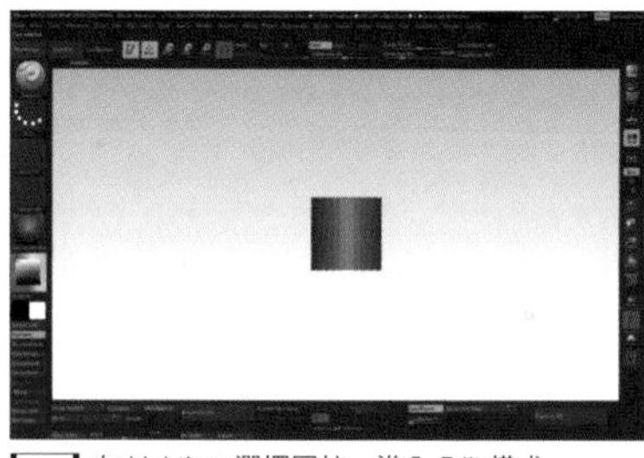

01 在 Lightbox 選擇圓柱，進入 Edit 模式。

02 以 Transpose 的 Move 來使其縮短。

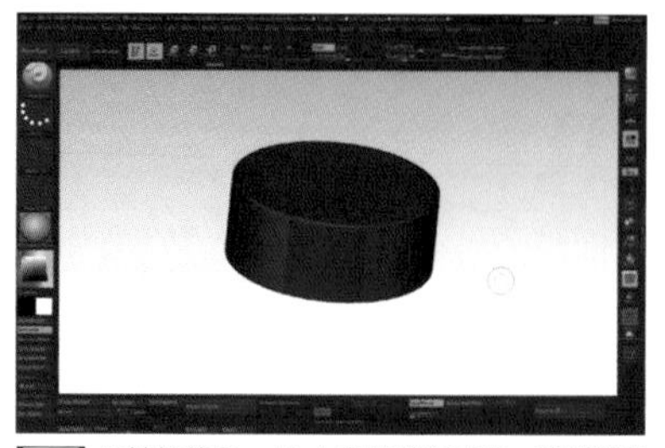

03 以較低的 DynaMesh 數值進行處理，開始造型作業。

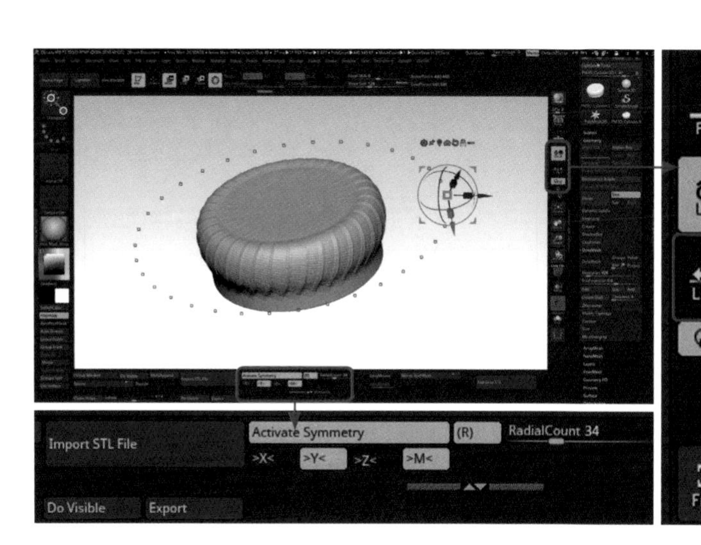

04 製作耳機等機械類物品時，**Radial Symmetry** 是相當方便的功能。只讓對稱功能的 Y 軸打開，按下右側的「R」。這是可以控制 Radial Symmetry 的 ON、OFF。在這裡切換成開啟的時候，會由 Y 軸的中心開始畫出圓形般的對稱的效果。對稱的數值可以在一旁的 RadialCount 中進行調整。這裡是設定為 34。

POINT

順帶一提，在設定面板的中心即使沒有在物件上，只要這裡的 Local Symmetry 設定為開啟，便會由物件的中心開始適用對稱設定，因此使用對稱功能時，養成經常設定為開啟習慣比較好。

05 使用 ClayBuildup 製作耳罩的部分。

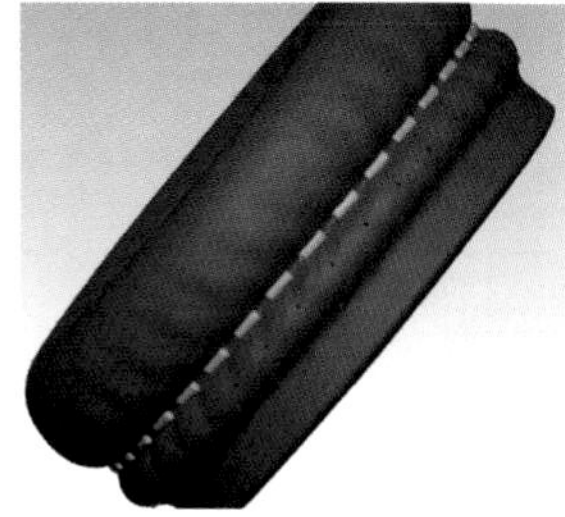

06 將 Radial Symmetry 保持設定在開啟狀態，使用 Curve Tube 描繪出管狀物就會像這個樣子。

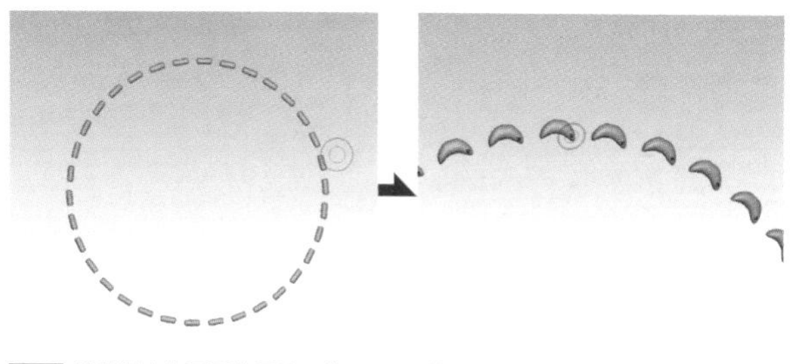

07 將其獨立為不同的零件，使用 Move 筆刷來拉長端部。

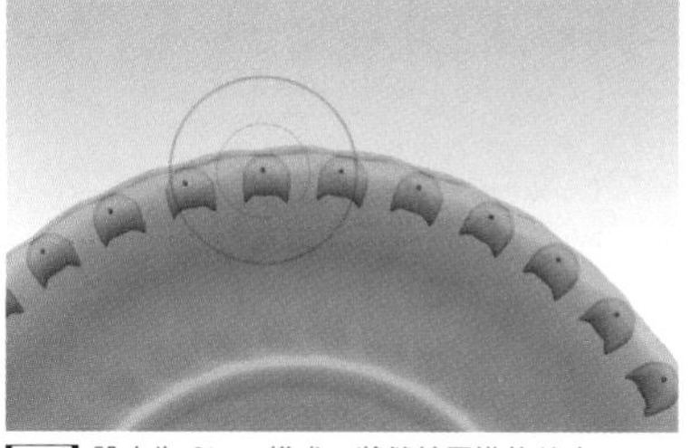

08 設定為 Ghost 模式，將縫線壓進物件中。

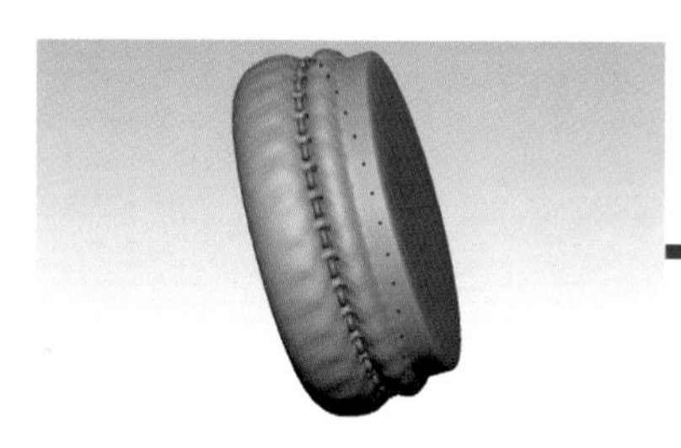

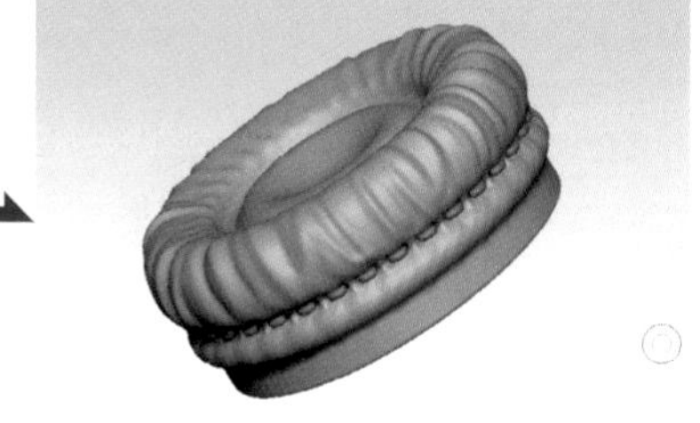

09 使用 SK_Cloth 追加皺褶，調整形狀。

10

取消對稱模式，由耳罩盡可能在中心的位置將 Transpose 的 Scale 放大。

11

以 Tool>Subtool>Append 的步驟追加圓柱。

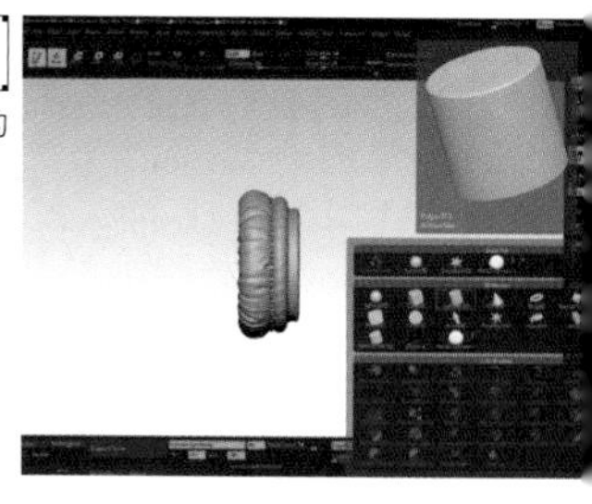

12

同樣先以 DynaMesh 進行處理後，再將 Radial Symmetry 功能打開，使用 TrimAdaptive 筆刷將圓柱的邊角削去後，複製。

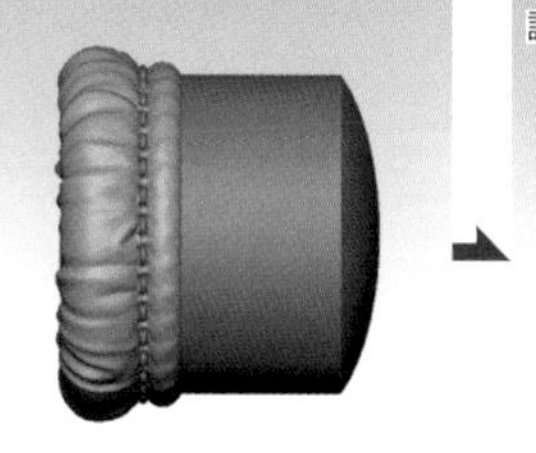

調整位置

複製後以 Transpose 的 Move 將其壓扁。

13

將複製的部分以 Transpose 的 Scale 進行縮小處理。

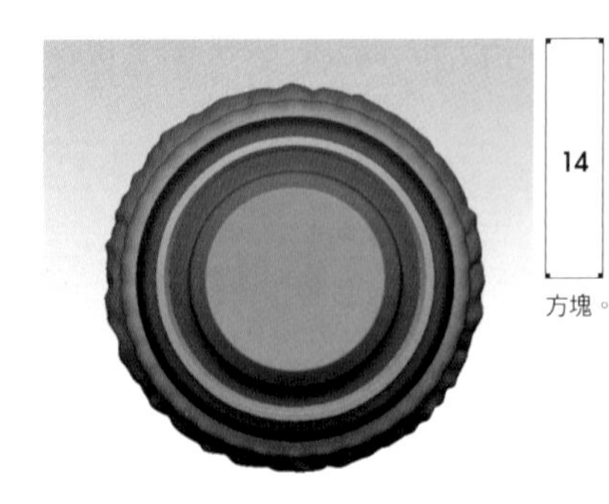

14 增加新的物件。將 Radial Symmetry 功能打開的狀態下，以 Insert Cube 時，就會呈現出像這樣的圓圈外形產生新的方塊。

15 將所有方塊獨立成一個物件（可使用 Gvoupsplit 功能），再使用 DynaMesh 處理過後，以 hPolish 將圓圈修飾得美觀一些。

16 這裡要開啟 **Live Boolean** 並移動圓圈。

17 在「要被 Boolean 的模型」的下方設置一個「Boolean 的模型」，將下面的 SubTool 的黃色框起來的標示設定為差集（打開）。並將其它之外的眼睛標示都取消，設定為不顯示。

要被 Boolean 的模型

Boolean 的模型

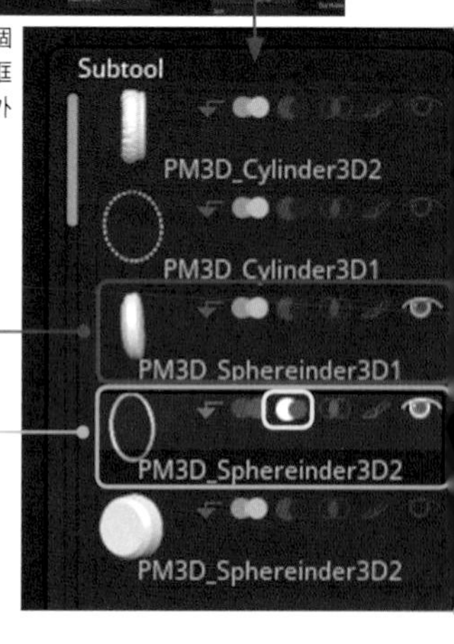

POINT

Live Boolean 設定為開啟時，圓圈會消失，而布林運算處理後的模型凹槽效果會變得即時呈現。

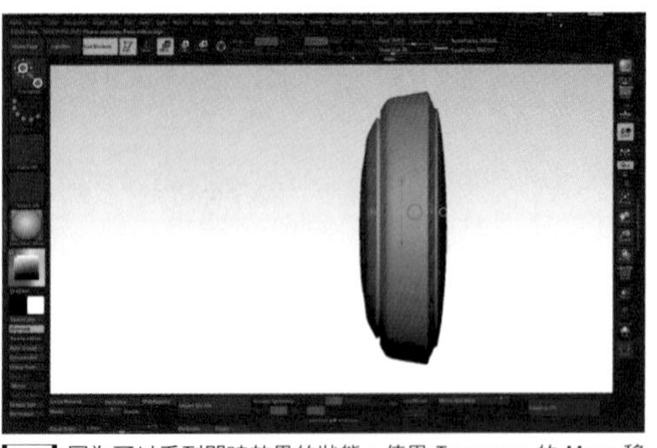

18 因為可以看到即時效果的狀態，使用 Transpose 的 Move 移動圓圈時，可以確認模型的凹槽深淺變化。

19 當深度來到恰到好處的狀態時，按下 Boolean 的 **Make Boolean Mesh**。

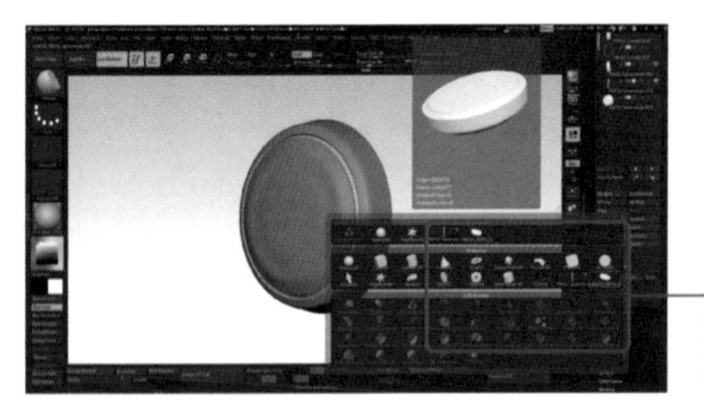

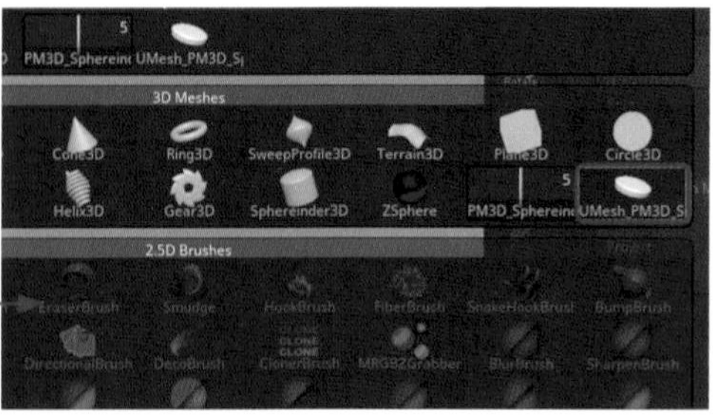

20

製作完成，並經過布林運算處理後的 SubTool（模型圖層），會出現在 Append 的最新位置，並增加進來。而布林運算處理前的 SubTool 因為不再需要的關係，將其刪除即可。到此為止，使用布林運算處理的模型就完成了。

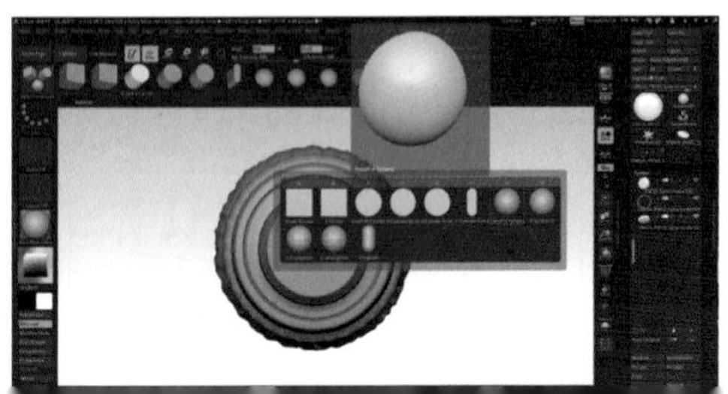

21

請像這樣陸續追加各種模型。以 Insert Mesh 選擇半球形，將 Radial Count 設定為 3，製作如同螺絲般的造型。

22 將 Radial Symmetry 功能打開，使用 Mask PerfectCircle 對圓形遮罩後，反轉遮罩。

23 將 Radial Count 設定為 4，使用 Transpose 的 Move 壓進內部。

24 在圓的中心位置以 Transpose 的 Scale 進行處理，將錐形外觀製作出來。

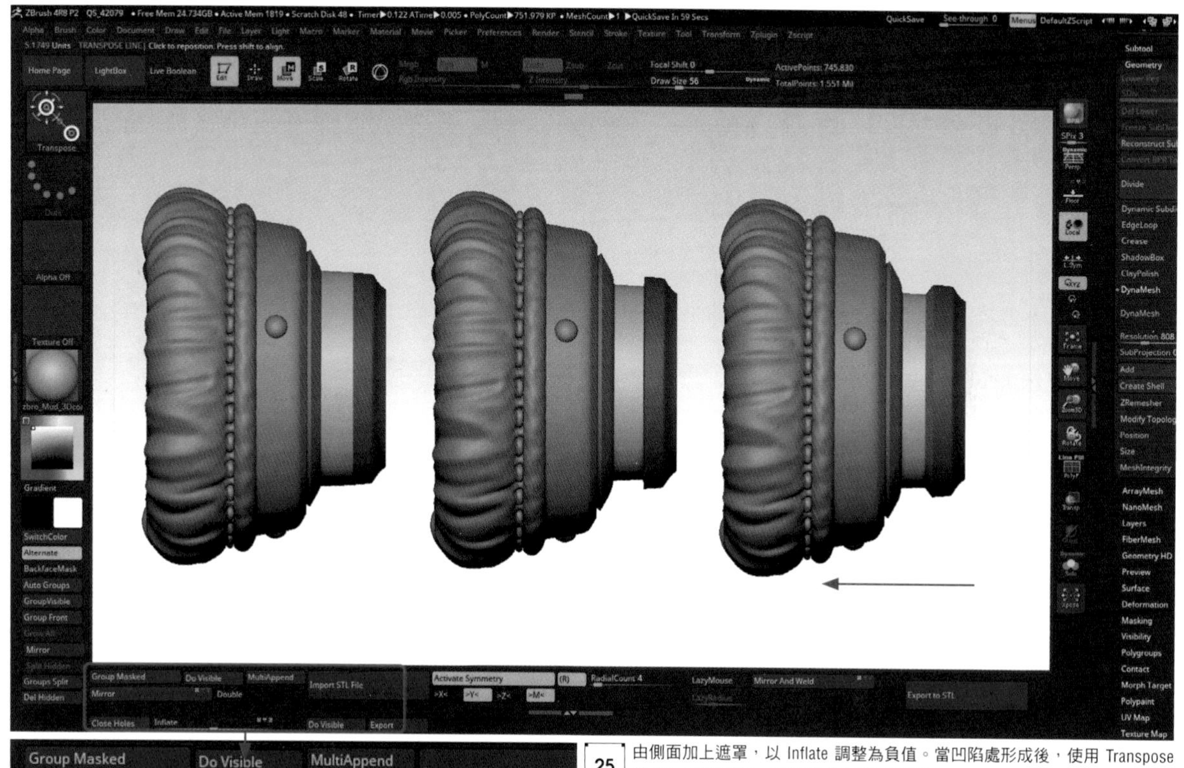

25 由側面加上遮罩，以 Inflate 調整為負值。當凹陷處形成後，使用 Transpose 的 Move 向左移動，就會形成有倒角的外觀。

26 在耳機加上製造商的符號。在 ZBrush 原本就內建的 IMM SpaceShip 中挑選三角形的 IMM 使用。

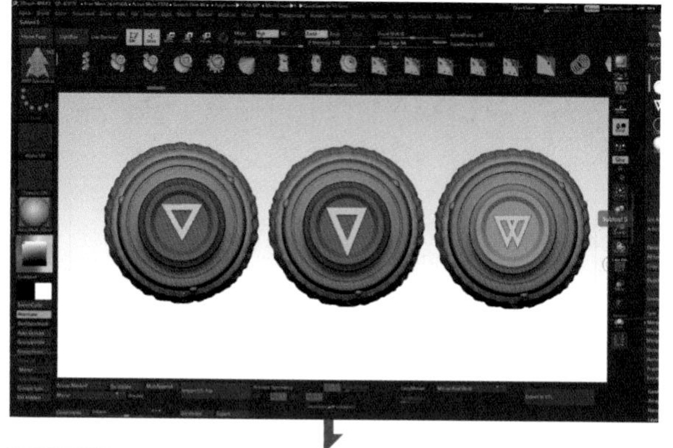

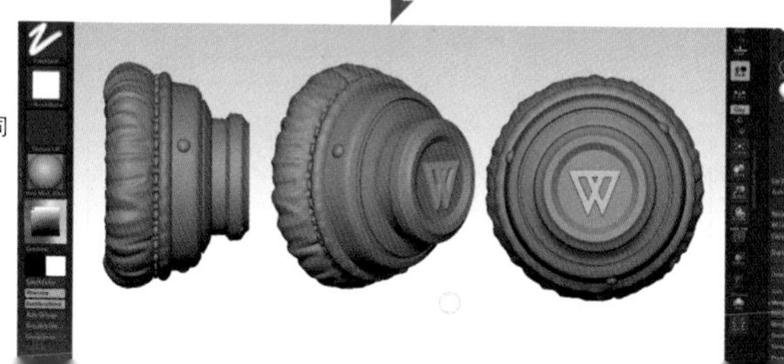

27 拖曳出三角形後，以 Transpose 的 Move 使形狀變形，並 Copy 和 Paste。如同 W 字形的商標就製作完成了。

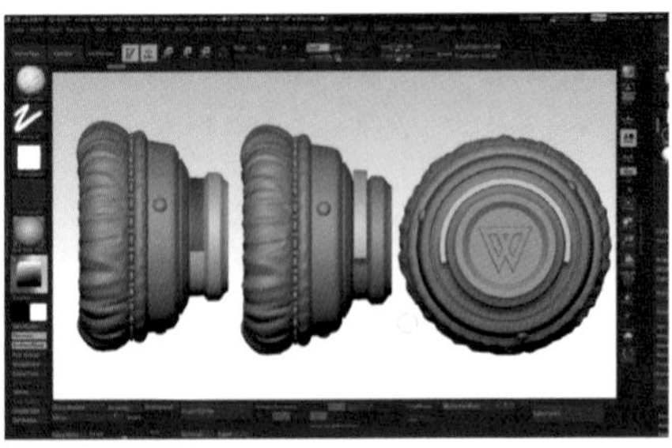

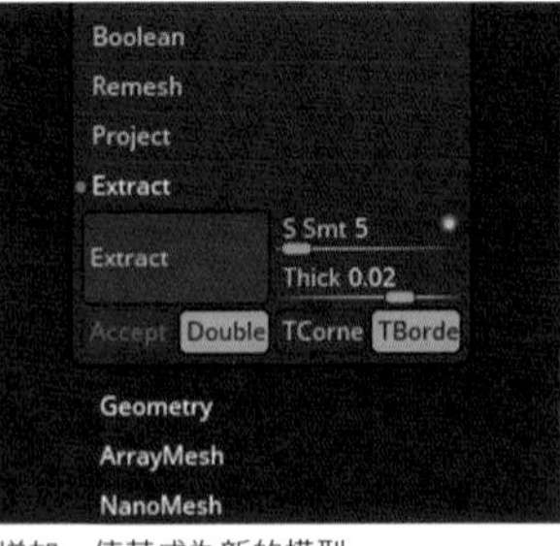

28 建立遮罩，然後以 Extract>Accept，將遮罩部分的厚度增加，使其成為新的模型。

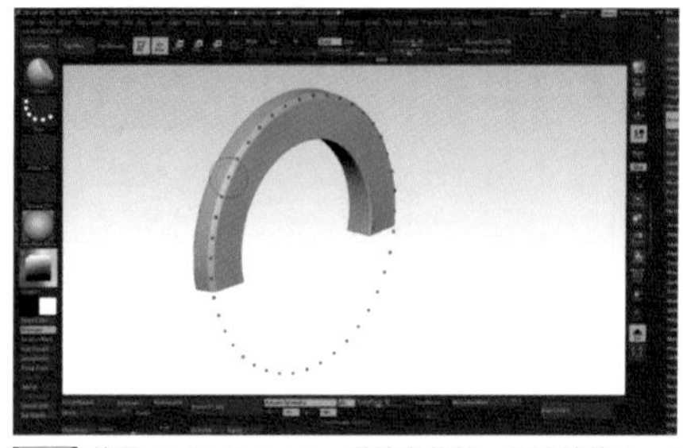

29 使用 Radial Symmetry 將邊角修掉。此時請將 Local Symmetry 功能關閉。

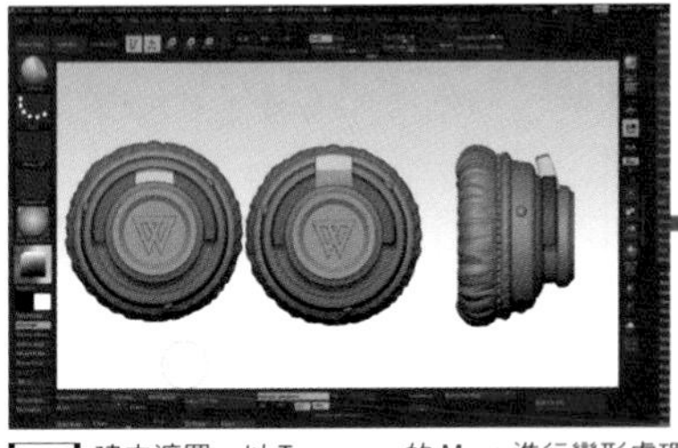

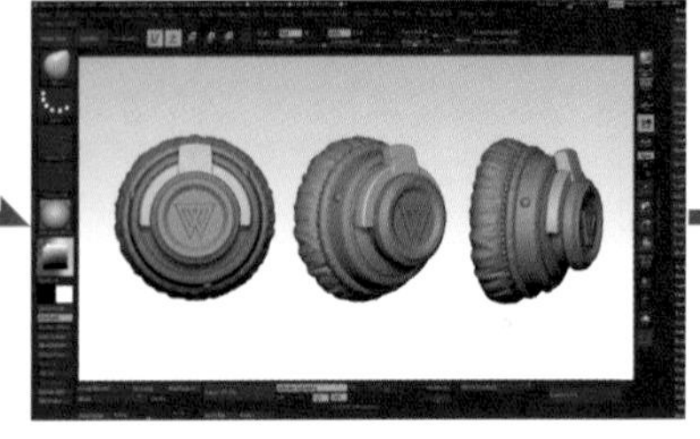

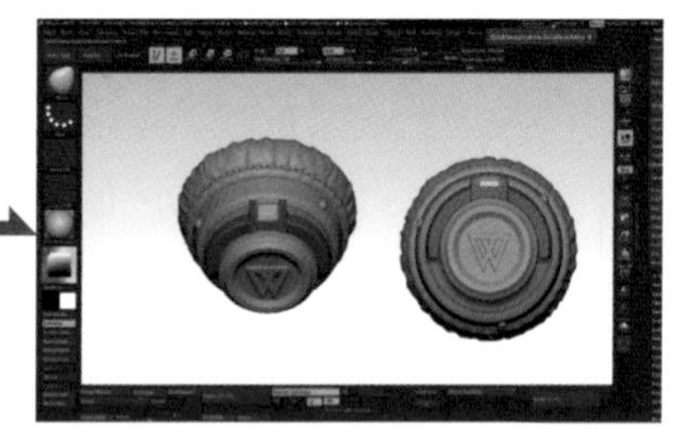

30 建立遮罩，以 Transpose 的 Move 進行變形處理。

31 將圓柱 Append 加進來，追加細部細節。

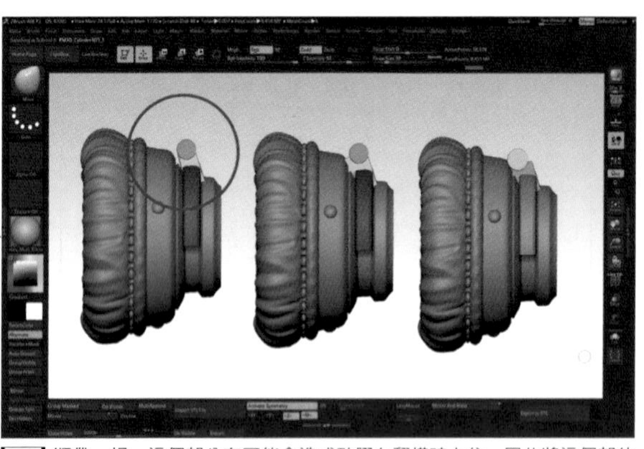

32 順帶一提，這個部分有可能會造成矽膠在翻模時卡住，因此將這個部位預先填平。此次最終希望製作出大約 20cm 左右的人偶模型，因此要一邊設想輸出的尺寸，一邊製作建模等的深度。

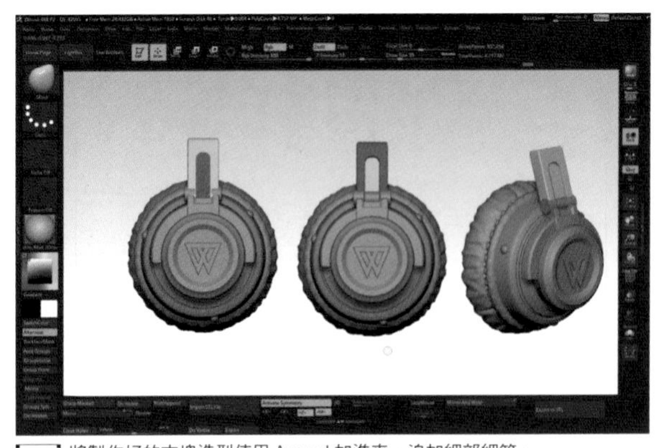

33 將製作好的方塊造型使用 Append 加進來，追加細部細節。

34 此時要先靠在臉上試試看。調整好位置後執行 Mirror（鏡像反轉）。

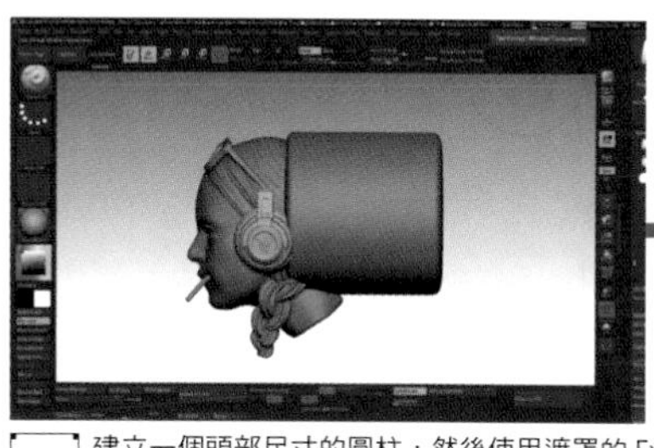

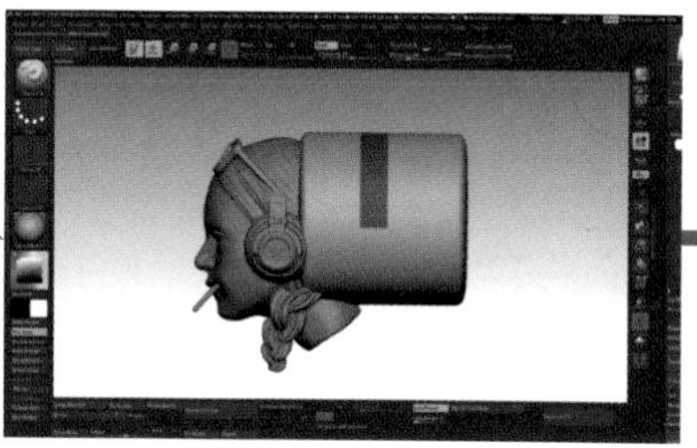

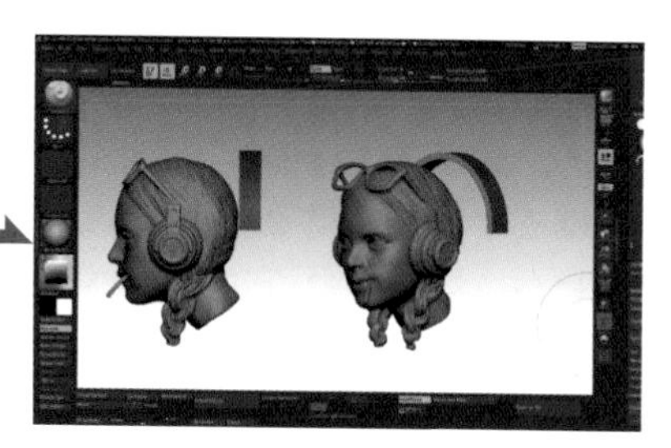

35 建立一個頭部尺寸的圓柱，然後使用遮罩的 Extract 新增物件出來。

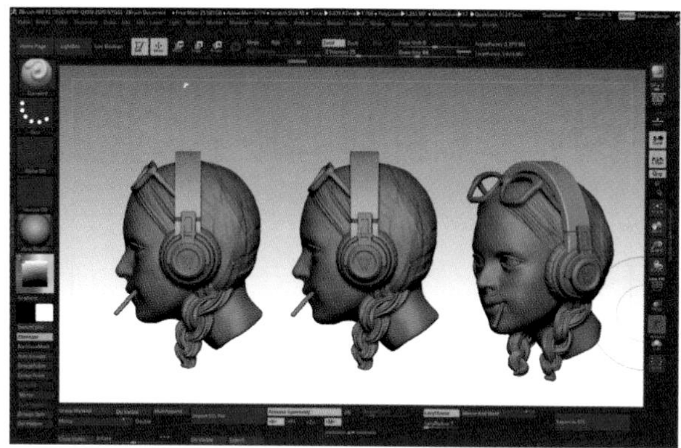

36 建立遮罩，使用負向 Inflate 來追加細部細節。

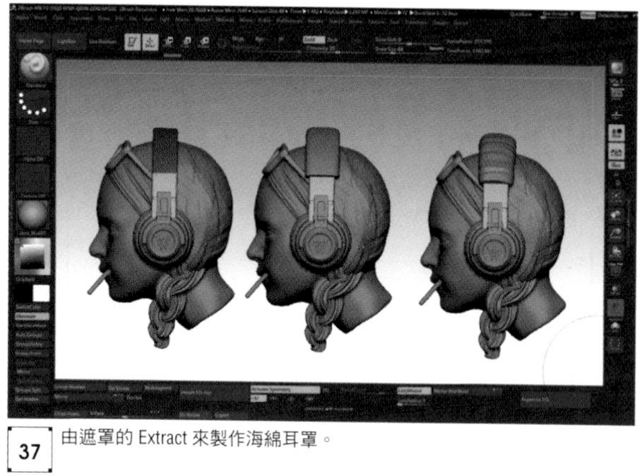

37 由遮罩的 Extract 來製作海綿耳罩。

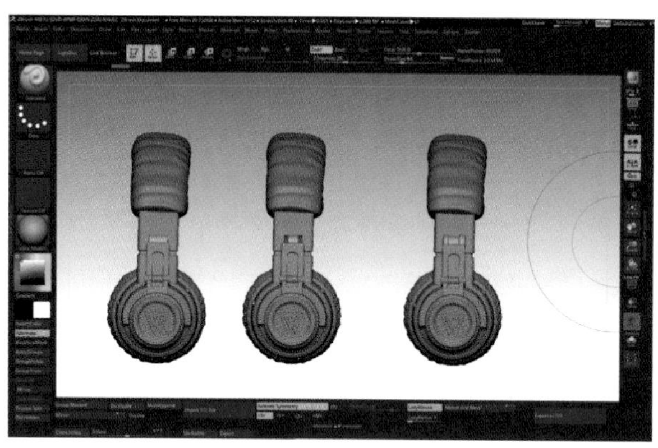

38 追加相同的圓柱細部細節。

39 到此為止，耳機就算完成了。

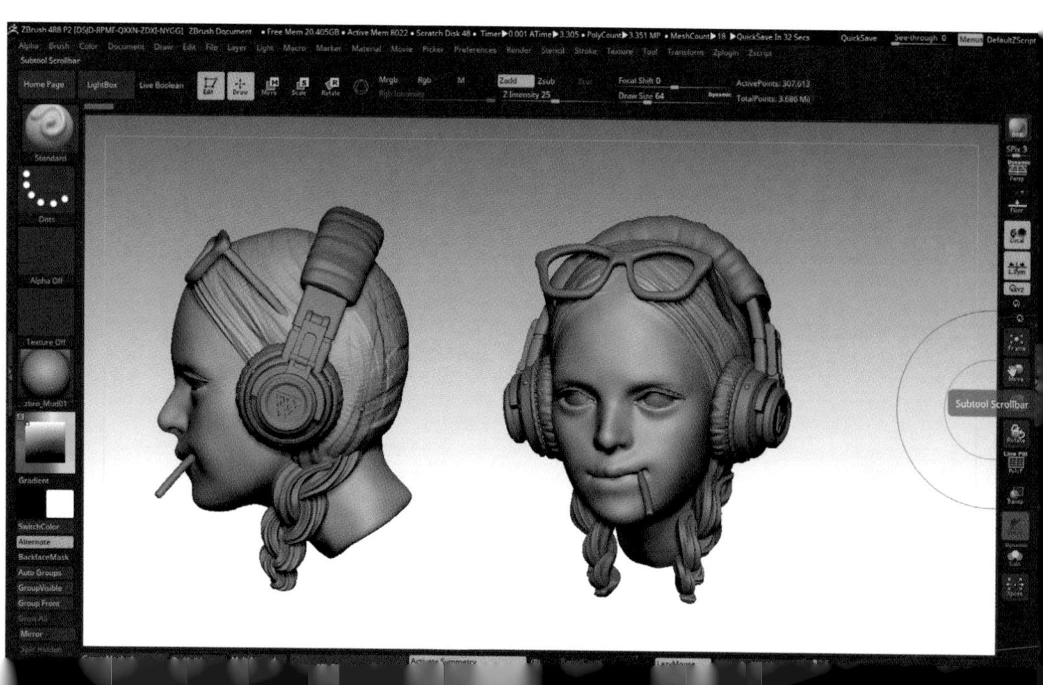

12 製作眼鏡

01 由 Tool 模型欄位建立一個 Plane 3D。

02 將 SubDivision Level 提升到 4。

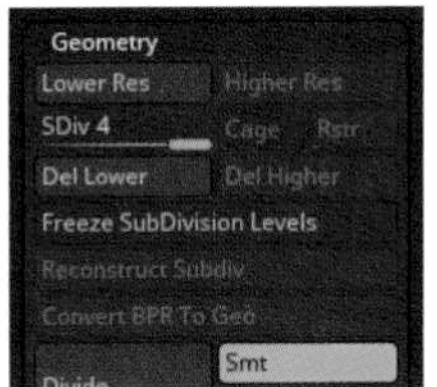

03 以 MaskPen 描繪外形輪廓。後面還會進行調整，這裡只要粗略描繪即可。

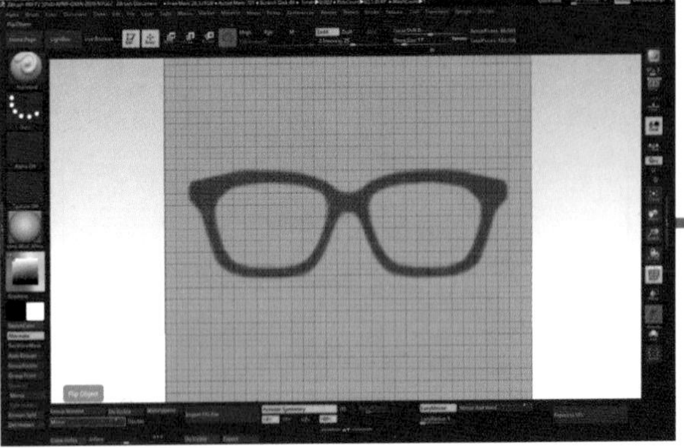

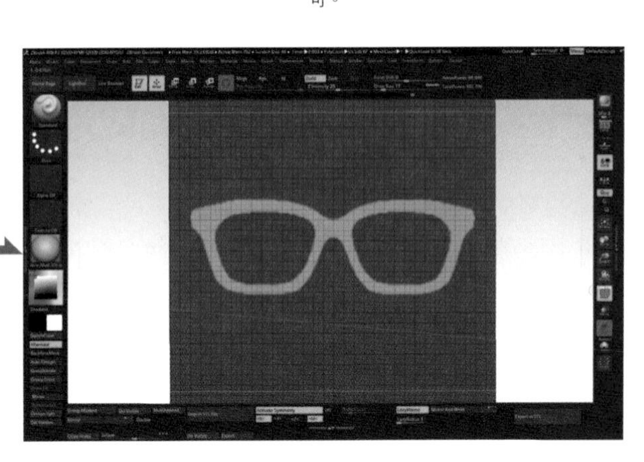

04 以 Group Masked 區分為不同的 PolyGroup。

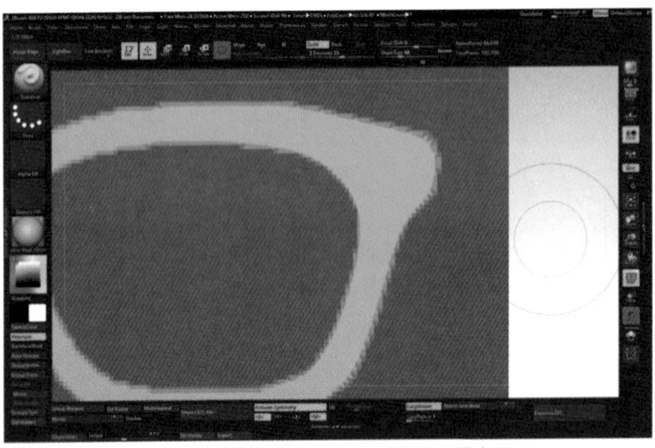

05 使用 SmoothGroups 筆刷，將 Polygon 的邊緣做圓滑處理。

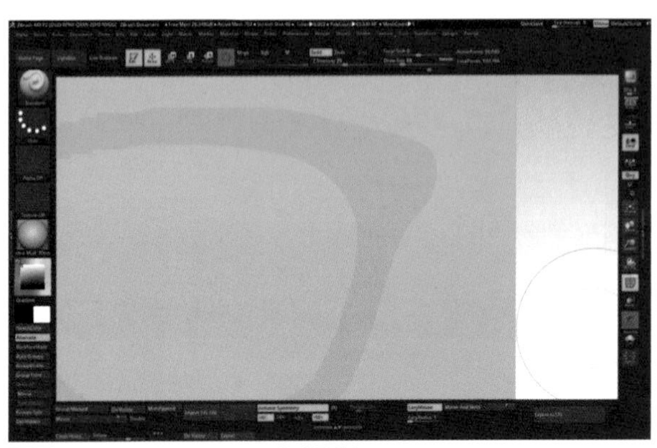

06 只顯示出眼鏡的 Polygon，並遮罩執行 Extract。

07 以 Move 筆刷來調整外形線條，再以 hPolish 筆刷一邊修飾表面，一邊製作邊緣的立體感。

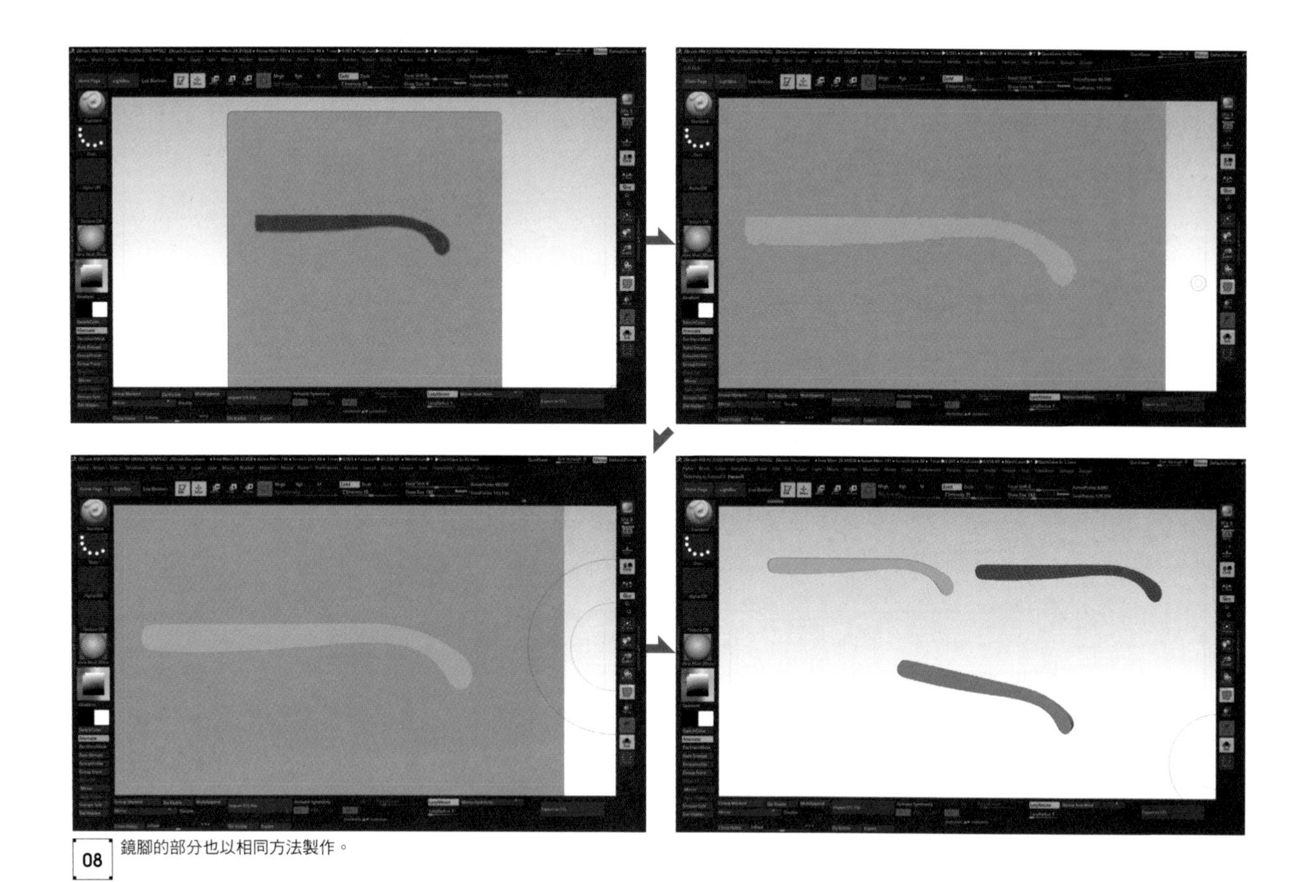

08 鏡腳的部分也以相同方法製作。

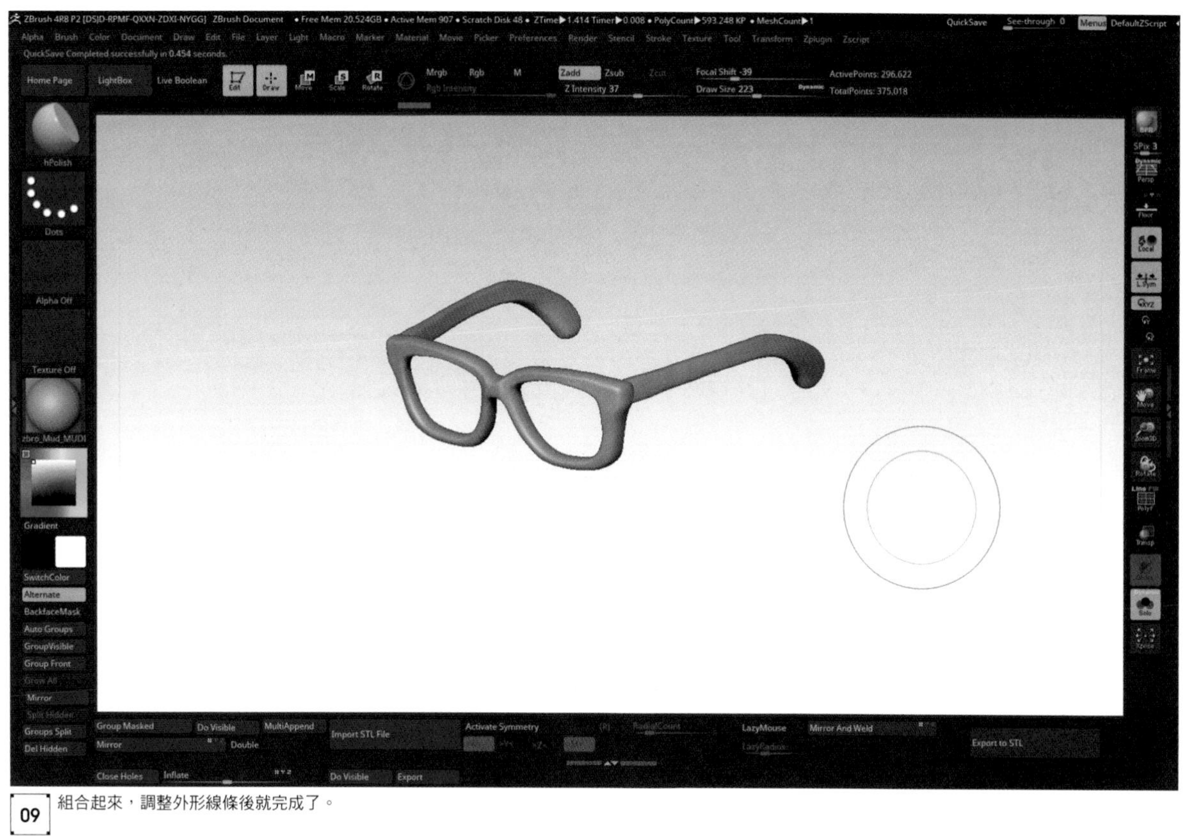

09 組合起來，調整外形線條後就完成了。

13 製作遊戲手把

追加小物品，使作品的世界觀更有深度。先要收集各種不同遊戲主機的遊戲手把資料，仔細規劃外形設計。

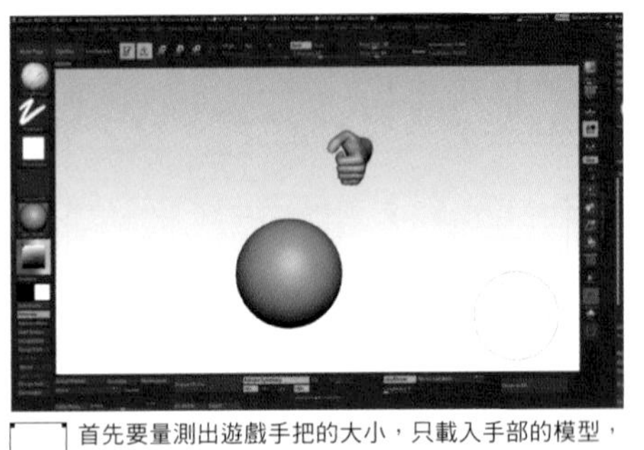

01 首先要量測出遊戲手把的大小，只載入手部的模型，然後 Append 一個球體。當球體建立完成後，手部就不需要了，可以刪除。

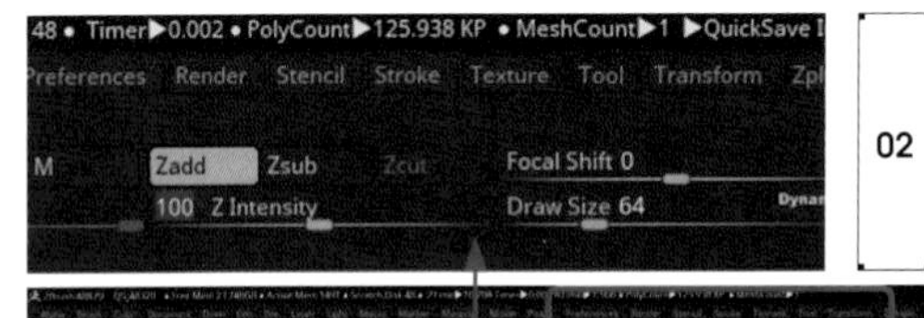

02 以 Transpose 的 Move 將球體變形處理，再將 Trim Curve 的 ZIntensity 設定為 100，並保持 X 對稱功能打開的狀態，俐落地將不要的部分切掉，製作出外形線條。

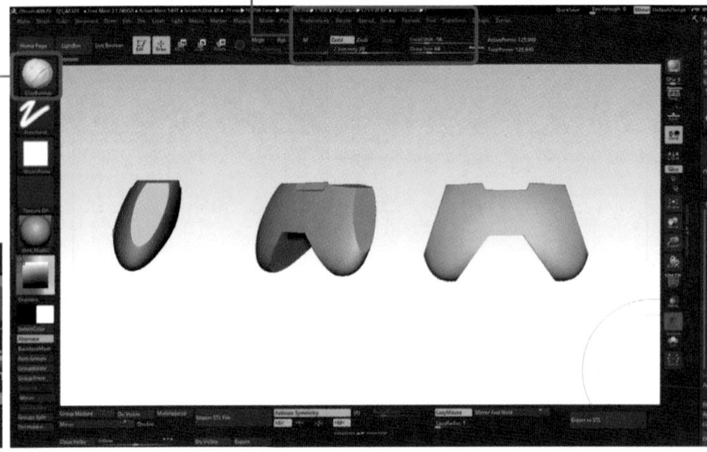

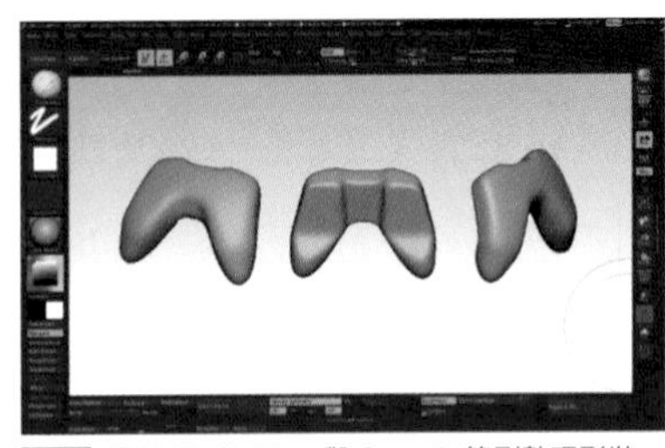

03 使用 ClayBuildup 與 Smooth 筆刷整理形狀。在開始整理形狀前，先進行 DynaMesh 處理。

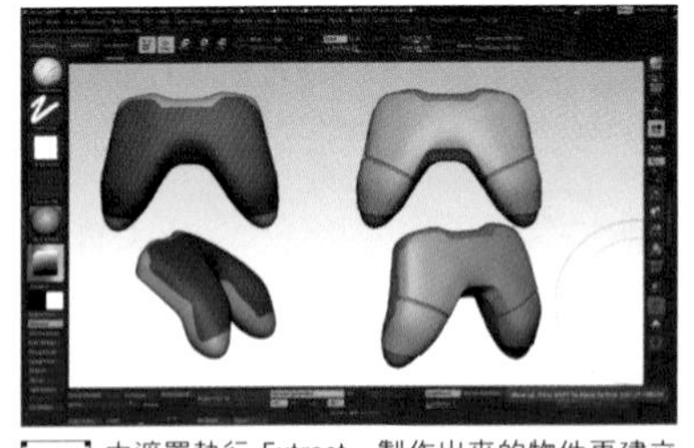

04 由遮罩執行 Extract。製作出來的物件再建立遮罩，使其凹陷，藉以呈現出細部細節。

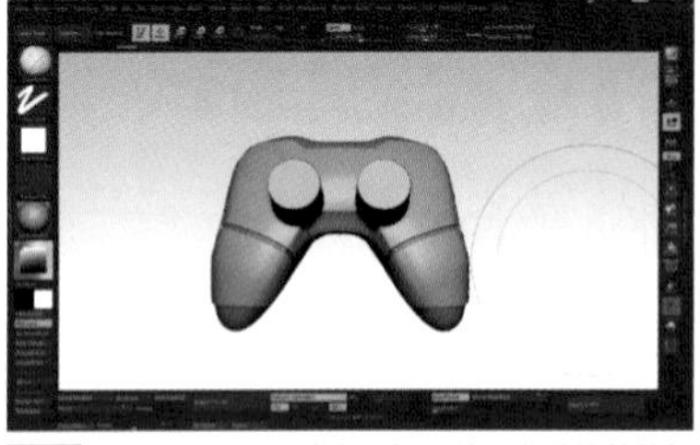

05 使用 InserMesh 建立圓柱，並獨立成另外的物件。

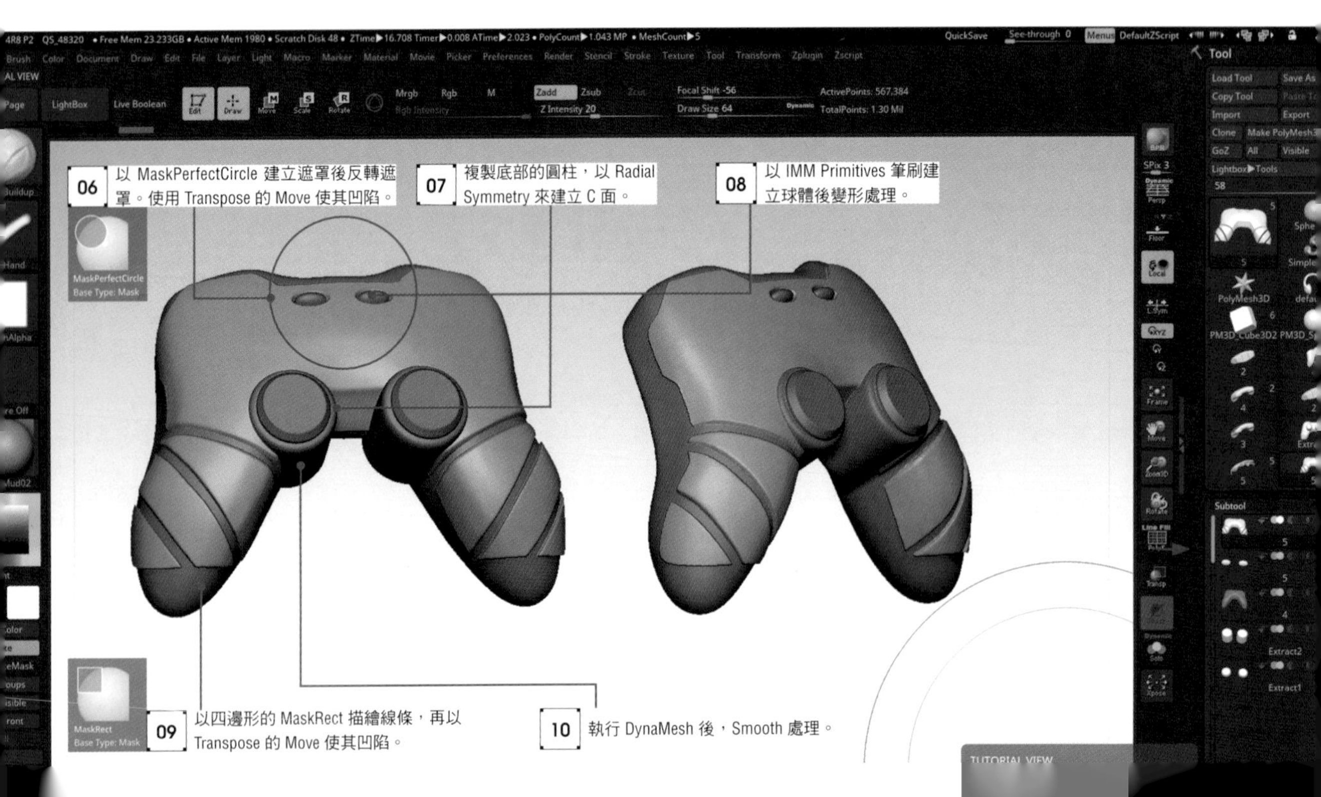

06 以 MaskPerfectCircle 建立遮罩後反轉遮罩。使用 Transpose 的 Move 使其凹陷。

07 複製底部的圓柱，以 Radial Symmetry 來建立 C 面。

08 以 IMM Primitives 筆刷建立球體後變形處理。

09 以四邊形的 MaskRect 描繪線條，再以 Transpose 的 Move 使其凹陷。

10 執行 DynaMesh 後，Smooth 處理。

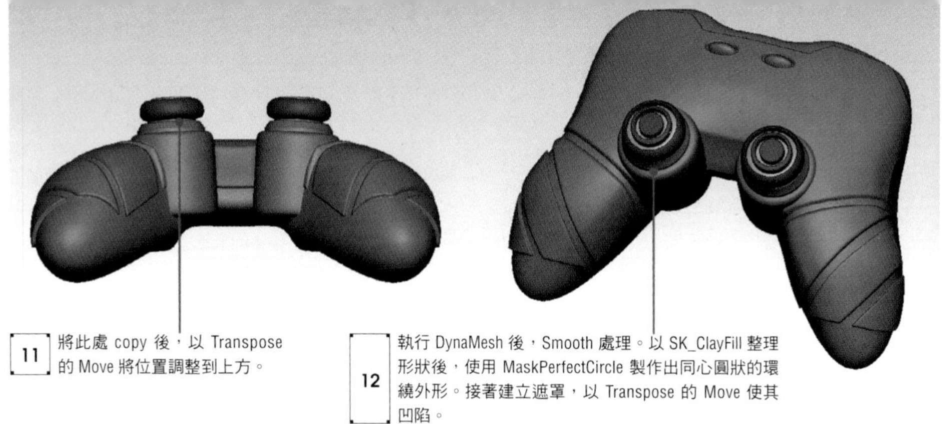

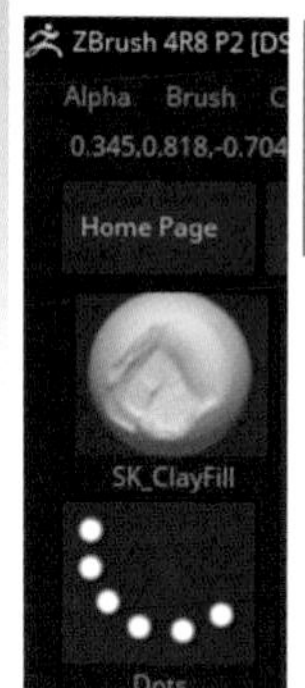

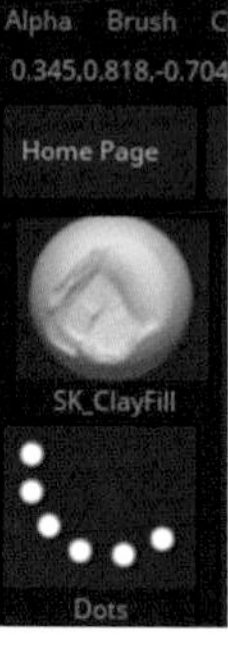

11 將此處 copy 後，以 Transpose 的 Move 將位置調整到上方。

12 執行 DynaMesh 後，Smooth 處理。以 SK_ClayFill 整理形狀後，使用 MaskPerfectCircle 製作出同心圓狀的環繞外形。接著建立遮罩，以 Transpose 的 Move 使其凹陷。

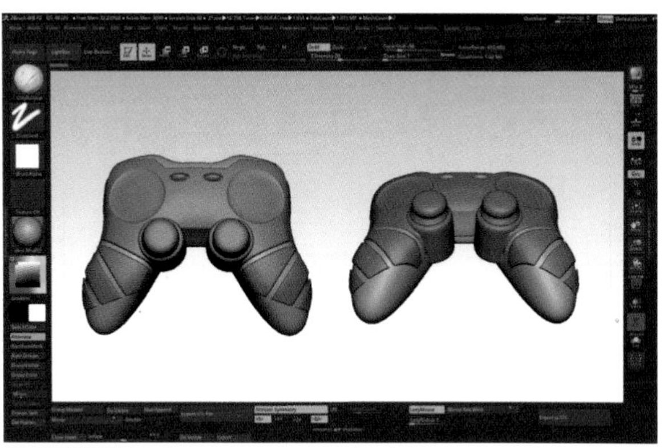

13 以 MaskPerfectCircle 建立遮罩，再以 Move 筆刷使其凹陷。

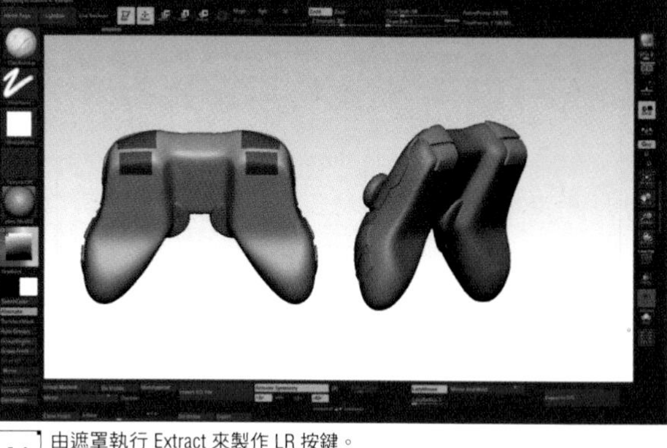

14 由遮罩執行 Extract 來製作 LR 按鍵。

POINT 十字鍵的製作方法

01 先 Append 一個 Cube，再以 Transpose 的 Move 來使其變形。

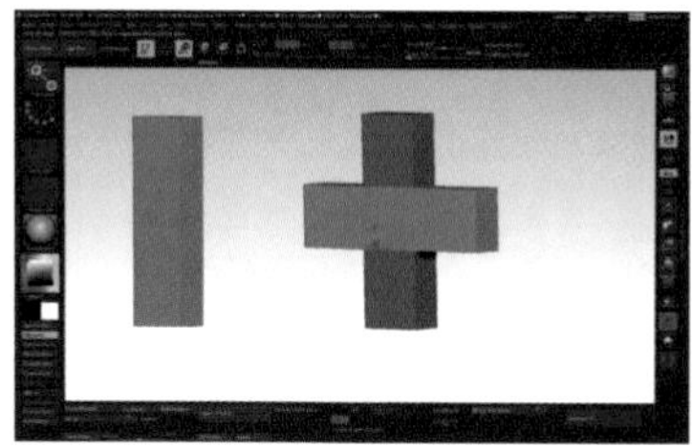

02 copy 和 paste，再以 Transpose 的 Rotate 執行 90 度迴轉（迴轉時按住 Shift 鍵不放，即可剛好迴轉 90 度）。

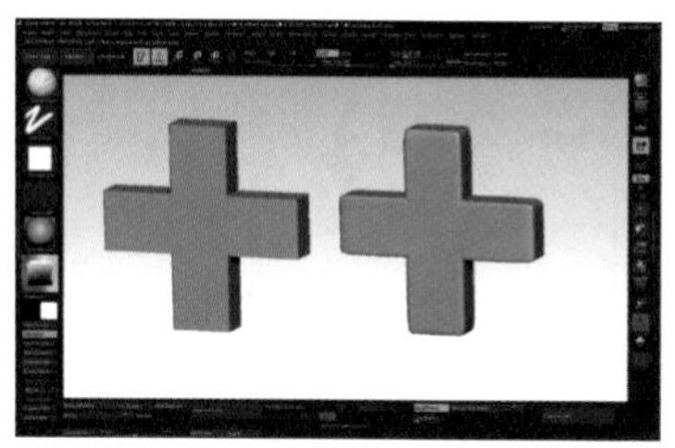

03 Marge 後，執行 Divide，即可讓轉角變得圓滑。

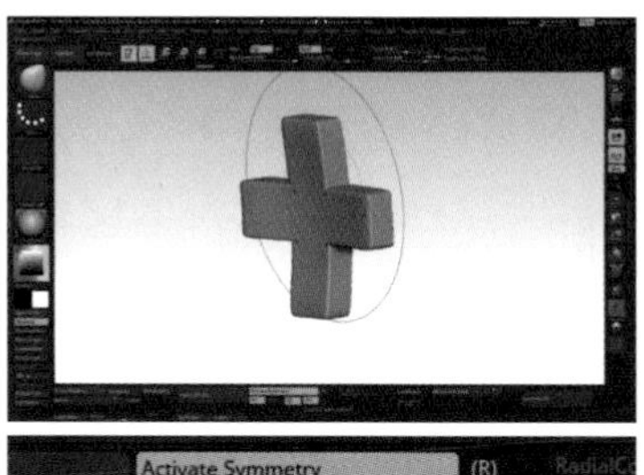

04 將 X、Z 對稱功能打開，再以 Move 筆刷使其凹陷。

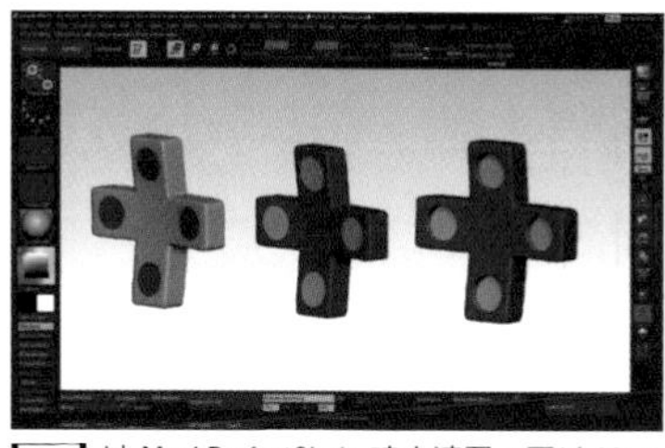

05 以 MaskPerfectCircle 建立遮罩，再以 Move 筆刷使其凹陷。

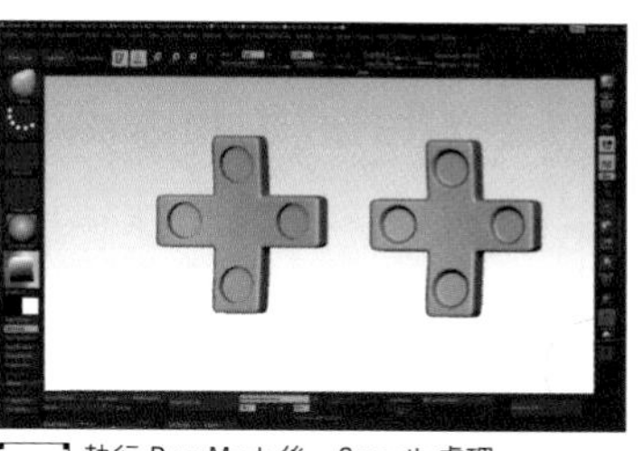

06 執行 DynaMesh 後，Smooth 處理。

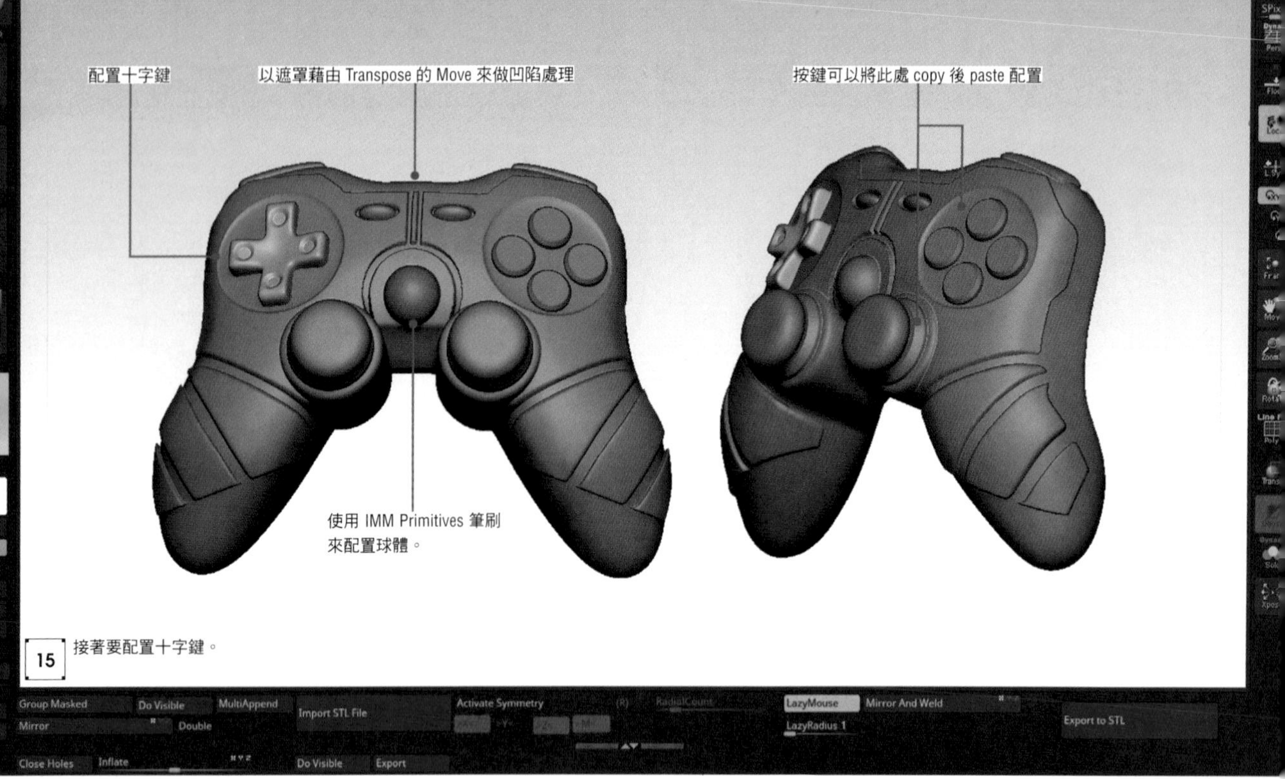

15 接著要配置十字鍵。

16 以 SelectLasso 選取握把的這個部分，使用 GroupVisible 將其獨立為另一個 PolyGroup。

17 以 GroupsSplit 區分為不同模型圖層後，執行 DynaMesh 來使其 Inflate。製作成向上隆起膨脹的握把。

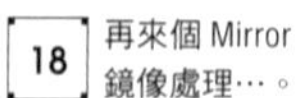

18 再來個 Mirror 鏡像處理⋯。

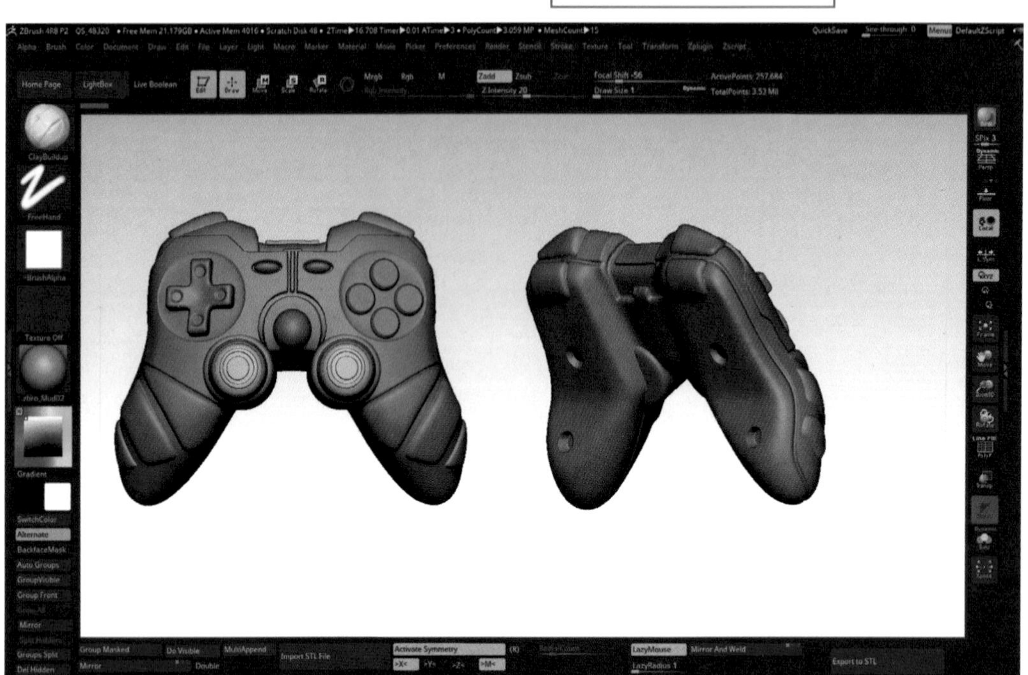

19 經過細微的調整後，遊戲手把就完成了。

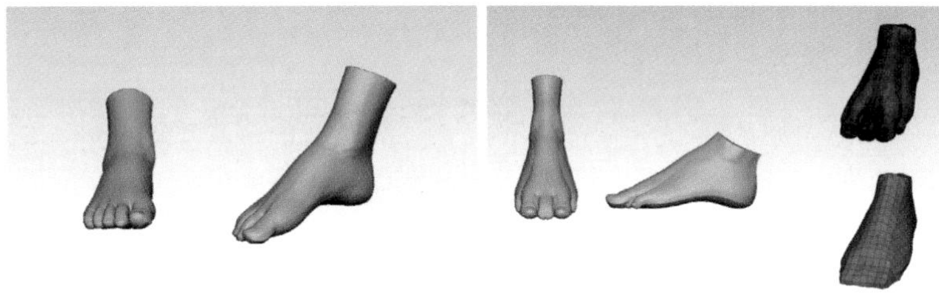

01 只選取腳部，Mirror 處理後執行 DynaMesh 使其成為低多邊形。

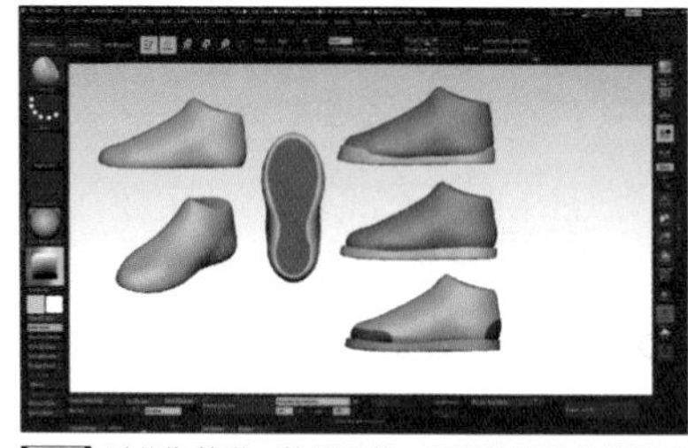

02 以此為基礎，整理形狀，反覆執行建立遮罩後 Extract，將鞋子的零件製作出來。

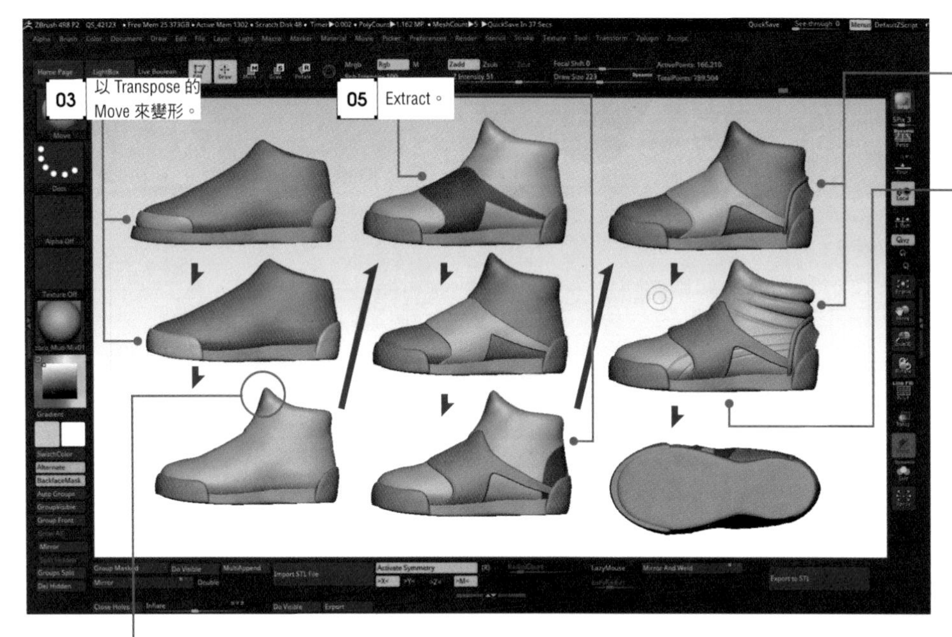

03 以 Transpose 的 Move 來變形。

05 Extract。

06 以 Sm_crease 或 SK_Slash2 來徒手繪製凹槽溝痕的部分。

04 使用 Move 筆刷來拉長。

07 以 MaskPerfectCircle 將鞋帶孔陸續建立遮罩，再用 Move 筆刷使其凹陷。

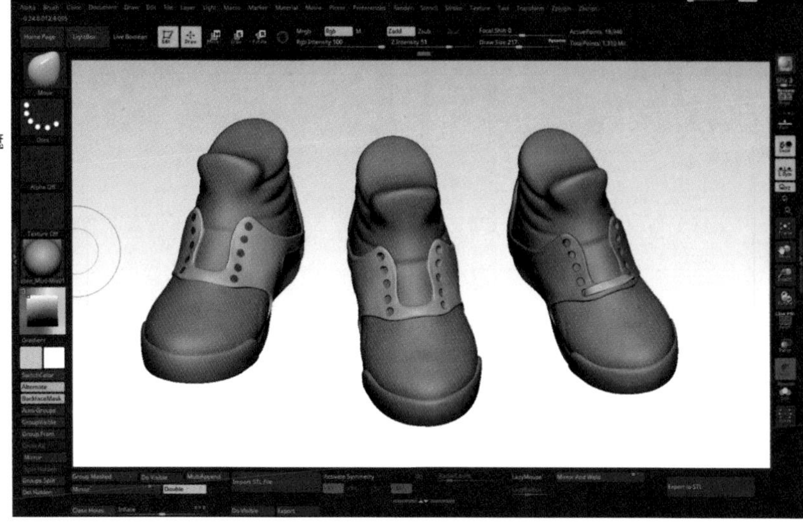

08 以 CurveStrapSnap 製作鞋帶。

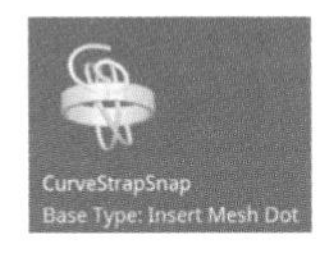

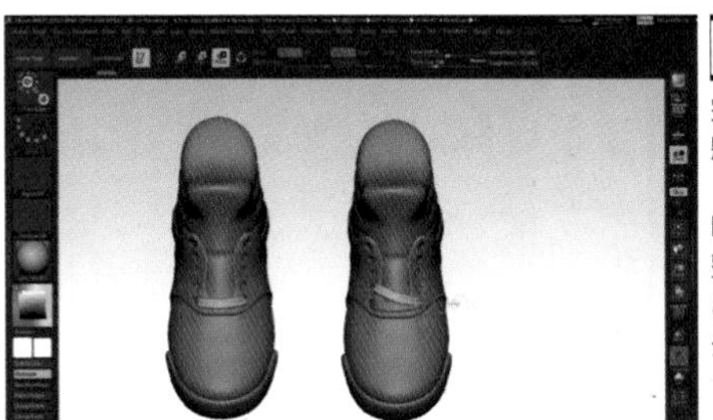

09

完成一段鞋帶後，將其 copy 和 paste，以 Transpose 的 Rotate（回轉）調整角度位置，製作出鞋帶的其他部分。

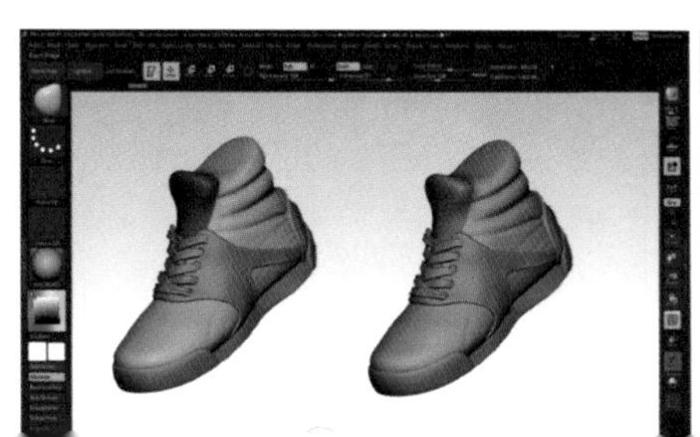

10

製作鞋舌。先建立遮罩，再以 Group Masked 區分為不同的 PolyGroup。

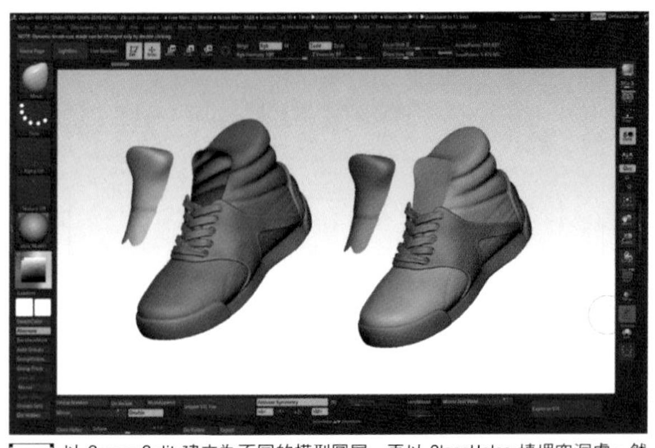

11 以 GroupsSplit 建立為不同的模型圖層，再以 CloseHoles 填埋空洞處。然後再各自執行 DynaMesh 製作出形狀。

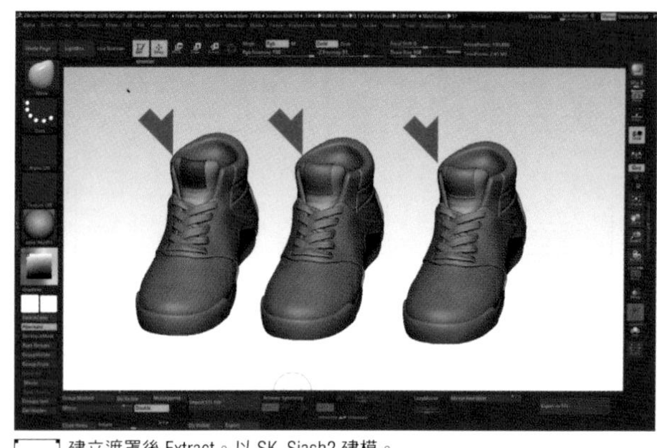

12 建立遮罩後 Extract。以 SK_Siash2 建模。

13 製作鞋頭的細部細節。將建立遮罩的鞋頭以 Standard 筆刷的 Stroke 與 Alpha 製作出如上圖般的凹凸不平外表。

14 以 CurveStrapSnap 製作繫帶→建立另外的物件後 Divide→以 Move 筆刷調整→copy 後 paste，朝下方挪動位置。

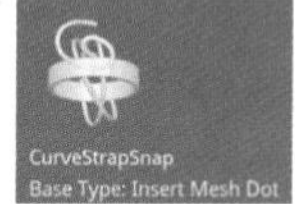

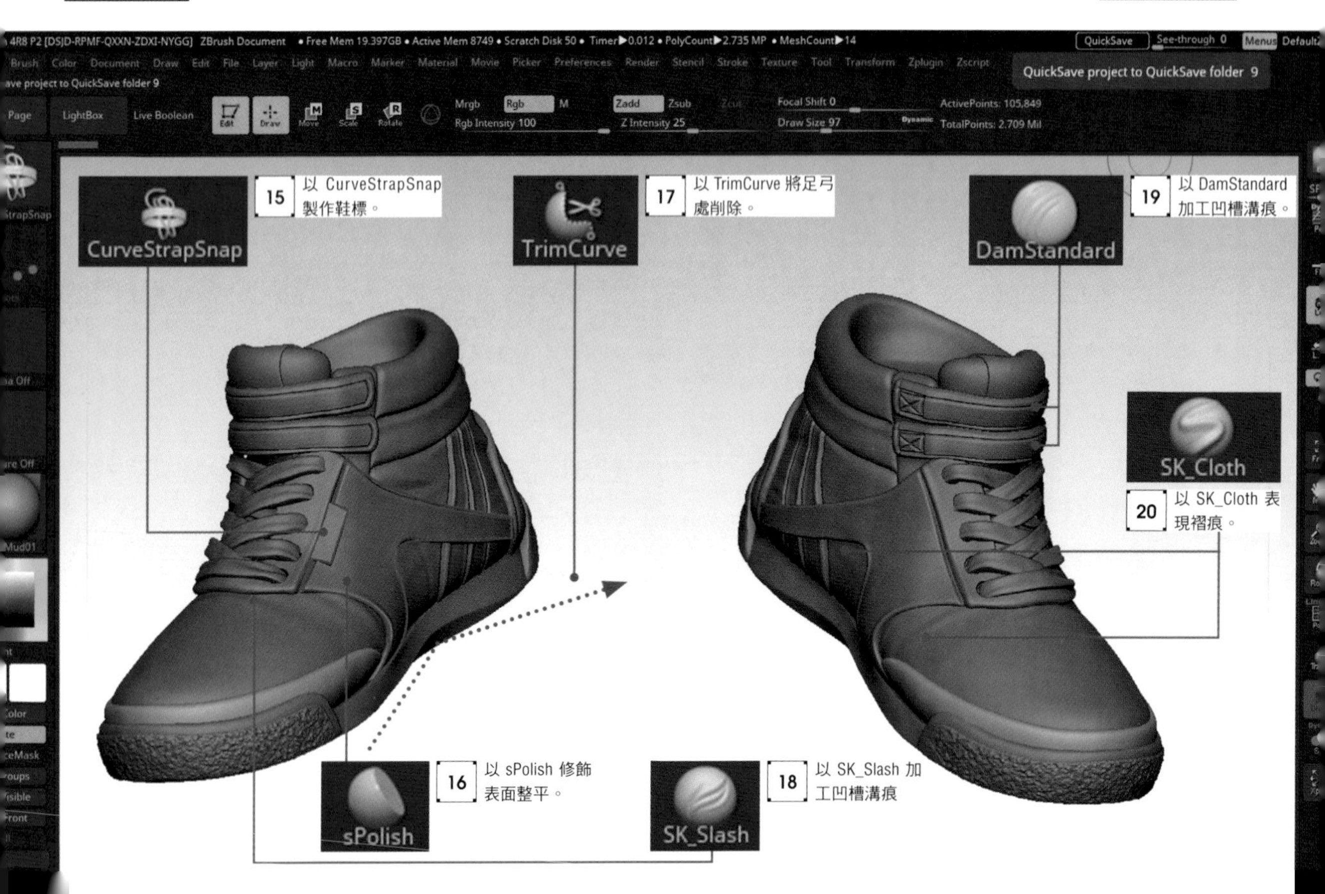

15 以 CurveStrapSnap 製作鞋標。

16 以 sPolish 修飾表面整平。

17 以 TrimCurve 將足弓處削除。

18 以 SK_Slash 加工凹槽溝痕

19 以 DamStandard 加工凹槽溝痕。

20 以 SK_Cloth 表現褶痕。

15 製作鞋底

此處要以材質貼圖的方式呈現出鞋底的複雜圖案。

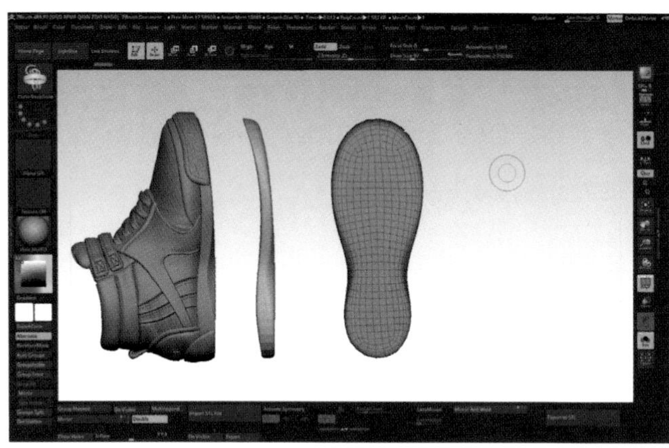

01 首先要以 Ctrl ＋Shift＋ D 鍵來複製鞋底的 Subtool。

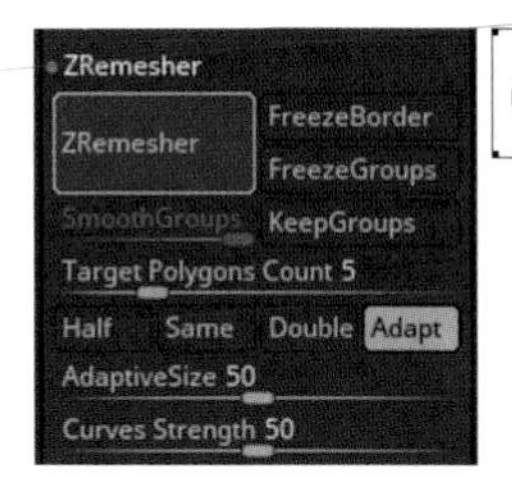

02 將複製後的鞋底以 ZRmesher 整理網格。不要將 ZRmesher 的 TargetPolygonsCount 數值設定得過高，請以低多邊形的方式重設網格。

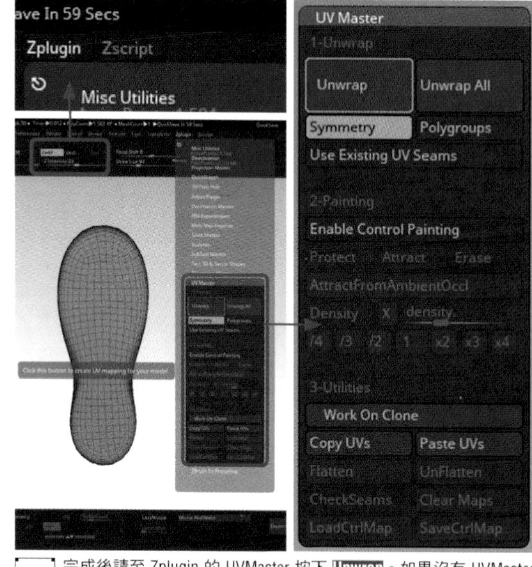

03 完成後請至 Zplugin 的 UVMaster 按下 **Unwrap**。如果沒有 UVMaster 時，請至 Pixologic 公司網頁下載。

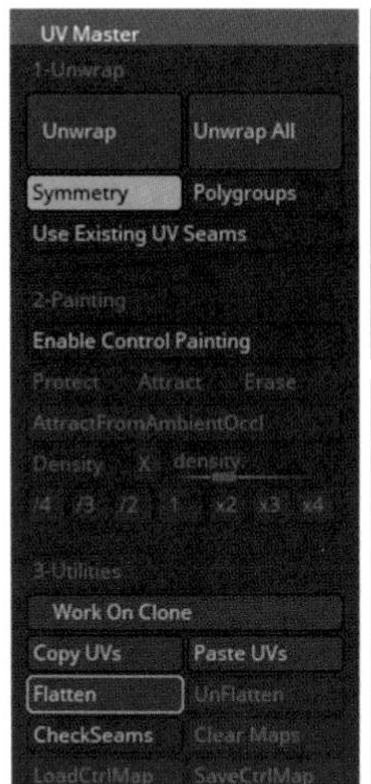

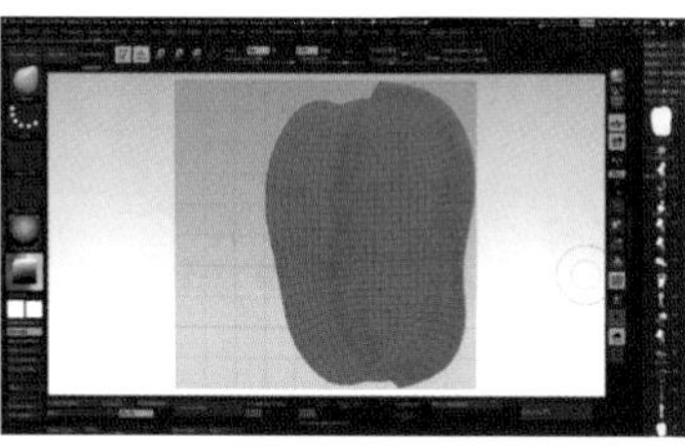

04 執行 Unwrap 後，Polygon 可以展開，即可完成貼圖的準備。透過 Flatten 可以確認 Polygon 展開的狀態。執行 Unwrap 前，先以 WorkOnClone 區分為不同的 Tool 模型，Unwrap →以 Flatten 確認→以 Unflatlen 恢復→以 CopyUVs 複製 UV→回到原本的 Tool 模型再執行 Paste UVs。藉由這樣的步驟，可以避免 Unwrap 處理後物件尺寸失真的情形。如果是從一開始就與原本的模型區分不同 Tool 模型製作的話，即使沒有這道作業步驟也 OK。

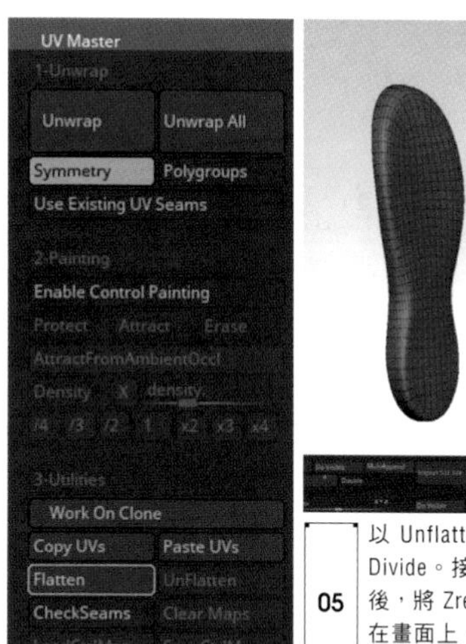

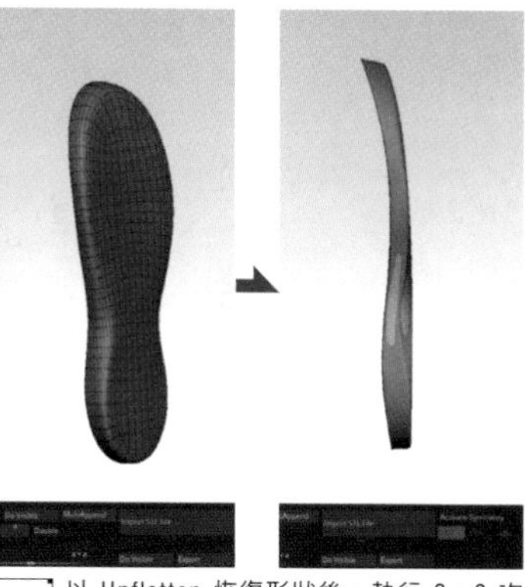

05 以 Unflatten 恢復形狀後，執行 2、3 次 Divide。接下來，當多邊形的面數提升之後，將 Zremesher 前複製完成的鞋底顯示在畫面上，以 ProjectAll 來投射原本的形狀。

POINT

這次的範例是直接使用不進行調整，但其實在 Flatten 的畫面可以用 Move 筆刷調整多邊形，也可以用 Transpose 的 Rotate 來改變方向。如果是要做鱗片的材質貼圖時，鱗片的方向與尺寸感，貼圖的縫合線位置調整等，都可以在這個時候進行調整。

06 如此一來，具備 UV 的鞋底完成了。只要將這個物件貼在畫像的適當位置，就可以製作出自己滿意的細部細節。

Project
ProjectAll
Dist 0.02
Mean 25
PA Blur 10
ProjectionShell 0
Farthest
Outer
Inner
Reproject Higher Subdiv
Extract

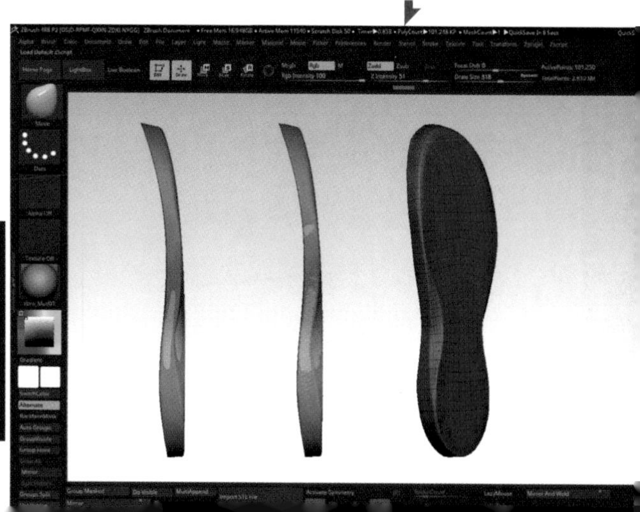

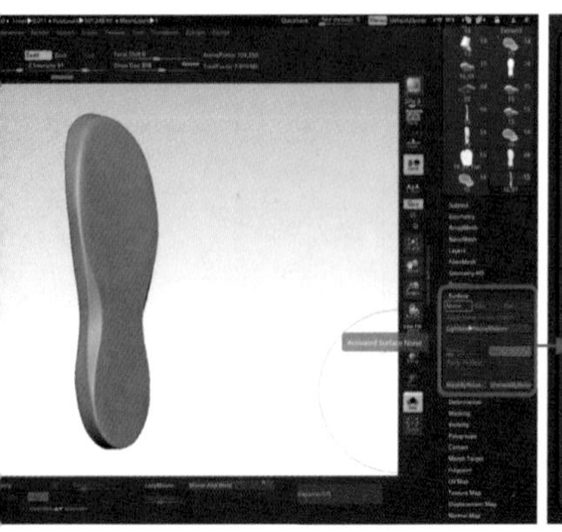

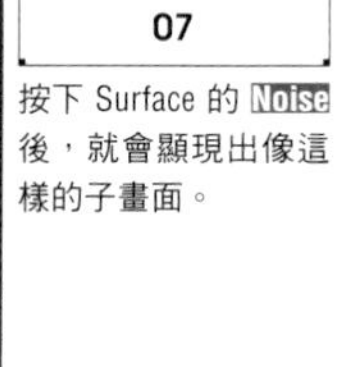

07

按下 Surface 的 **Noise** 後，就會顯現出像這樣的子畫面。

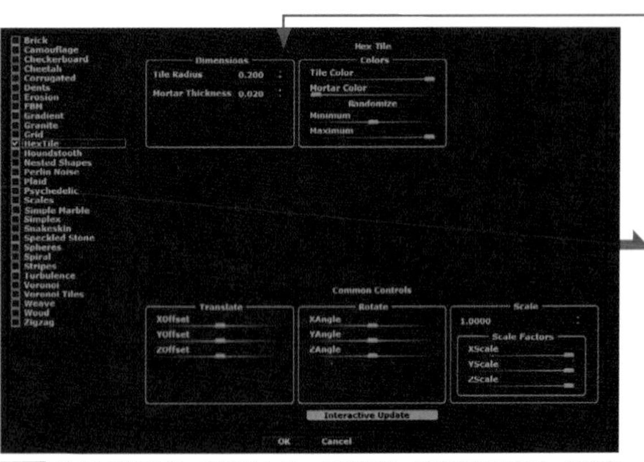

Cheetah
Corrugated
Dents
Erosion
FBM
Gradient
Granite
Grid
HexTile
Houndstooth
Nested Shapes
Perlin Noise
Plaid
Psychedelic
Scales
Simple Marble
Simplex

08 將 UV 功能打開，再將 NoisePlug 功能打開，就會再顯現出下一層子畫面。

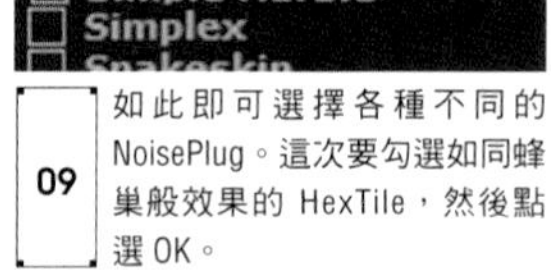

09 如此即可選擇各種不同的 NoisePlug。這次要勾選如同蜂巢般效果的 HexTile，然後點選 OK。

10 將 NoiseScale、PluginScale、Strength 調整成像這樣的感覺。

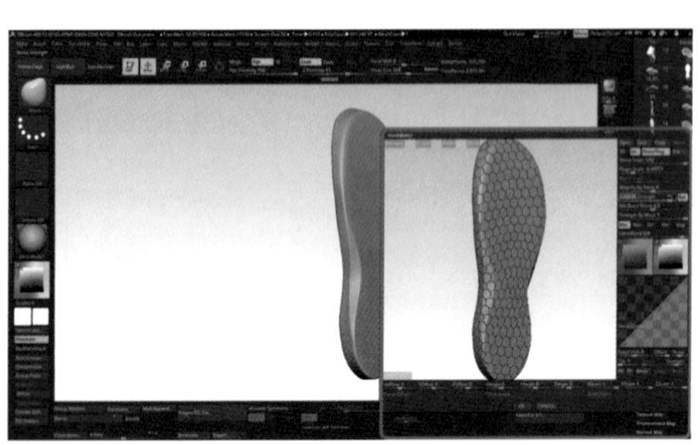

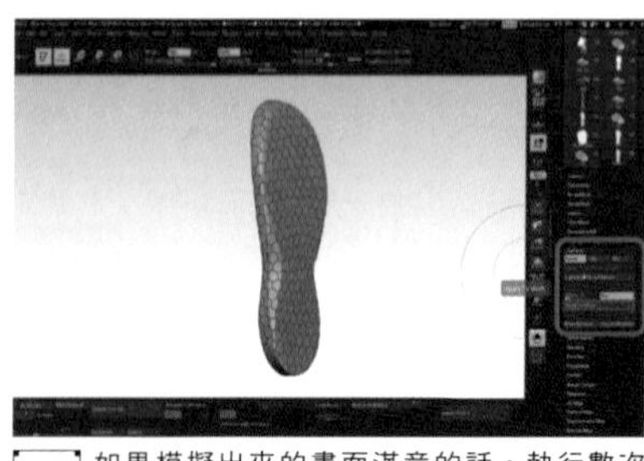

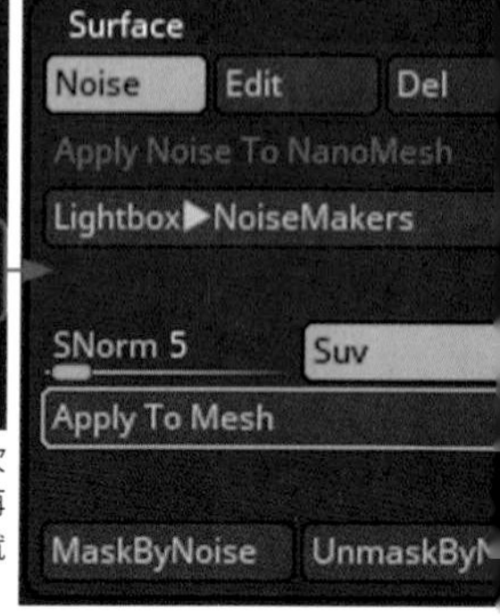

11 如果模擬出來的畫面滿意的話，執行數次 Divide，將多邊形 Polygon 的面數度提升，再點選 **Apply To Mesh**。這麼一來，蜂巢模樣就會加入到模型當中。

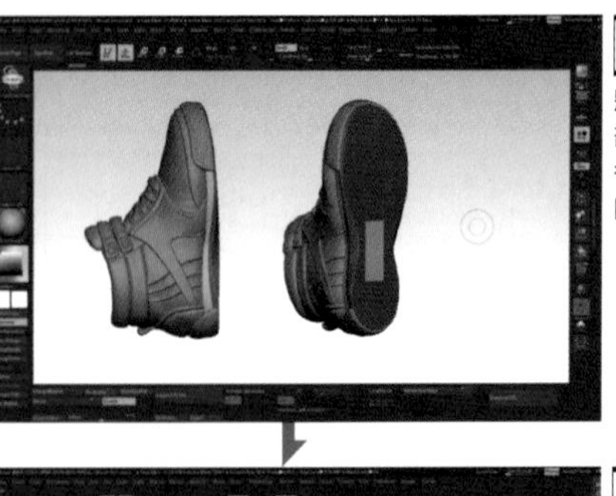

12

將原本鞋子模型底部建立遮罩，反轉後 Inflate 處理成內凹。

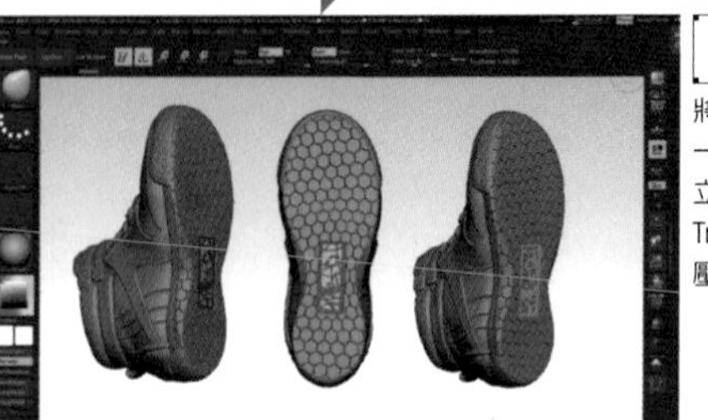

13

將鞋底的四邊形進一步以這種感覺建立遮罩後，透過 Transpose 的 Move 壓進更深處。

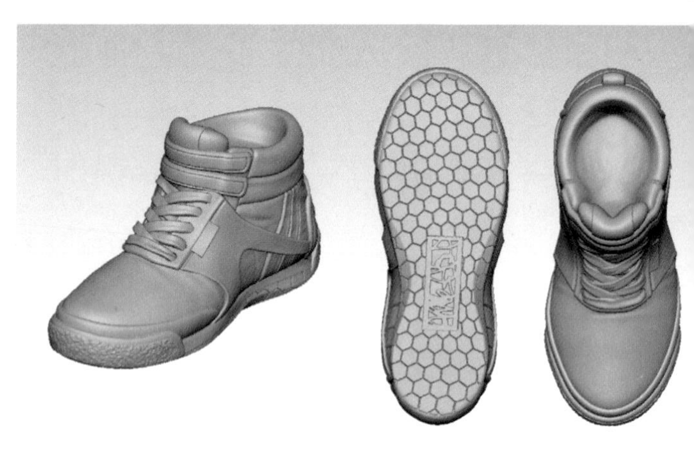

14 以 Move 筆刷破壞對稱感，調整外形線條後即完成了。

16 試穿配件

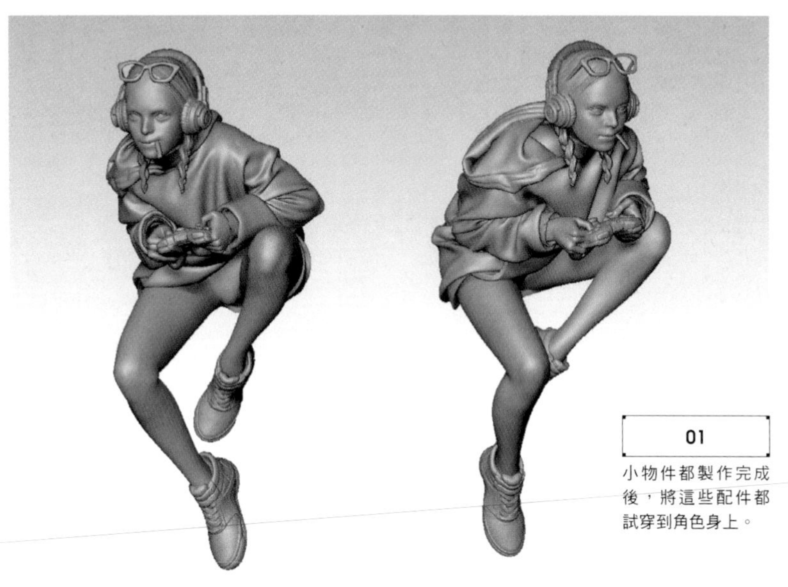

01

小物件都製作完成後，將這些配件都試穿到角色身上。

03

以 SK_AirBrush 加上色彩。再使用這個 Alpha 來描繪眼睛的光彩及睫毛。

02

將眼睛描繪出來，以掌握氣氛。

04

使用 CurveTube 製作瀏海，再以 SK_Cloth 建立邊緣輪廓。

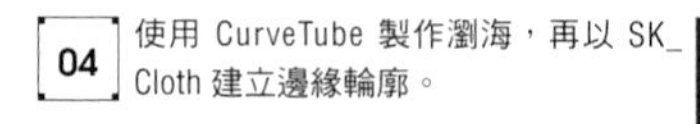

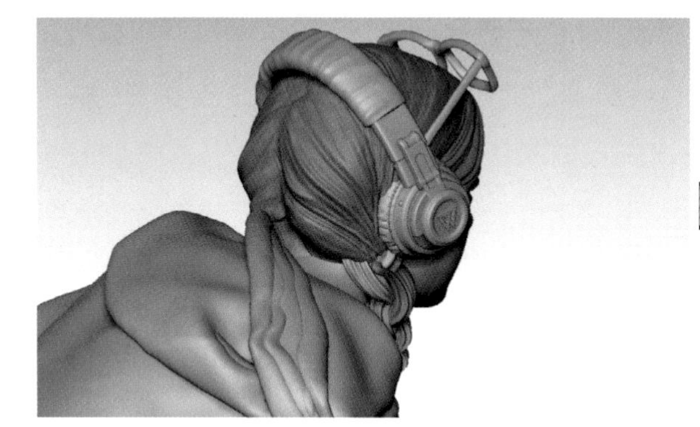

05

後腦勺也以 SK_Cloth 來一點一點增加造型。

06 幾經調整，最後決定這樣的瀏海設計。雖然有些不容易看清，不過我有用 Move 筆刷改變眼睛的角度與表情。透過描繪臉部表情，才第一次了解到自己要做的是什麼樣的容貌。

07 製作出像這樣的感覺。好像可以看得出這女孩的性格了。

17 製作手部

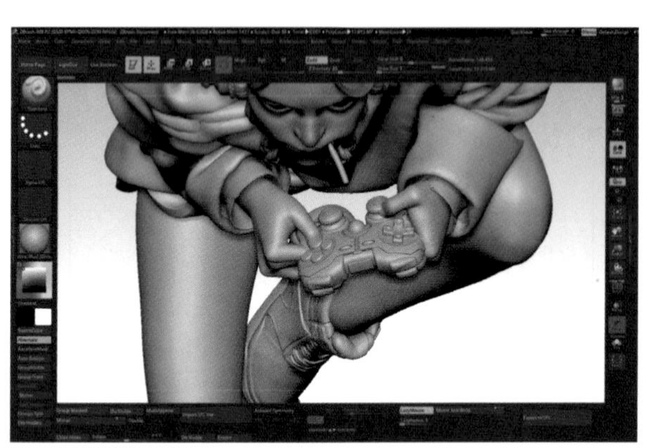

01 接著要開始製作手部。

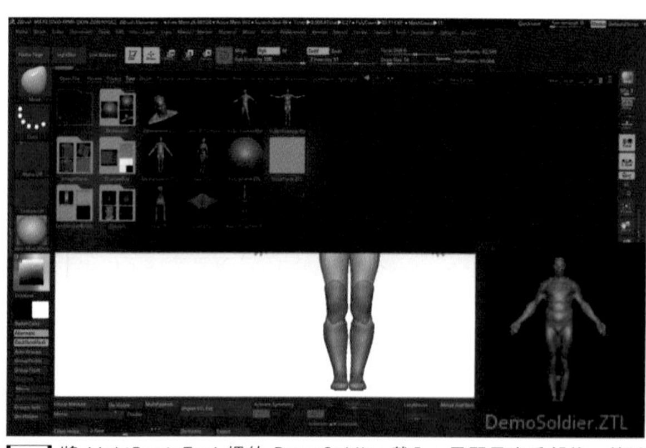
DemoSoldier.ZTL

02 將 LightBox＞Tool 裡的 DemoSoldier 載入，只顯示出手部後，就以 DelHidden 將身體消去。

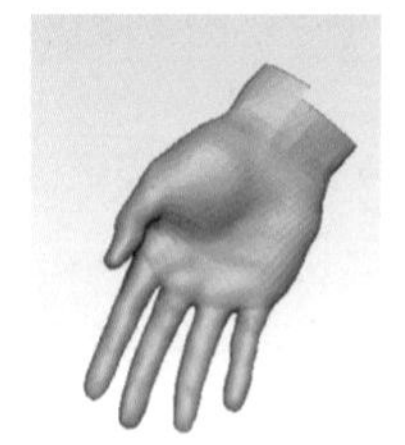

03 因為 Polygon 有破面的關係，以 Close Hole 將破面封填。

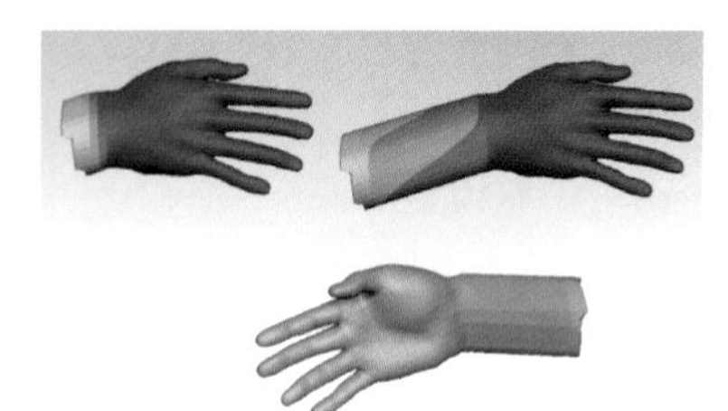

04 將手腕以外的部分遮罩起來，再以 Transpose 的 Move 將手臂稍微伸長。

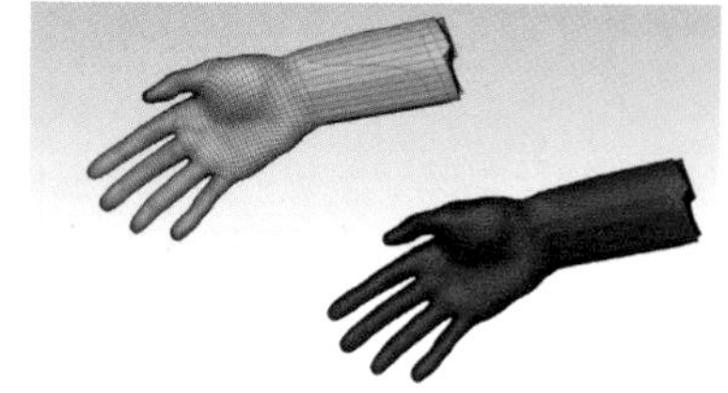

05 先執行 DynaMesh 處理，再開始製作手部。

06 由於要以手指的關節為起點，彎曲手指，因此要先把位置參考線畫出來。
使用 Standard 筆刷及 ClayBuildup 筆刷來製作手部的造型。手上的皺褶以 sm_crease 筆刷製作。

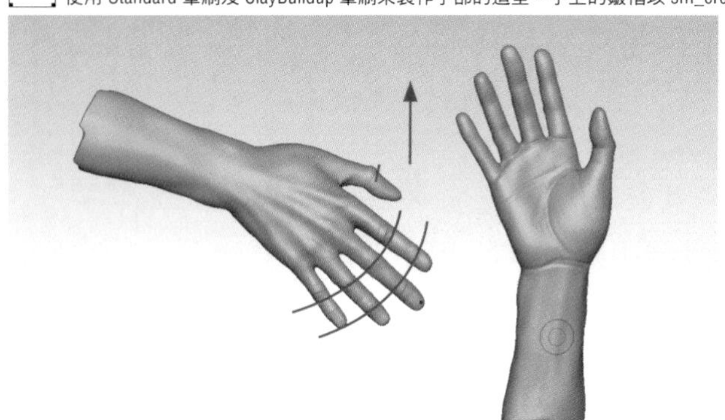

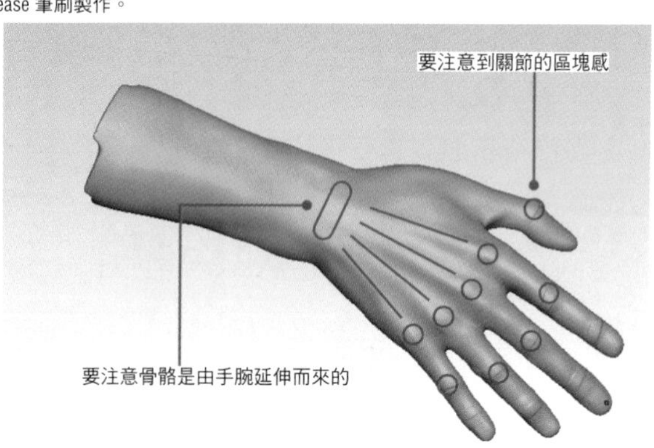
要注意到關節的區塊感
要注意骨骼是由手腕延伸而來的

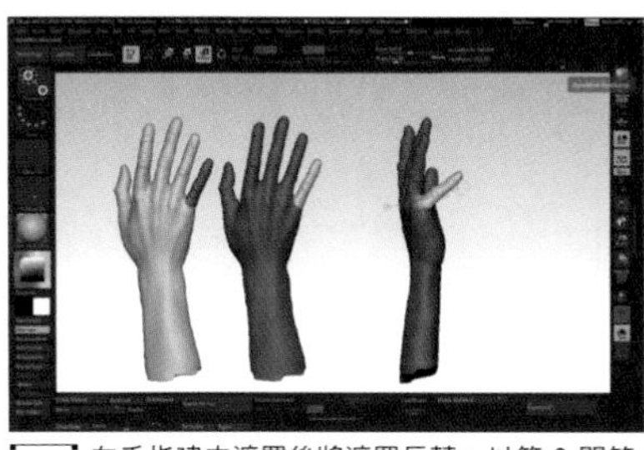

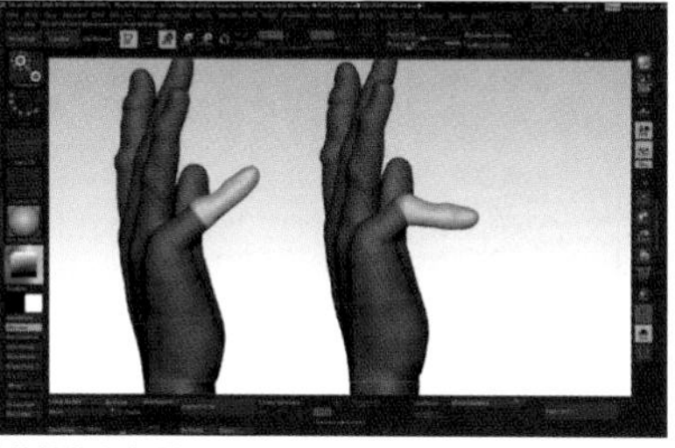

07 在手指建立遮罩後將遮罩反轉。以第 3 關節（基節）為起點，使用 Transpose 的 Rotate 來彎曲手指。

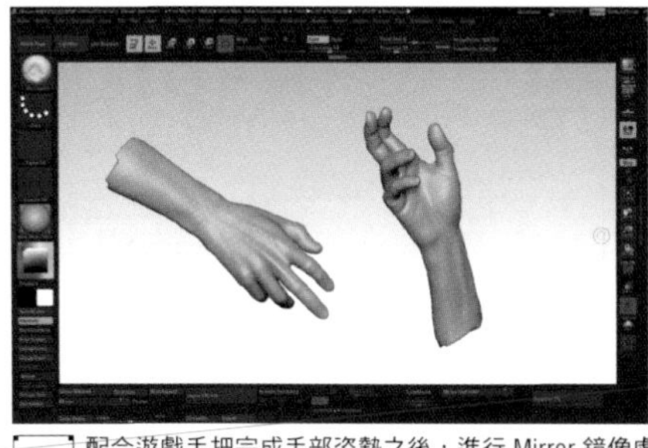

08 接著再依序重覆第 2 關節、第 1 關節的建立遮罩、彎曲手指的步驟，調整出想要的姿勢。

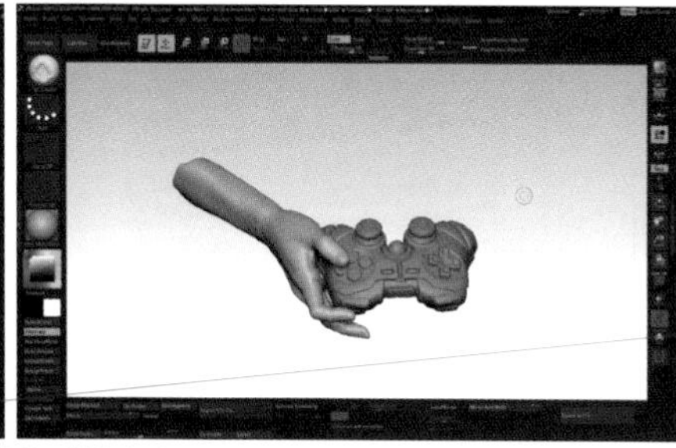

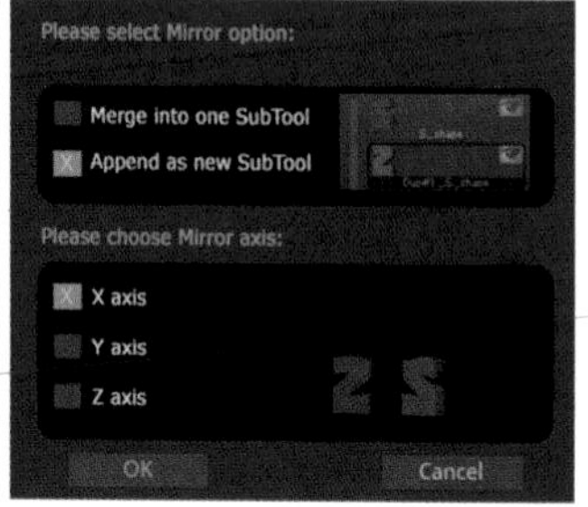

09 配合遊戲手把完成手部姿勢之後，進行 Mirror 鏡像處理，製作左手。選擇 Mirror option Append as new SubTool，然後按下 OK。

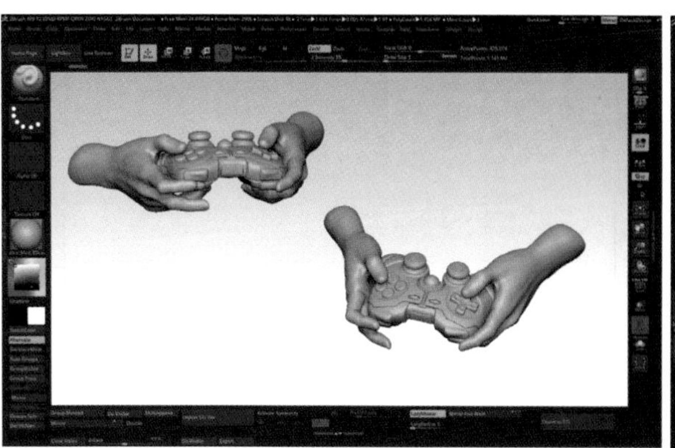

10 另一側也使用相同的造型步驟，組合起來就像是這樣的感覺。

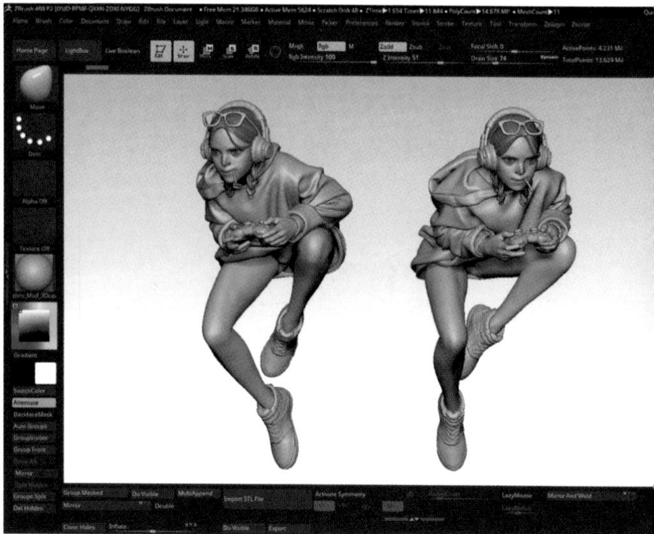

18 製作身體

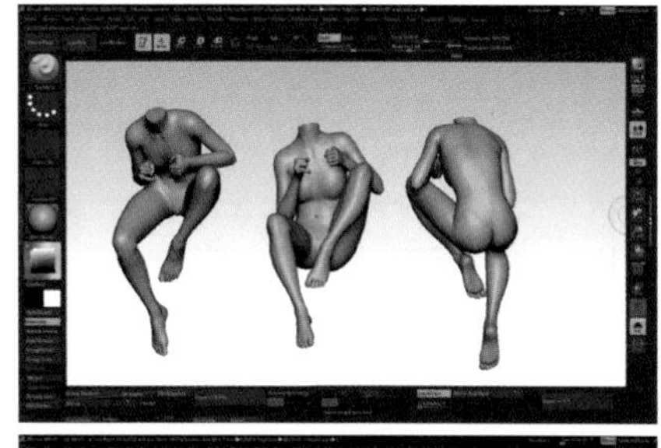

01

以 Daz 製作的身體，實際上還有很多僵硬不順暢的部分。重新製作一個素體，配合 Daz 的姿勢。

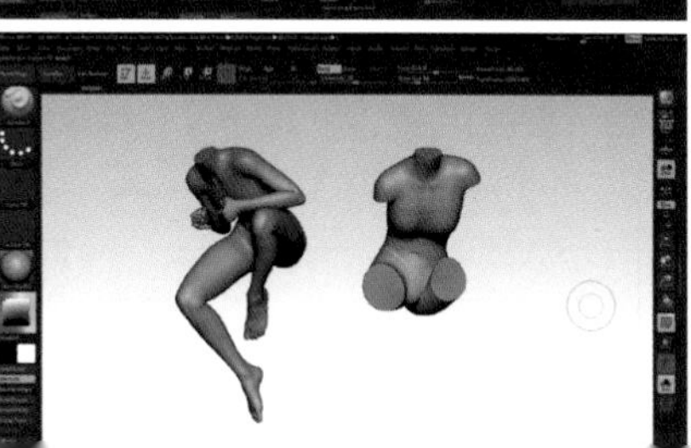

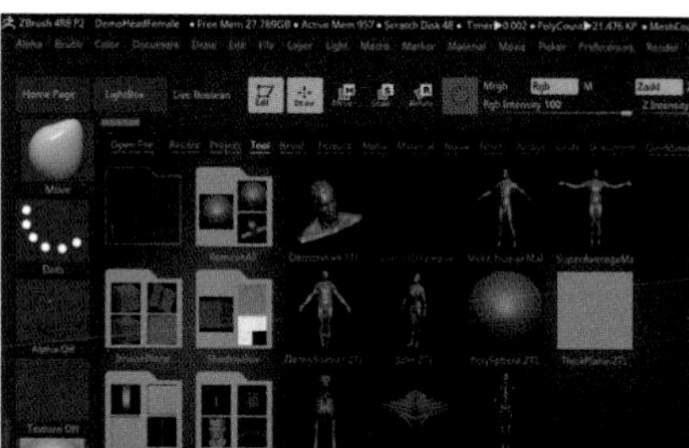

02

由 LightBox 的 Tool 選擇 Nickz_humanMale Average。因為比起 ZBrush 中的女性素體更容易調整姿勢，所以選擇這個素體再轉變成女性。

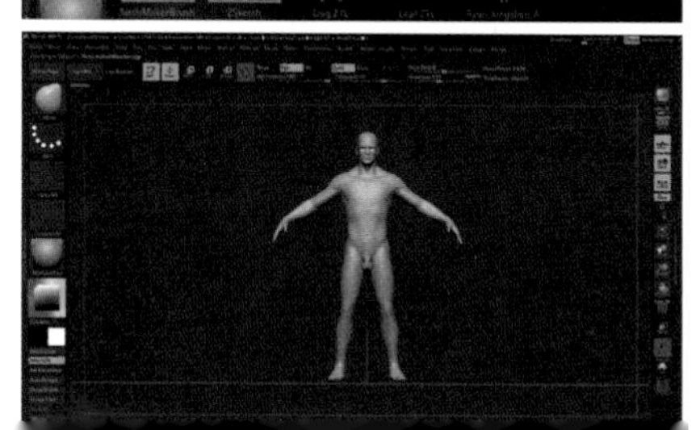

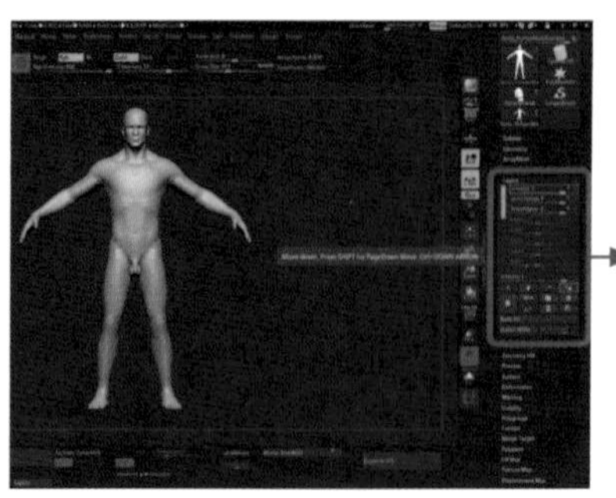

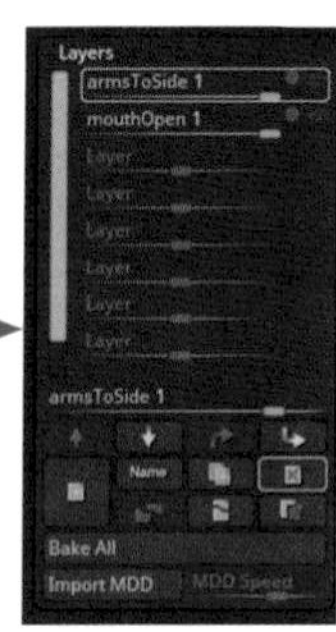

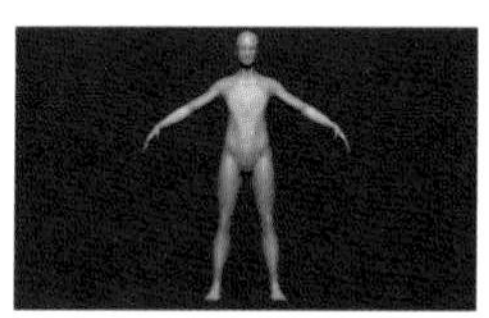

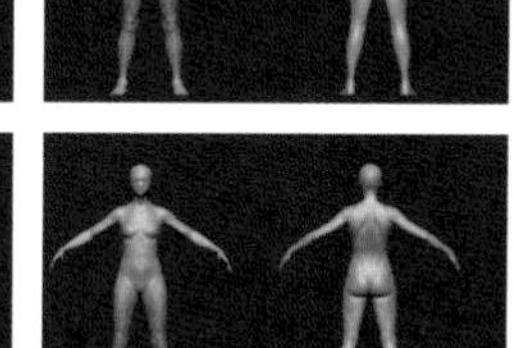

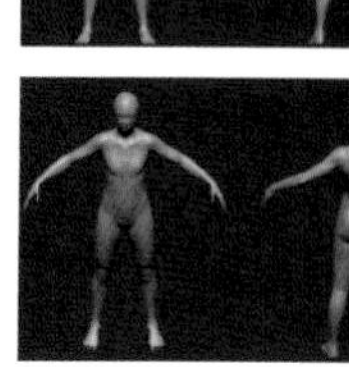

03 本來想要直接執行 DynaMesh 開始造型作業，但因為有設定 Layer 的關係，首先要把 Layer 刪除。

04 像這樣原有 3 個 Layer，要以這個按鈕將 Layer 一層一層全部刪掉。

05 Layer 刪除之後，執行 DynaMesh 處理，製作素體。可以拿人體解剖學的書本來作為參考。

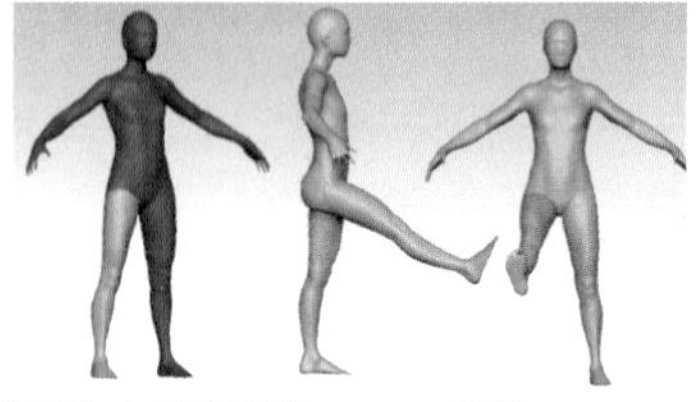

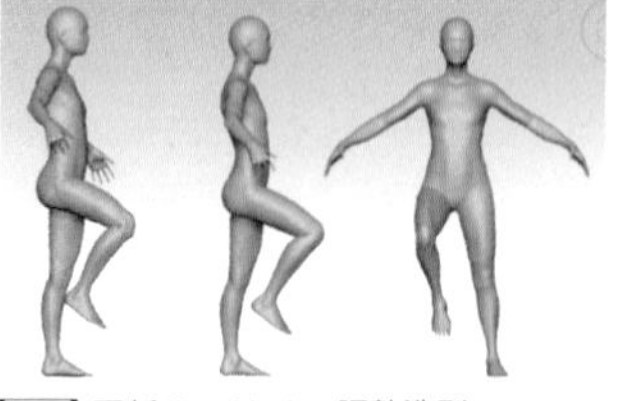

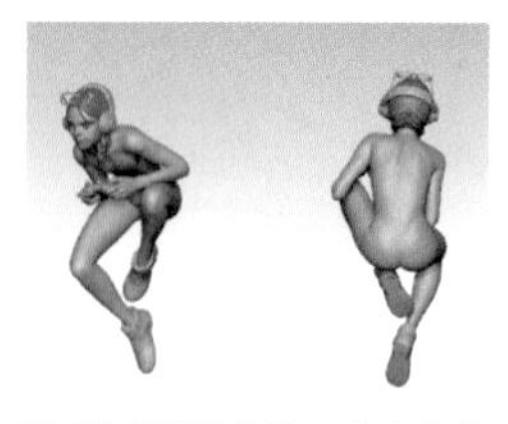

06 建立遮罩後以 Transpose 變形。

07 更新 DynaMesh，調整造型。

08 與腳部相同，先建立遮罩後再加以移動，調整造型直到全身的姿勢都符合設計。

09 穿上衣服後就像是這樣的感覺。雖然說身體幾乎都被遮住了⋯。

POINT

順帶一提，Marvelous Designer 製作來的衣服是不具備厚度的多邊形 Polygon，因此要將整體遮罩起來，再以 Extract 來增加厚度。這次是將 Thick 設定為 0.01。

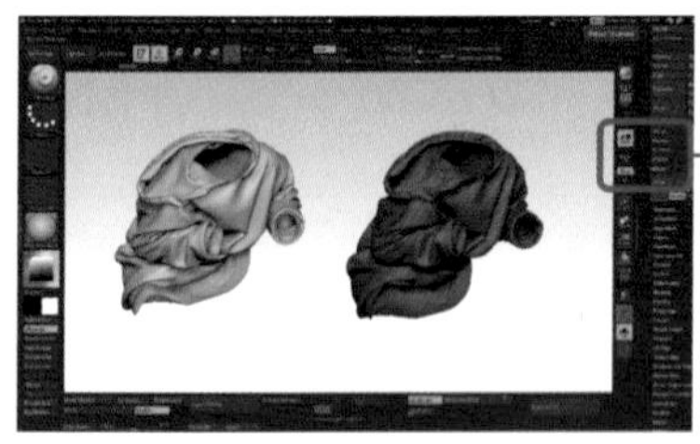

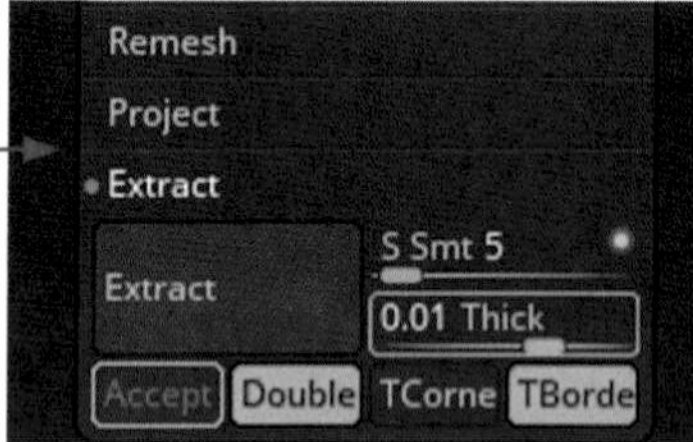

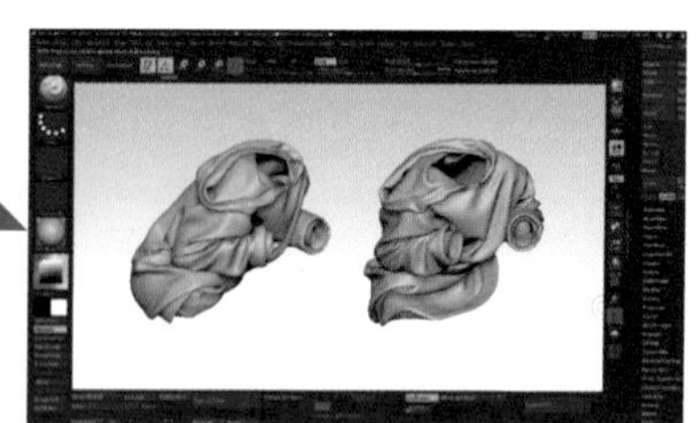

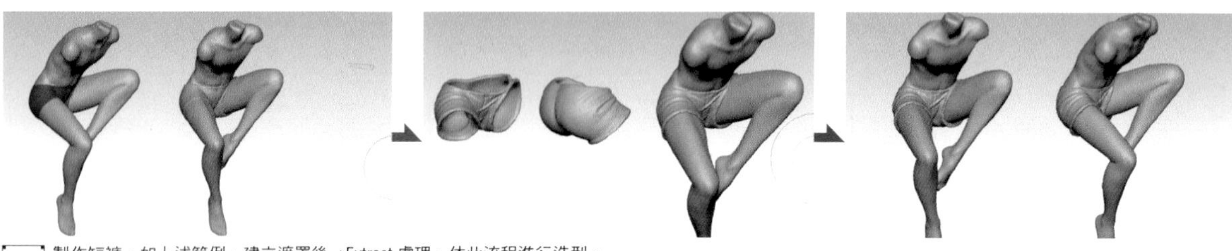

10 製作短褲。如上述範例，建立遮罩後→Extract 處理，依此流程進行造型。

POINT

製作皺褶時要注意到受到拉扯的方向。

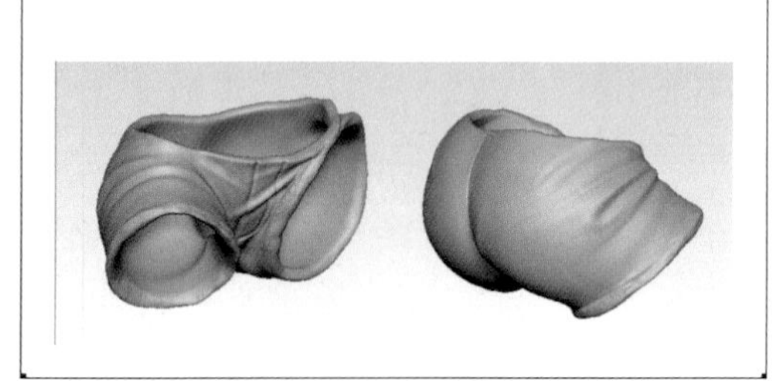

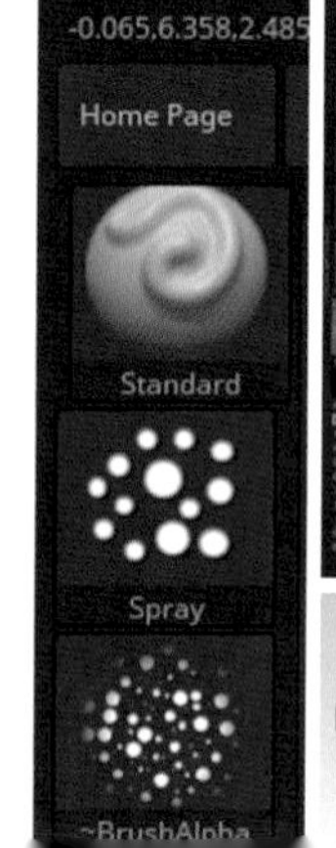

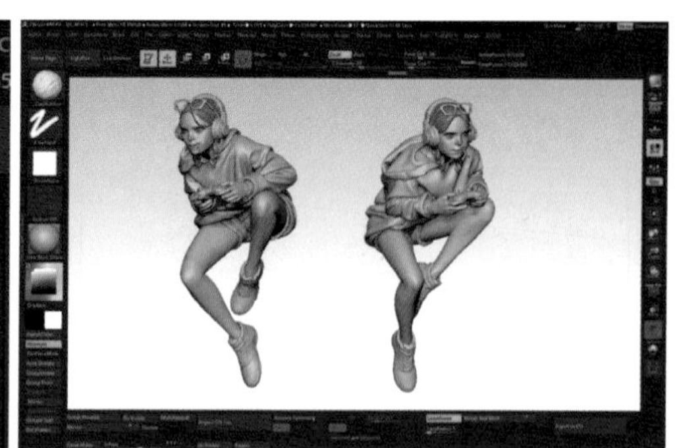

11 短褲邊緣以 Standard 筆刷的 Stroke 與 Alpha 製作成像這樣帶著流蘇的外觀。

19 製作底座

女孩子設計完成後，接下來要設計底座。因為主題是 GAME 的關係，將黏土（Sphere3D）在畫面上捏成各種不同的造形來看看感覺對不對。

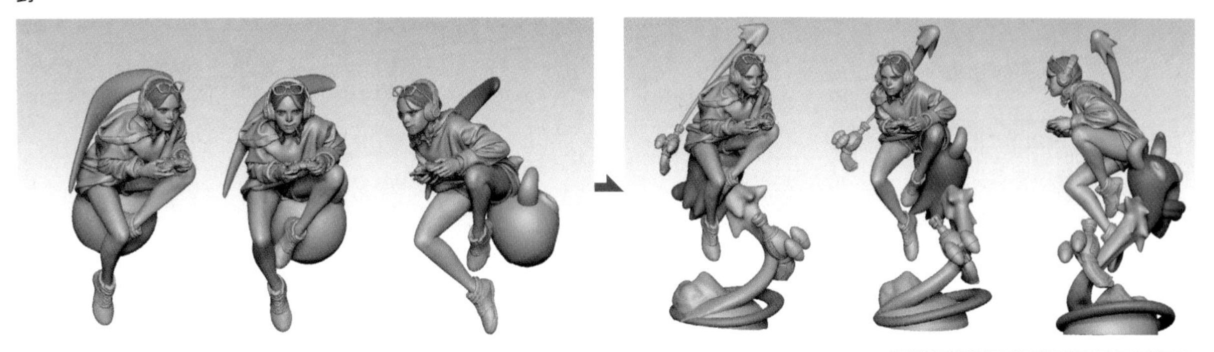

01 女孩子坐著的球狀椅子看起來像是懷舊電玩遊戲太空侵略者的造型，因此設計成如同射擊遊戲般的底座。

感覺起來怎麼樣呢？好像有些怪怪的。

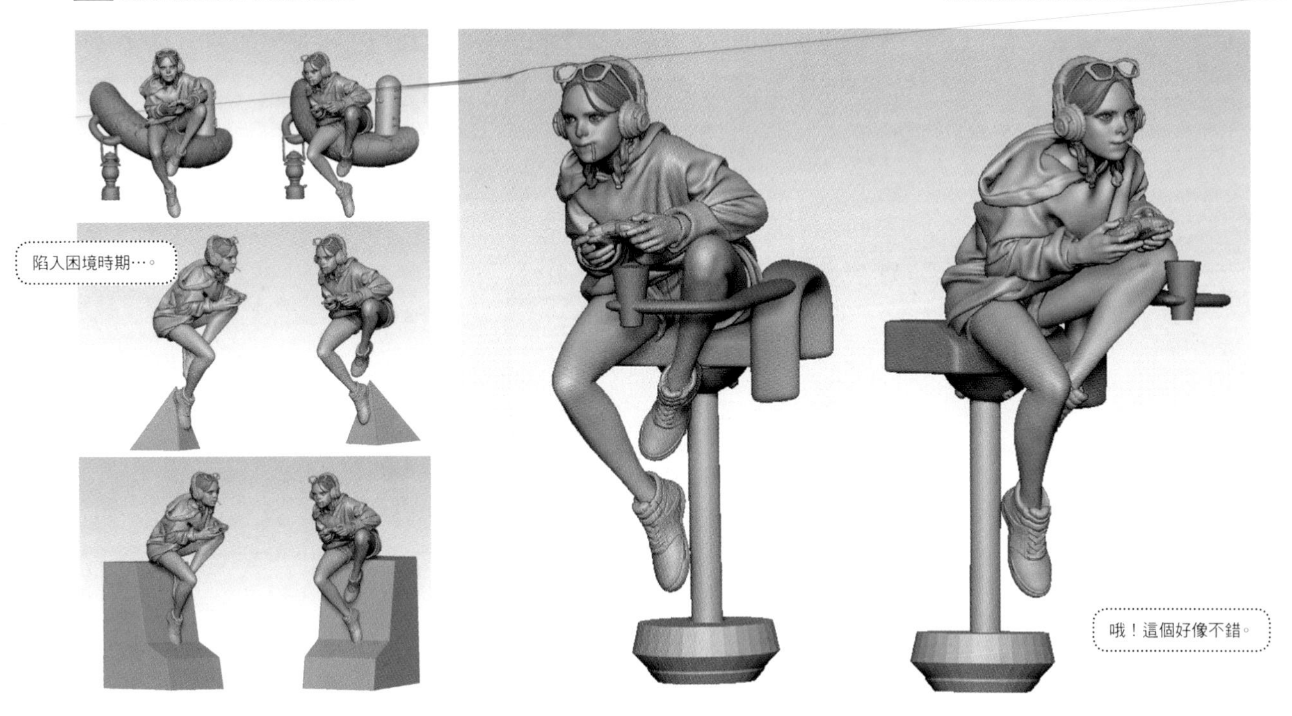

陷入困境時期…。

哦！這個好像不錯。

02 因為感覺還不錯的關係，馬上就將概念確定下來，製作出底座（椅子）。比先前的好多了。

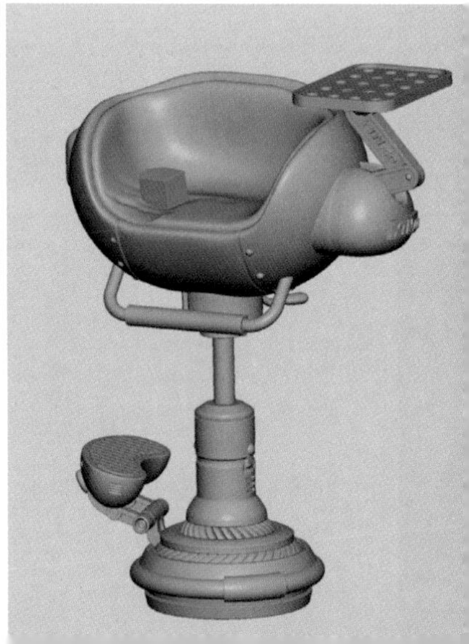

03 以 InsertPrimitive 筆刷建立圓柱之後，將 Radial Symmetry 的 Y 軸設定打開，做出隆起的外形。

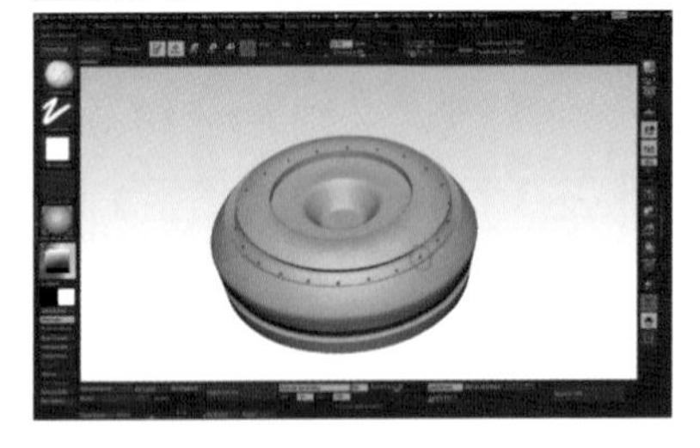

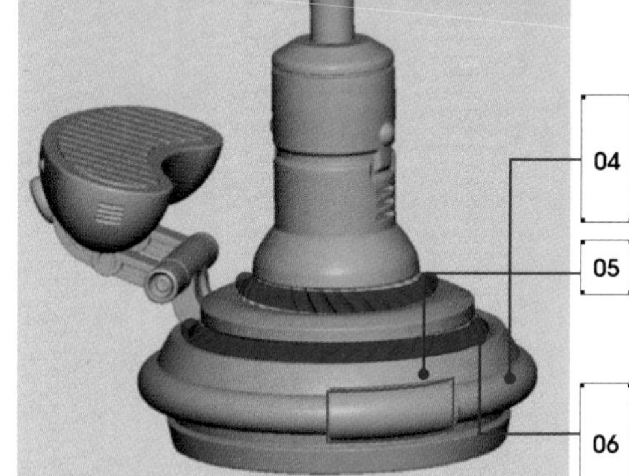

04 將 CurveTube 筆刷拖曳一小段不放後，按住 Shift 鍵拖曳一段距離，就可以在物件外圍畫出一圈線條。

05 將建立起來的管狀物遮罩後執行 Extract。

06 將底座複製後貼上，調整形狀。同樣以 Radial Symmetry 製作出凹槽溝痕。這次是以 DamStandard 來進行加工。

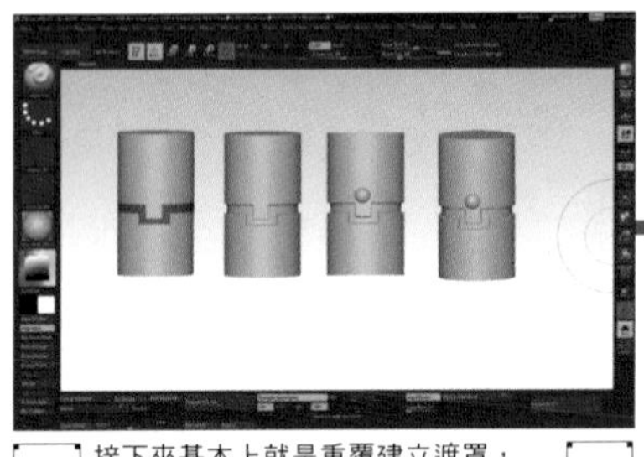

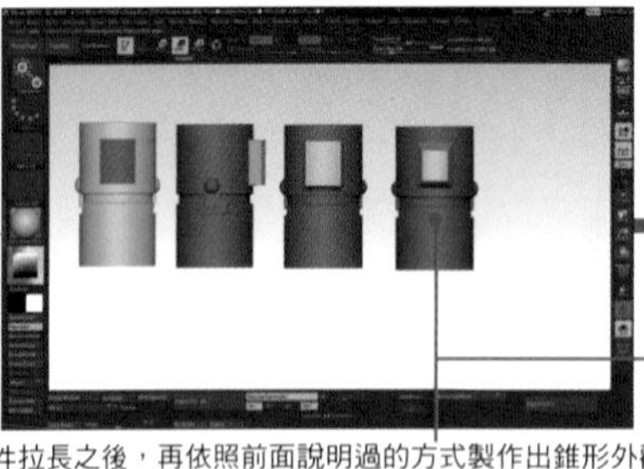

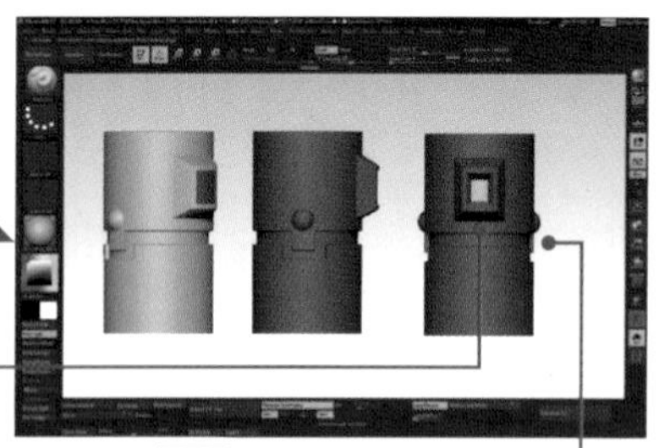

07 接下來基本上就是重覆建立遮罩，再以 Transpose 的 Move 拉長的步驟。

08 物件拉長之後，再依照前面說明過的方式製作出錐形外觀。拉長後以 Transpose 的 Scale 就能縮小尺寸，呈現出有倒角的外觀。

09 以 Insert Primitives H 筆刷插入一個半圓形，製作出鉚釘。

10 以 Illustrator Alpha 製作出像這樣的畫像，再建立為 Alpha。

11 將 Standard 筆刷的 Stroke 設定為 DragRect，把這個圖案放置於 Alpha 上，在模型上拖曳出，就會建立出這個樣子。

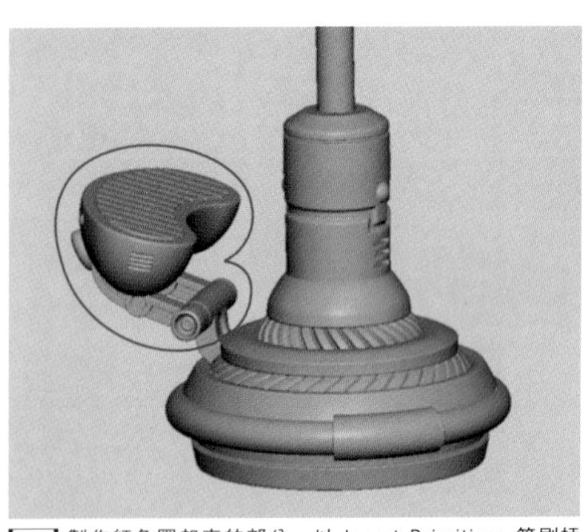

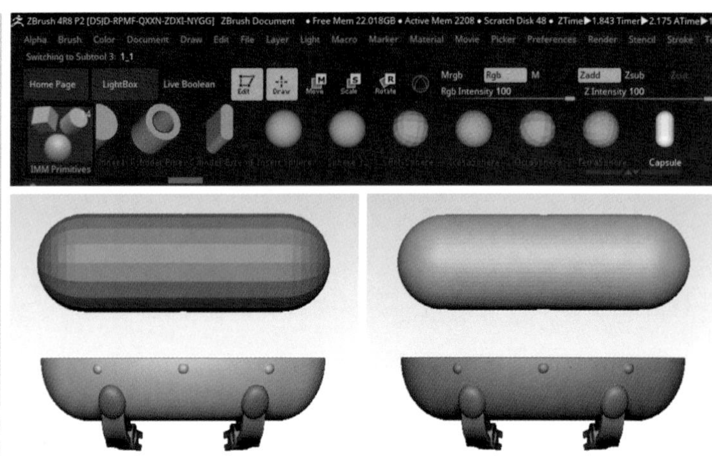

12 製作紅色圈起來的部分。以 Insert Primitives 筆刷插入 Capsule。使用 Transpose 的 Move 拉長，再執行 2 次 Divide，使表面變得平滑。

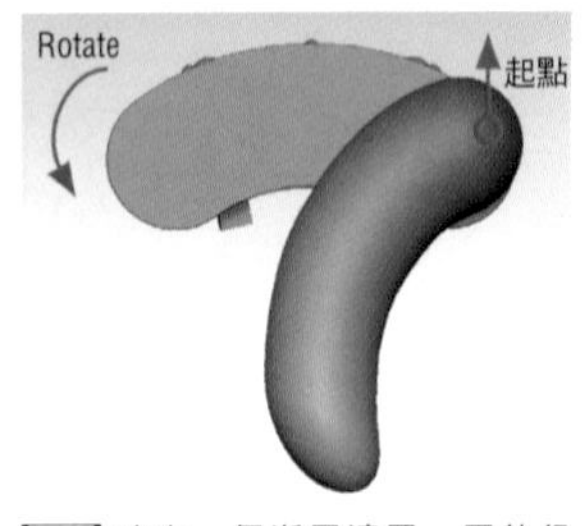

13 建立一個漸層遮罩，再執行 Transpose 的 Rotate。

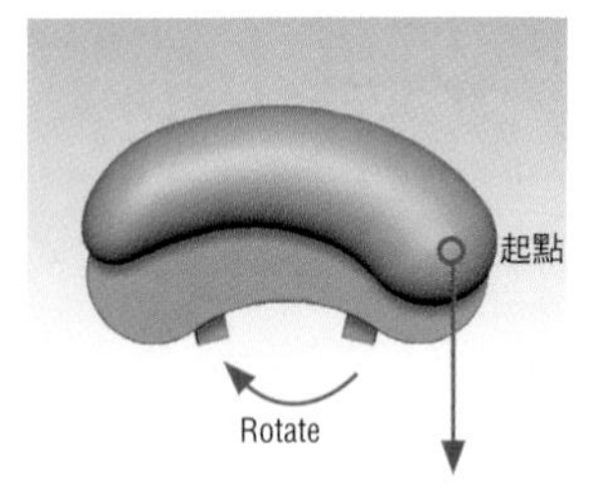

14 將遮罩清除後，執行 Transpose 的 Rotate。

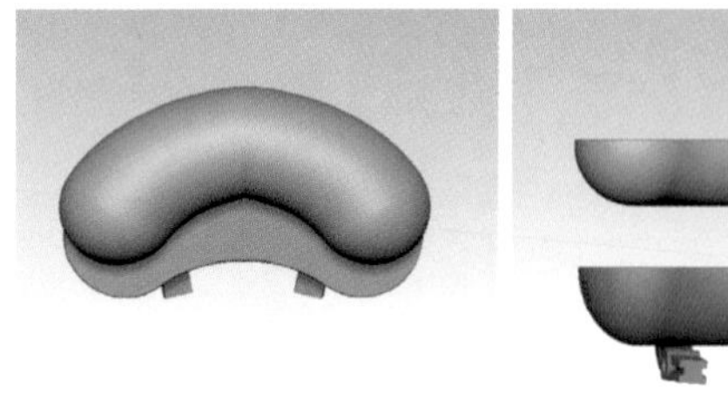

15 先執行鏡像處理，再執行 DynaMesh 進行調整。其實一定還有更有效率的製作方法，這裡我使用的方法算是土法煉鋼的方法。

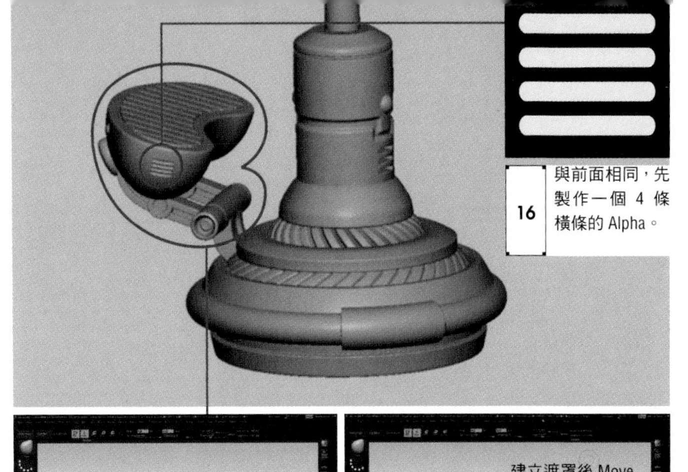

16 與前面相同，先製作一個 4 條橫條的 Alpha。

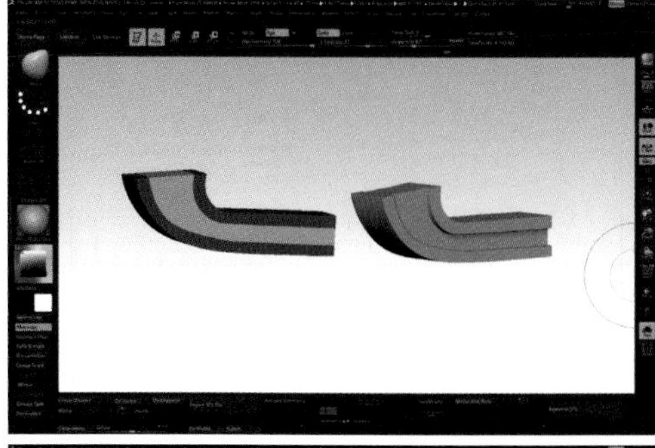

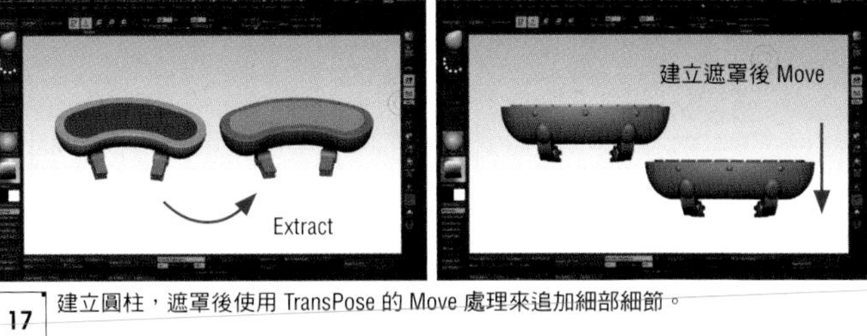

17 建立圓柱，遮罩後使用 TransPose 的 Move 處理來追加細部細節。

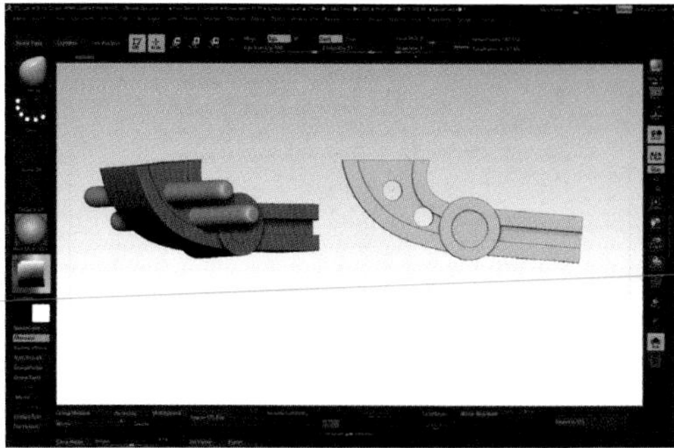

19 Intensity 設定為 100。遮罩後用 Transpse 的 Move 調整。建立圓柱後執行布林運算處理拉長。

18 Cube 造型改用 Trim Curve 來切出外形。Intensity 設定為 100。

製作座面

01 建立一個球體。

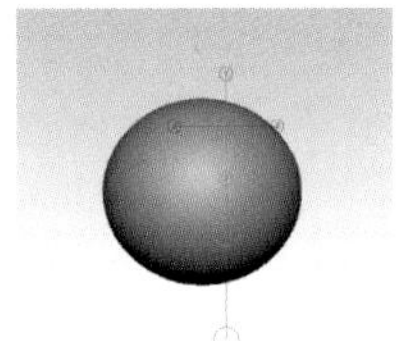

02 以 Transpose 的 Move 由縱向擠壓。

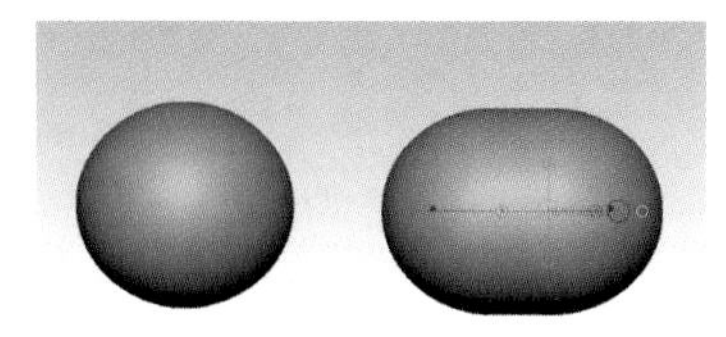

03 保持 X 方向對稱處理的狀態，並以 Transpose 的 Move 朝橫向拉長。

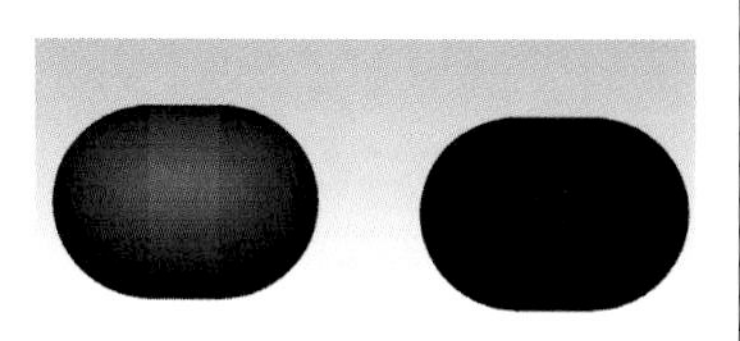

04 執行 DynaMesh 功能，使網格均勻分佈等。

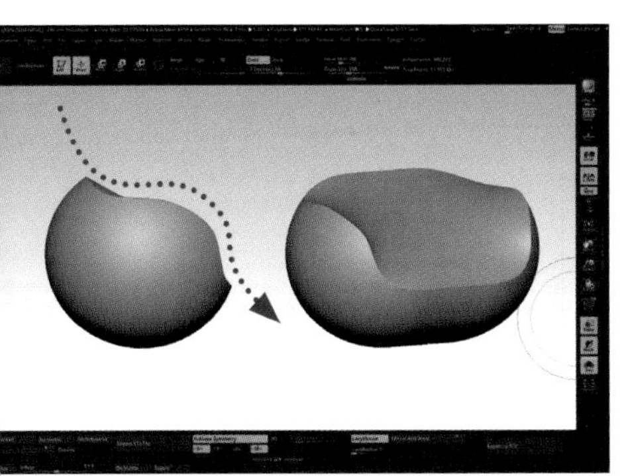

20 以 TrimCurve 進行裁切。

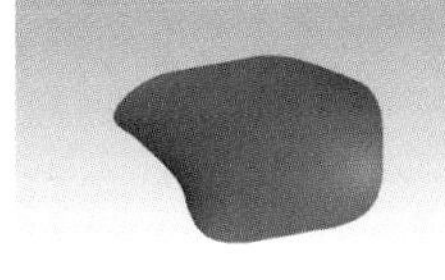

21 將裁切面如同這個樣子區分成不同的 PolyGroup。

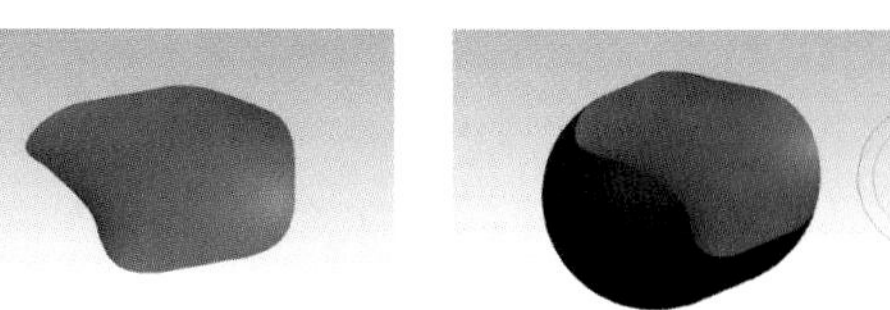

22 只顯示座位部分，建立遮罩→全部顯示，然後反轉遮罩。

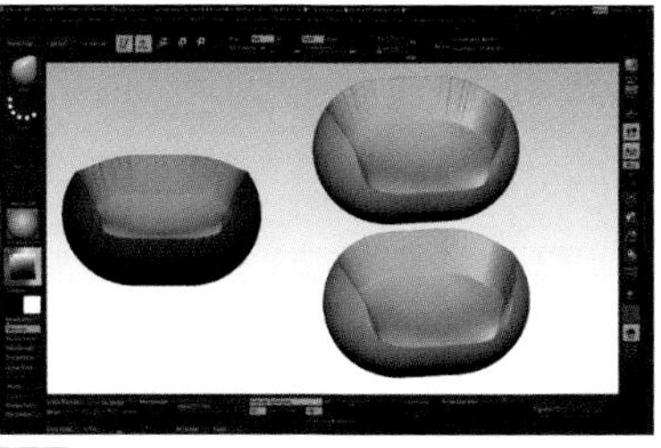

23 以 Transpose 的 Move 將座位向內壓入。

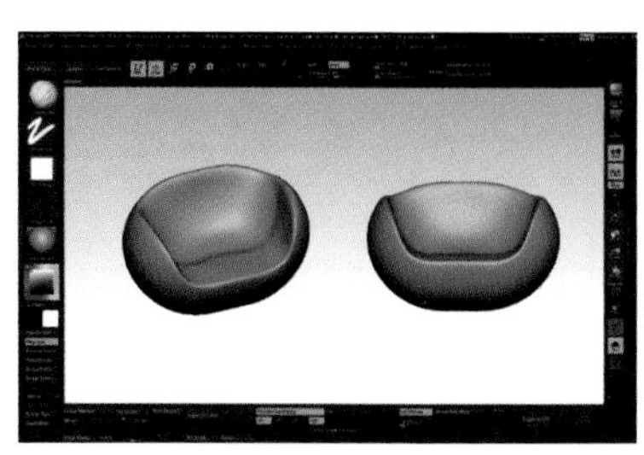

24 執行 DynaMesh，以 ClayBuildup 進行調整。

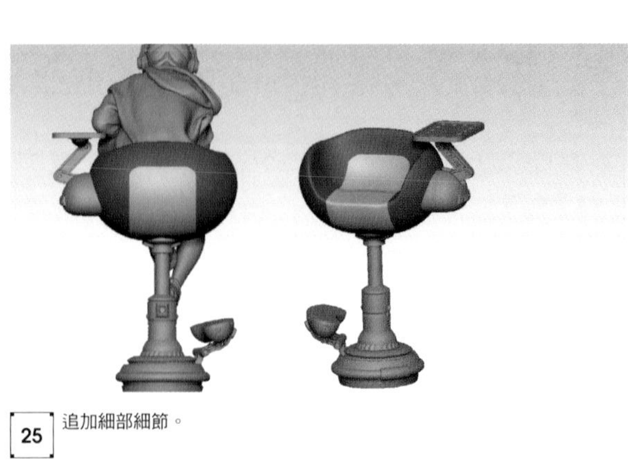

25 追加細部細節。

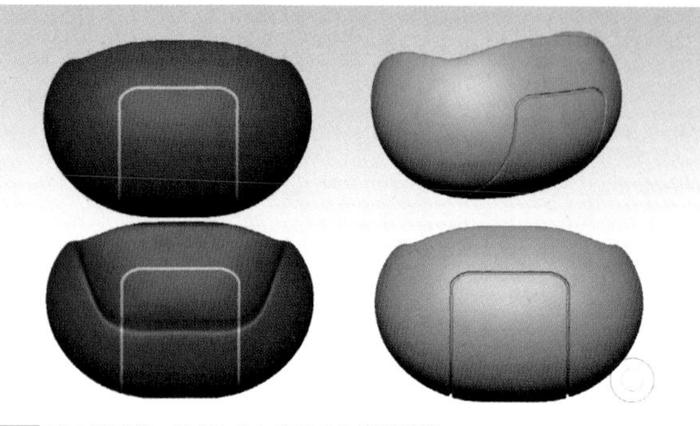

26 建立遮罩後，執行 Inflate 產生向內凹的造型。

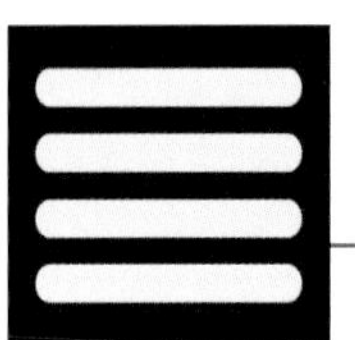

27 使用自行製作的 Alpha 來追加細部細節。

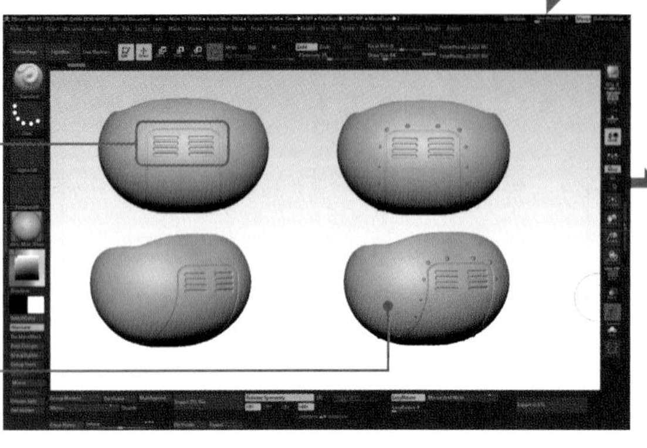

28 以 Insert Primitives H 筆刷，一次追加一個半圓形。

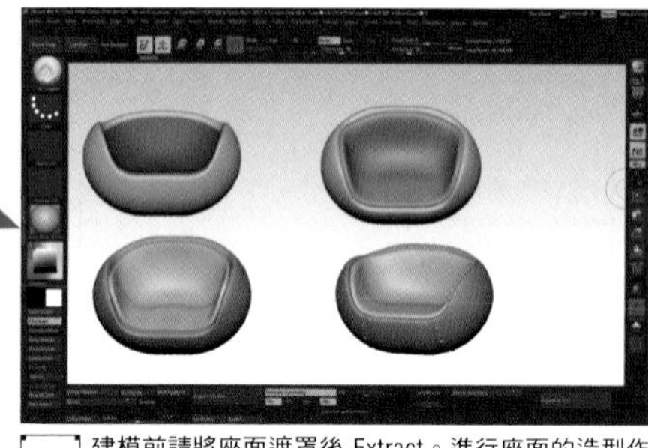

29 建模前請將座面遮罩後 Extract。進行座面的造型作業。

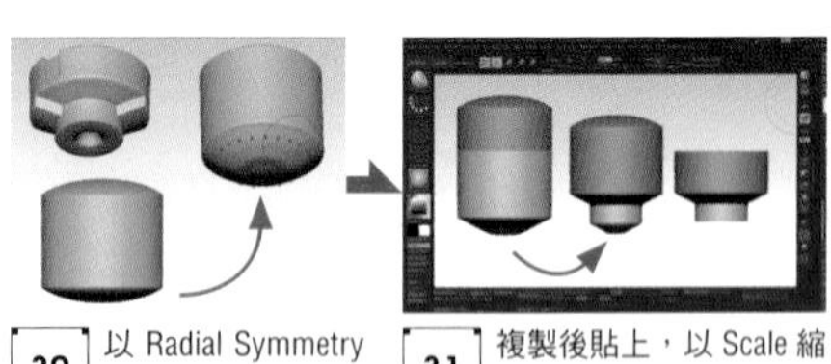

30 以 Radial Symmetry 進行倒角修飾。

31 複製後貼上，以 Scale 縮小尺寸。

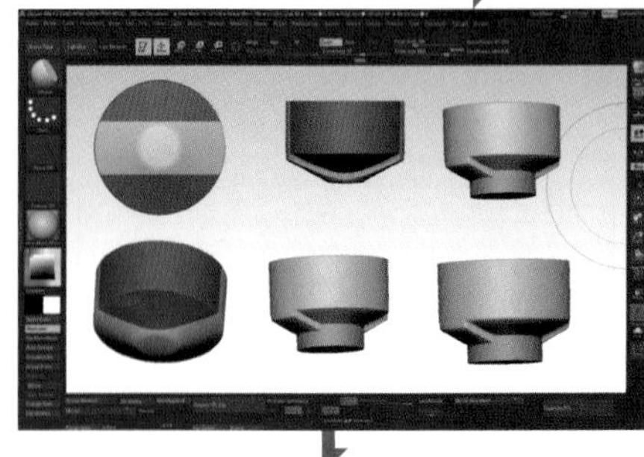

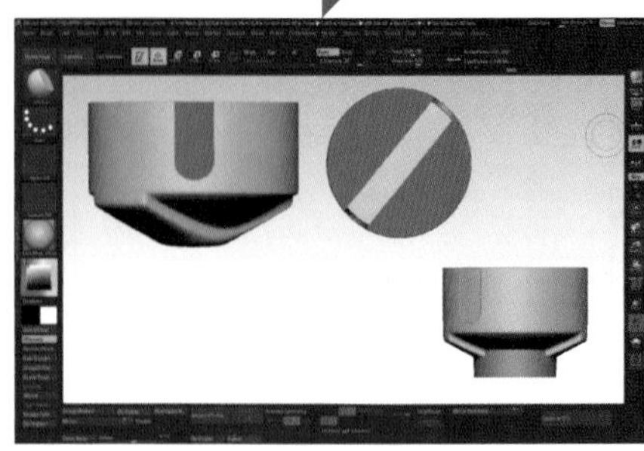

32 建立遮罩後，以 Transpose 的 Move 變形。

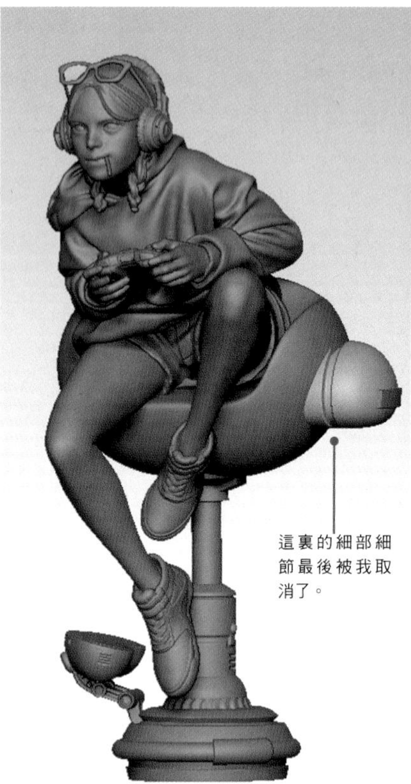

這裏的細部細節最後被我取消了。

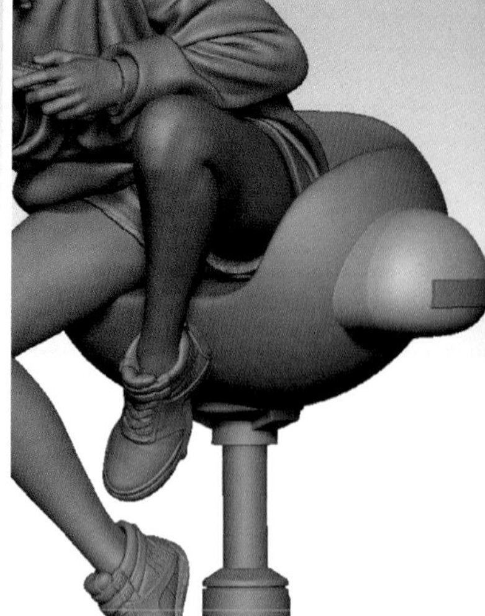

33 將球體以 Move 筆刷變形來製作基底。

20 以 Geomagic 公司的 Sculpt 做最後修飾

ZBrush 是以多邊形 Polygon 製作形狀，但這套 Sculpt 軟體以及 3D·cort 軟體則是以稱為 Voxel（立體像素）的顆粒集合體來製作形狀（相當於 Pixel 的 3 次元版）。因此， 多邊形 Polygon 若有多邊形或破面，執行立體像素通過時，會變成透明。再加上作品的外觀也會有所改變，因此建議以 ZBrush 製作的作品，最終還是要藉由立體像素的軟體來做最後修飾。

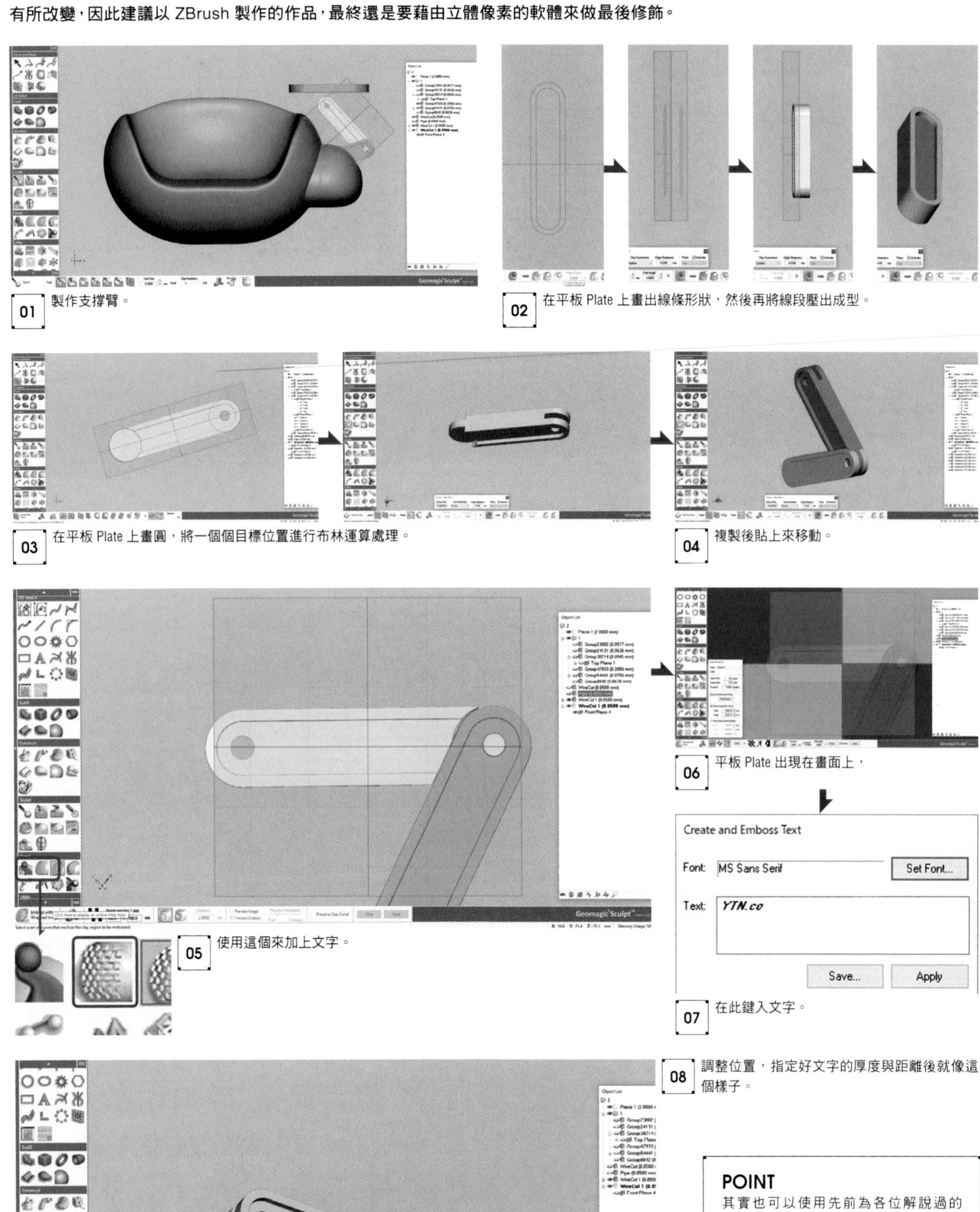

01 製作支撐臂。

02 在平板 Plate 上畫出線條形狀，然後再將線段壓出成型。

03 在平板 Plate 上畫圓，將一個個目標位置進行布林運算處理。

04 複製後貼上來移動。

05 使用這個來加上文字。

06 平板 Plate 出現在畫面上，

07 在此鍵入文字。

08 調整位置，指定好文字的厚度與距離後就像這個樣子。

POINT

其實也可以使用先前為各位解說過的 ZBrush 功能，來達到與 Sculpt 相同的效果。加上文字的部分也只要將最後的文字影像製作出來，當成 Alpha 加入就可以。不好意思是我太偷懶了。

21 製作電視櫃座

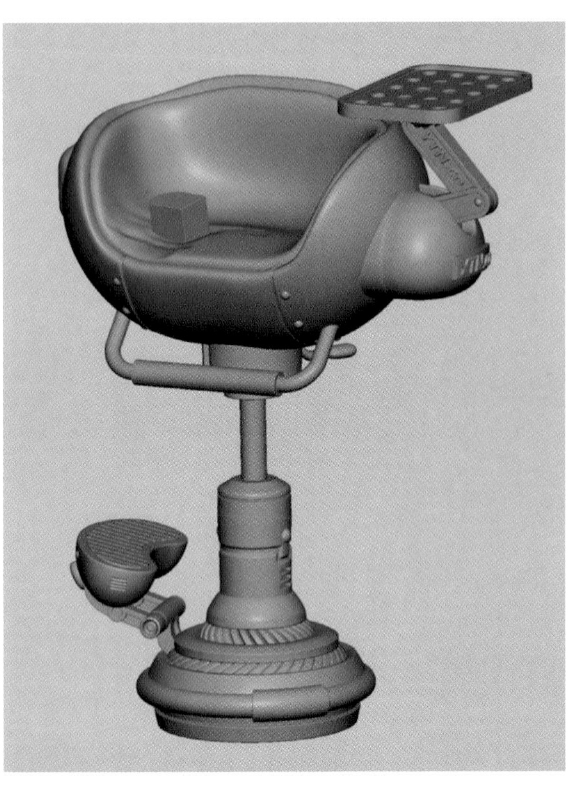

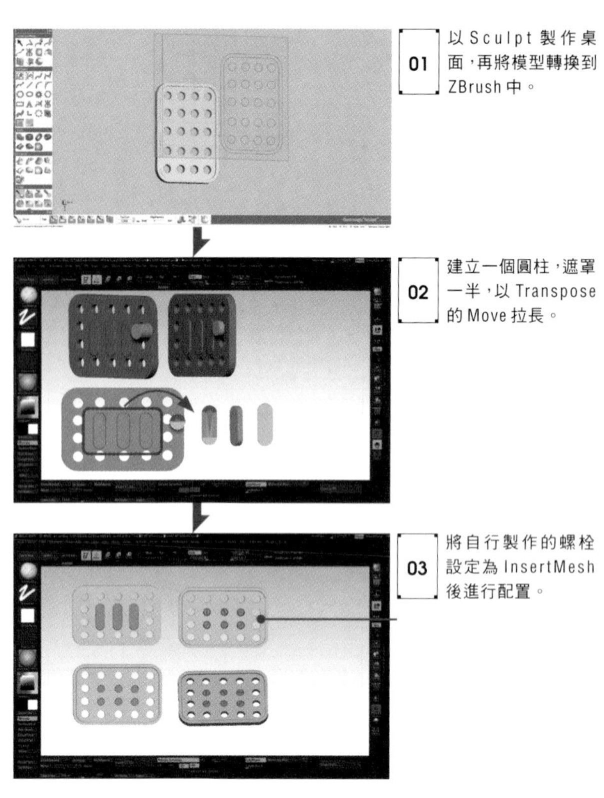

01 以Sculpt製作桌面，再將模型轉換到ZBrush中。

02 建立一個圓柱，遮罩一半，以Transpose的Move拉長。

03 將自行製作的螺栓設定為InsertMesh後進行配置。

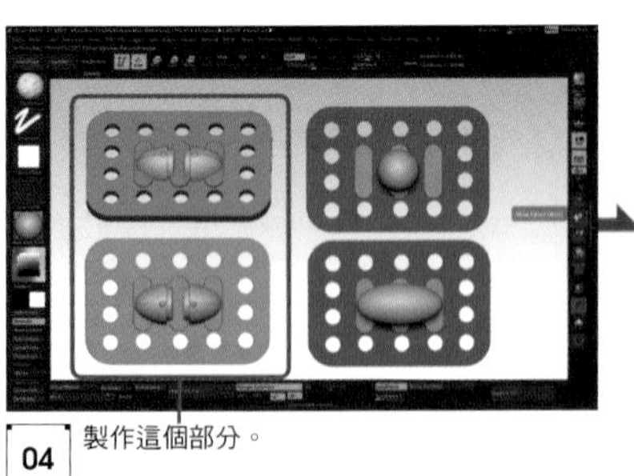

04 製作這個部分。

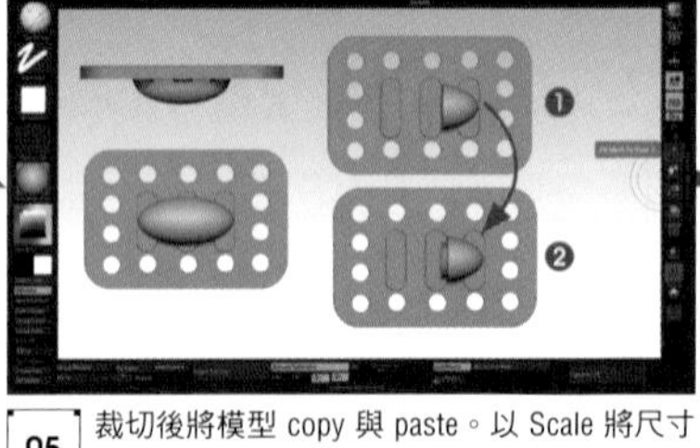

05 裁切後將模型 copy 與 paste。以 Scale 將尺寸縮小後進行配置。

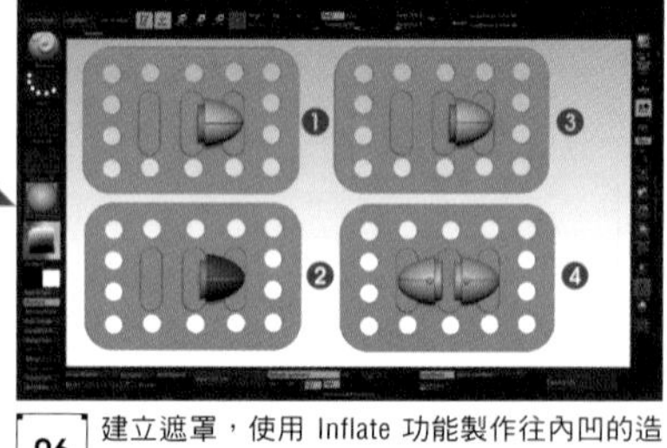

06 建立遮罩，使用 Inflate 功能製作往內凹的造型。以自行製作的螺絲筆刷來追加細部細節。

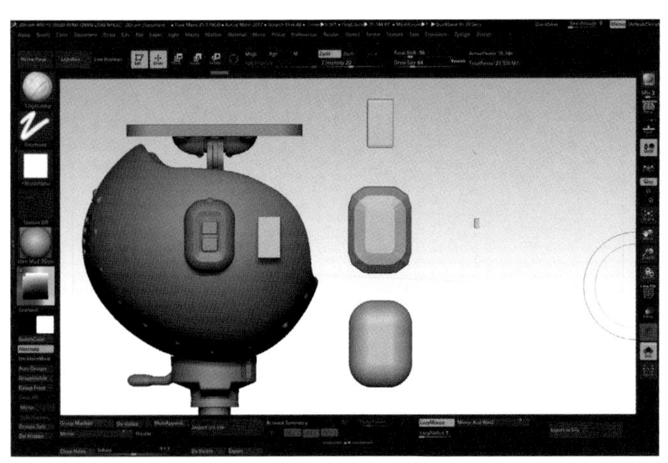

07 將方塊模型 Append 進來。再以 Inflate 使其膨脹隆起，然後以 Divide 使其外表光滑。

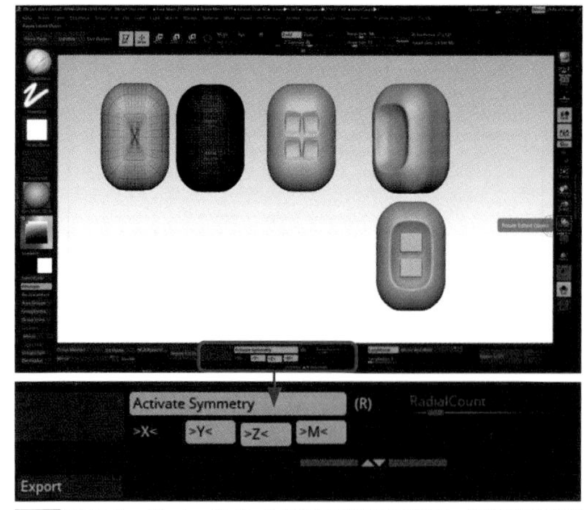

08 執行 DynaMesh，將 Y、Z 的對稱效果設定打開，調整出凹陷處（因為面對畫面的右側是正面）。保持對稱效果生效的狀態，增加方塊模型。

22 製作電視

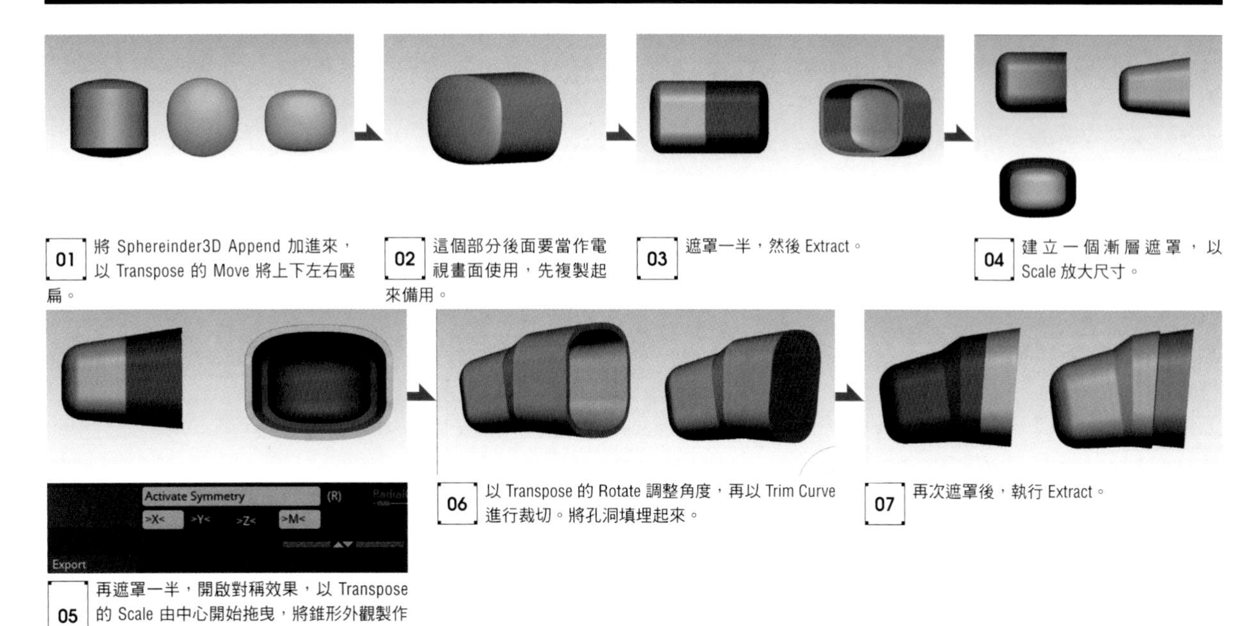

01 將 Sphereinder3D Append 加進來，以 Transpose 的 Move 將上下左右壓扁。

02 這個部分後面要當作電視畫面使用，先複製起來備用。

03 遮罩一半，然後 Extract。

04 建立一個漸層遮罩，以 Scale 放大尺寸。

05 再遮罩一半，開啟對稱效果，以 Transpose 的 Scale 由中心開始拖曳，將錐形外觀製作出來。

06 以 Transpose 的 Rotate 調整角度，再以 Trim Curve 進行裁切。將孔洞填埋起來。

07 再次遮罩後，執行 Extract。

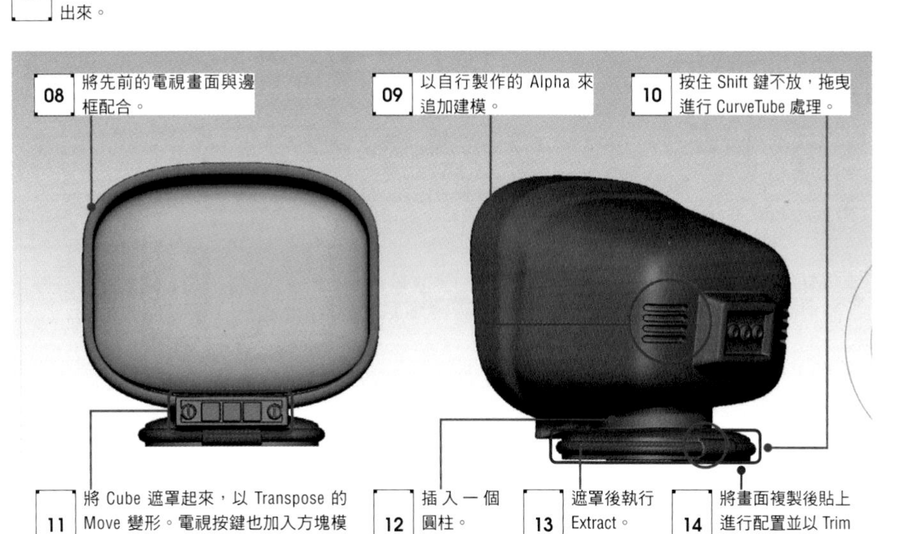

08 將先前的電視畫面與邊框配合。

09 以自行製作的 Alpha 來追加建模。

10 按住 Shift 鍵不放，拖曳進行 CurveTube 處理。

11 將 Cube 遮罩起來，以 Transpose 的 Move 變形。電視按鍵也加入方塊模型並排配置。

12 插入一個圓柱。

13 遮罩後執行 Extract。

14 將畫面複製後貼上進行配置並以 Trim Curve 裁切。

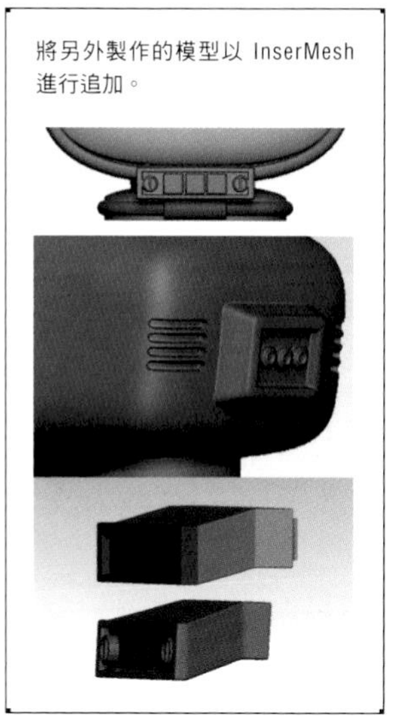

將另外製作的模型以 InserMesh 進行追加。

POINT
果汁杯運用了 Radial Symmetry 的所有功能。

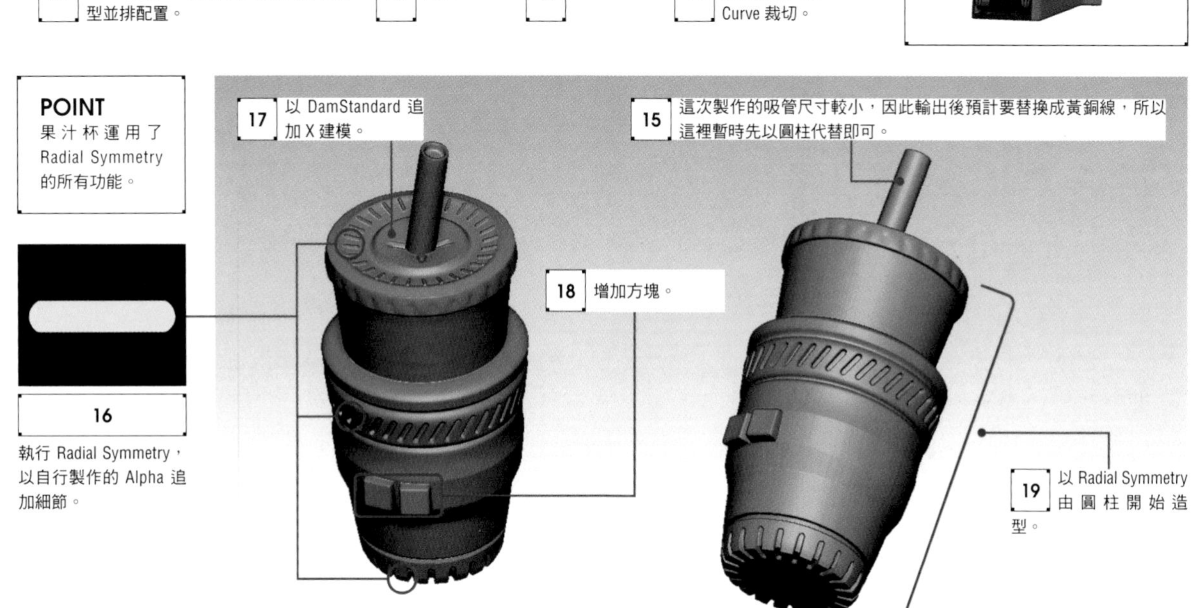

16 執行 Radial Symmetry，以自行製作的 Alpha 追加細節。

17 以 DamStandard 追加 X 建模。

15 這次製作的吸管尺寸較小，因此輸出後預計要替換成黃銅線，所以這裡暫時先以圓柱代替即可。

18 增加方塊。

19 以 Radial Symmetry 由圓柱開始造型。

23 修飾完成～分割

SK_Cloth　sm_crease

01 以 SK_Cloth 建立頭髮，再透過以 sm_crease 修飾出凹槽溝痕的方式進行造型。

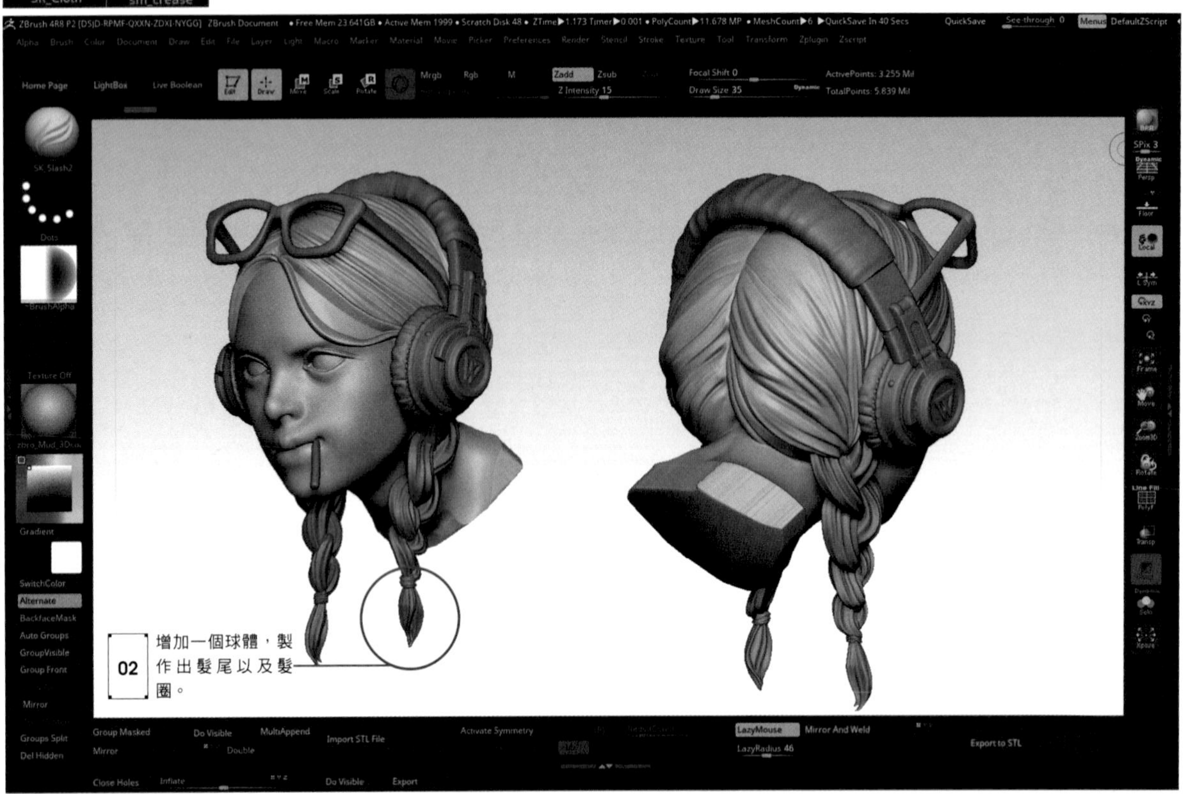

02 增加一個球體，製作出髮尾以及髮圈。

03 接下來要調整身體部分。

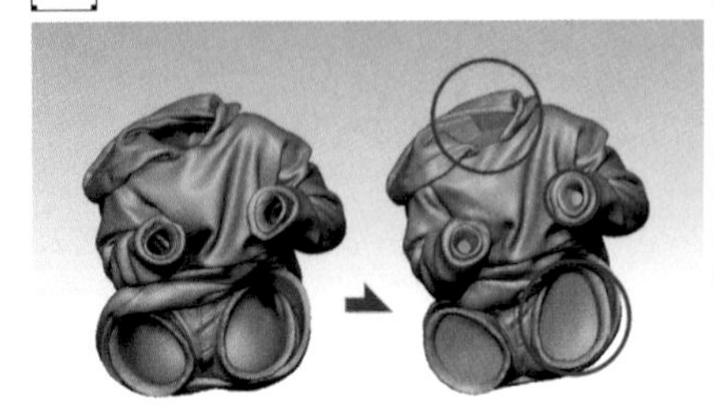

04

身體與短褲是以 Extract 製作，因此呈現空洞狀態。將球體插入各自的孔洞中，再以 Move 調整後合併在一起，填補孔洞。

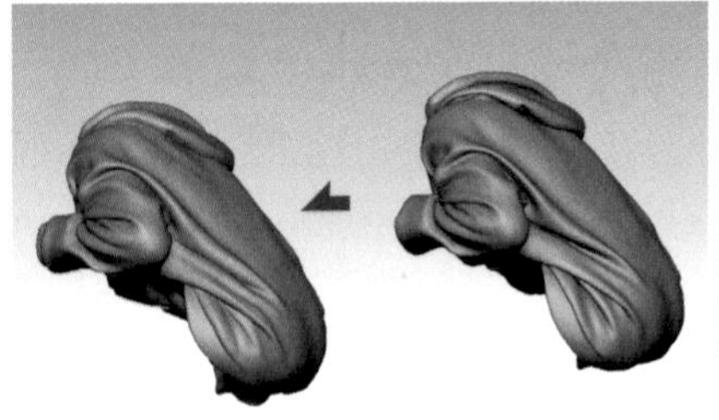

05

一邊調整皺褶以及外形線條，一邊用 BackfaceMask 設定打開的 Move 筆刷，將有可能會卡住矽膠的較深皺褶填補起來。

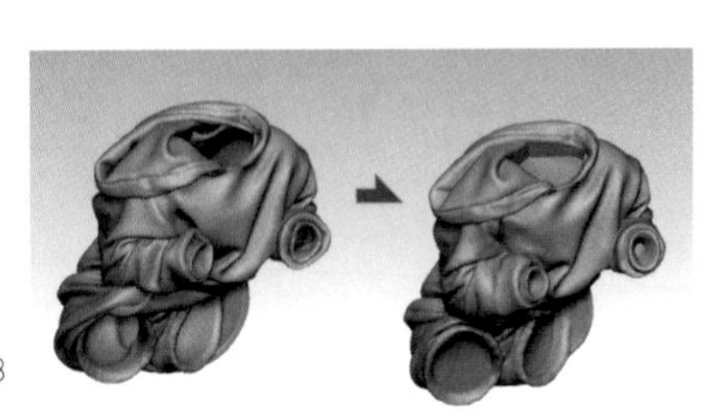

06 最後調整一下造型的細節以及位置就算完成了。這裡要先將所有的零件載入 Sculpt，轉換成立體像素，讓眼睛看不見的錯誤處凸顯出來並加以修復。當模型修復完成後，接著就是要進行分割的作業。ZBrush 的 LiveBoolian 使用起來很方便，因此便以此功能為主來進行分割。

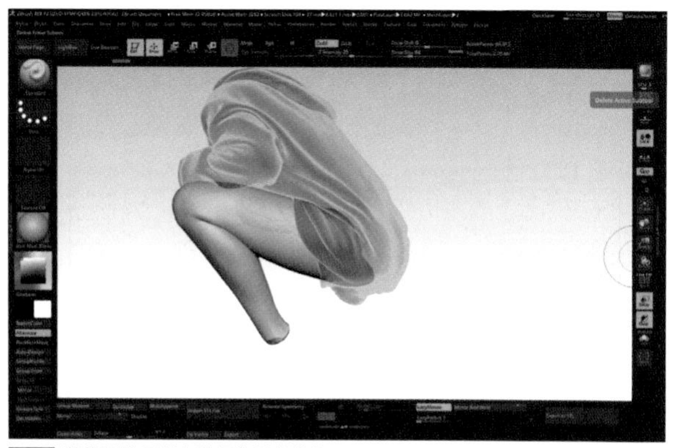

07 將像這樣埋進身體裡的腳部物件，

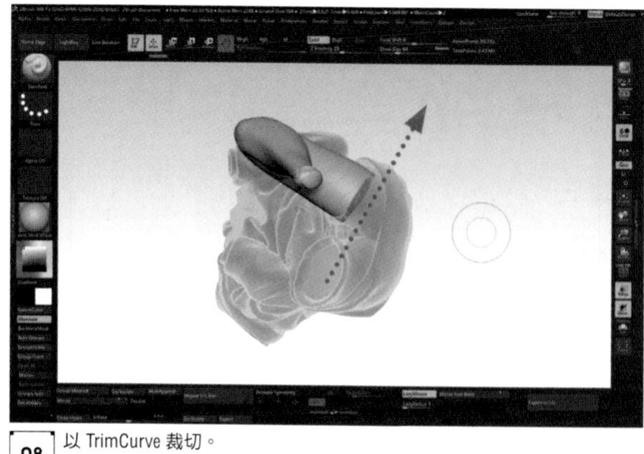

08 以 TrimCurve 裁切。

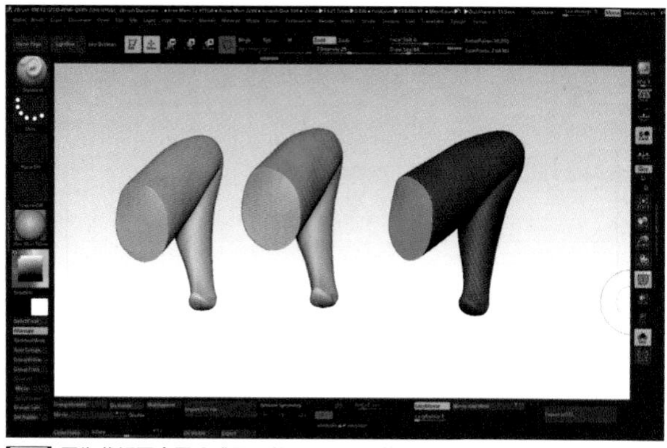

09 因為裁切面會區分成不同的 PolyGroup 的關係，因此要執行以下步驟：只顯示裁切面→建立遮罩→全部顯示→反轉遮罩。

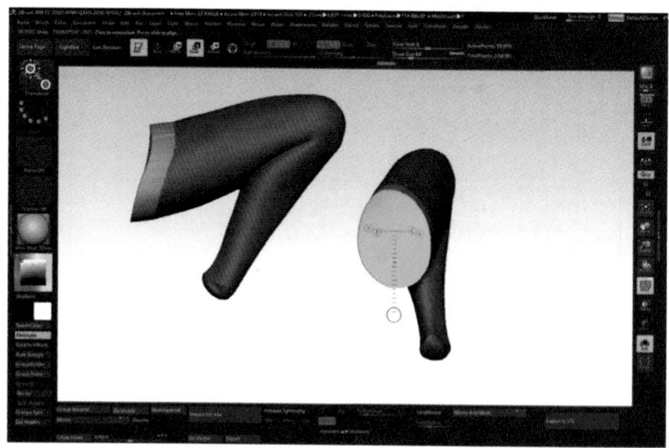

10 以 Transpose 的 Move 將裁切面伸長，再以同樣是 Transpose 的 Scale 由中心附近向內縮，製作出錐體形狀。

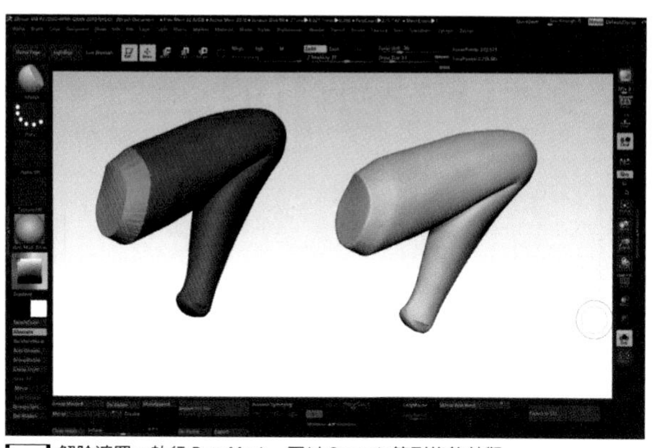

11 解除遮罩，執行 DynaMesh，再以 Smooth 筆刷修飾外觀。

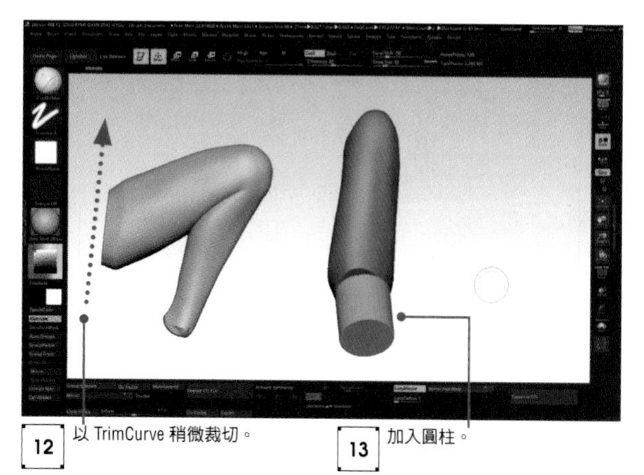

12 以 TrimCurve 稍微裁切。

13 加入圓柱。

14 製作接合榫頭。調整角度。

15 以 TrimCurve 裁切。

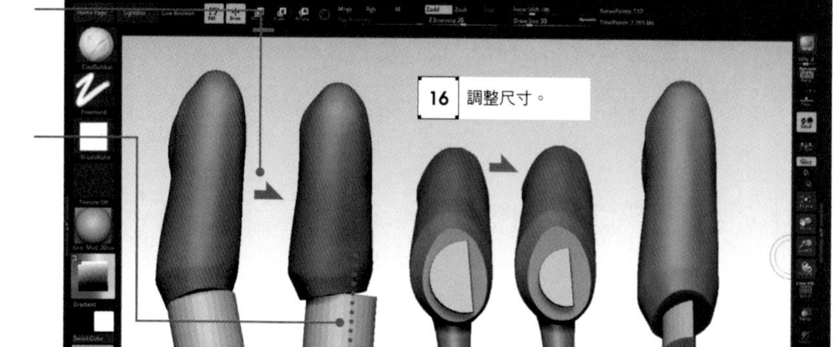

16 調整尺寸。

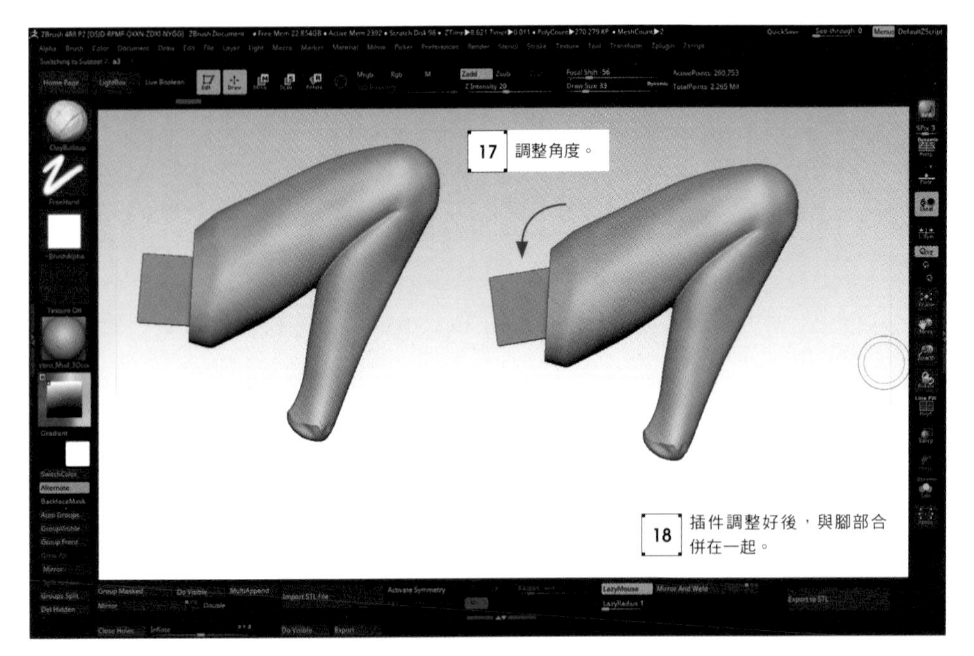

17 調整角度。

18 插件調整好後，與腳部合併在一起。

19 將 Subtool（模型圖層）設定為顯示，把腳部移至身體下方。

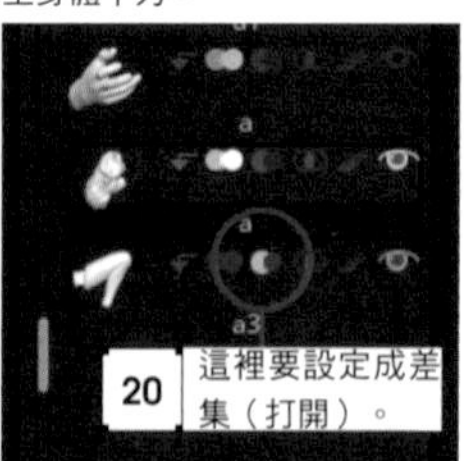

20 這裡要設定成差集（打開）。

21 由身體朝向腳部進行布林運算。布林運算的順序請參考製作耳機的頁面（第 92～94 頁）。

22 以這樣的步驟繼續進行分割作業。

23 分割作業持續進行後，就會變成這個樣子。接下來要以 Form2 輸出。

3D 列印〈Form2〉輸出～修飾完成

Form2 是一種使用雷射光將光固化樹脂進行光固化處理的（SLA）3D 列印機。3D 列印機日新月異的快速進步實在讓人瞠目結舌。

當我還在造型公司任職時，雖然已經身處於可以每天使用最先進的 3D 列印機與 3D 掃瞄機的環境中，但在 2014 年剛進公司的時候，完全無法想像一介自由契約的數位原型師，居然會有一天可以個人擁有一台能夠重現 1/10 人偶模型細部細節的 3D 列印機。就在短短 3～4 年之間，Form2 等級的 3D 列印機已經降到個人也能夠購買得起的價位，而且整個市場還在不斷地進步當中。Form2 在日本因為樹脂的種類眾多、價格親民、日本國內的代理商多（樹脂與附屬品的交貨期間短，而且可以用日語進行維修保養服務）、造型精度高等等理由，目前暫時領先其他低價位區間的 3D 列印機的市場一步。對於每天都進步神速的 3D 列印機的未來發展，我感到欣然期待。

01 輸出～打磨

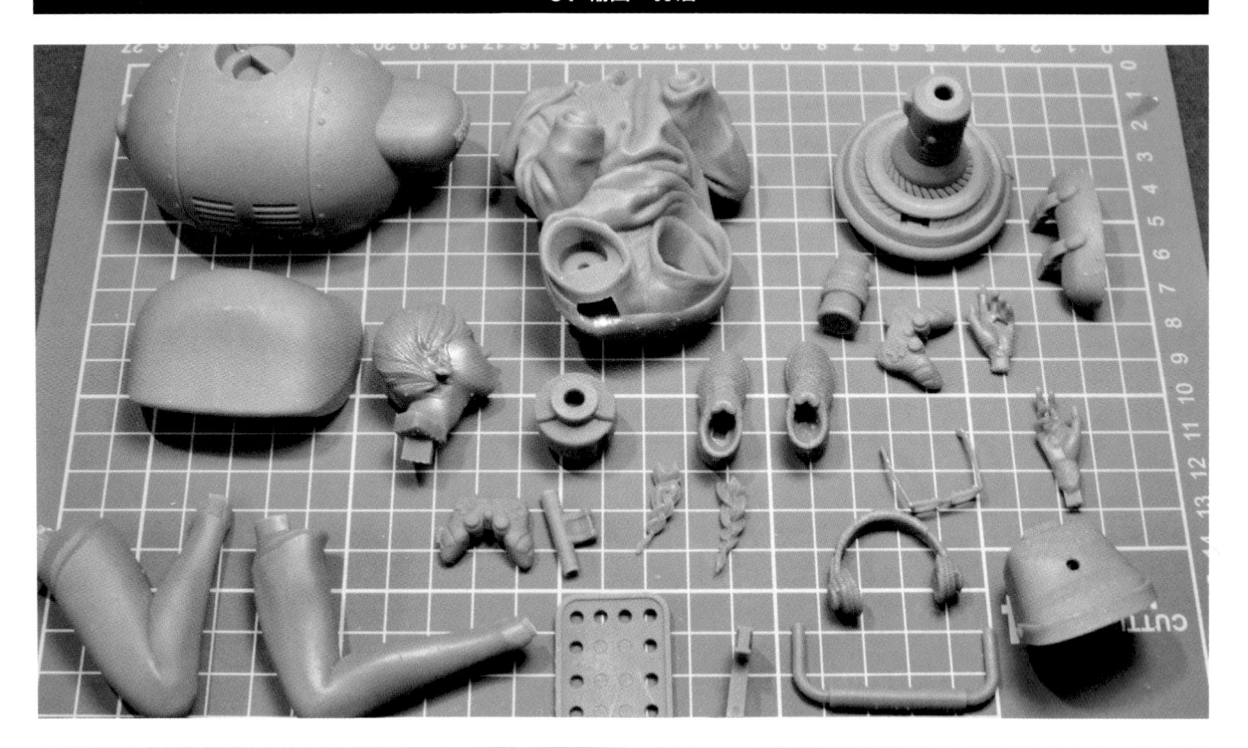

MATERIAL

我用來打磨原型的砂紙主要是以下這幾種而已。3M 的泡綿砂紙（SUPERFINE 與 ULTRAFINE），還有 TAMIYA Finishing Paper（240 番、320 番、400 番）、GodHand 的海綿打磨布（240 番、400 番）。

01 輸出後的狀態像是這個樣子。因為輸出的過程中需要支架，所以先要用超音波切割刀或鉗子將支架自模型切除。

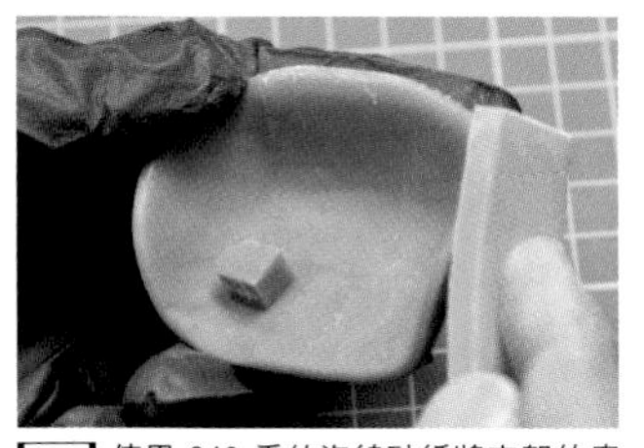

02 使用 240 番的泡綿砂紙將支架的痕跡大致磨除。

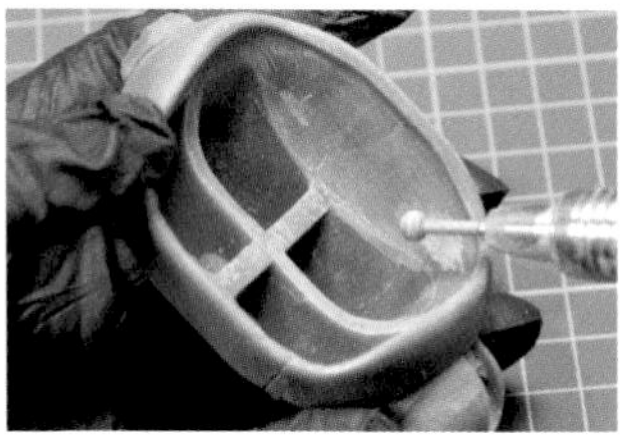

03 手工不容易處理的位置，可以使用電動刻磨機或是其他電動工具先大範圍打磨後，再用砂紙修飾。

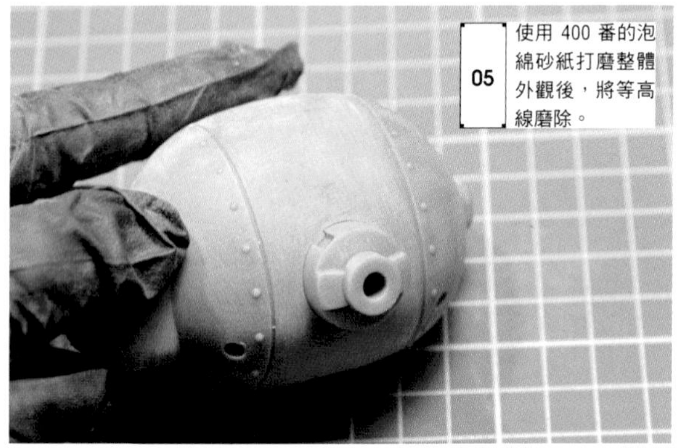

05 使用 400 番的泡綿砂紙打磨整體外觀後，將等高線磨除。

04 不論是否為光固化 SLA 方式，只要是 3D 列印機，多少在輸出的縱軸（Z 軸）方向會出現層積紋。因此需要先將磨除的作業。

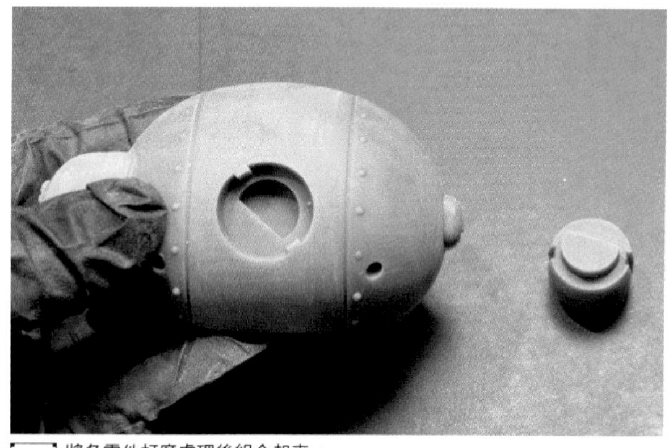

06 將各零件打磨處理後組合起來。

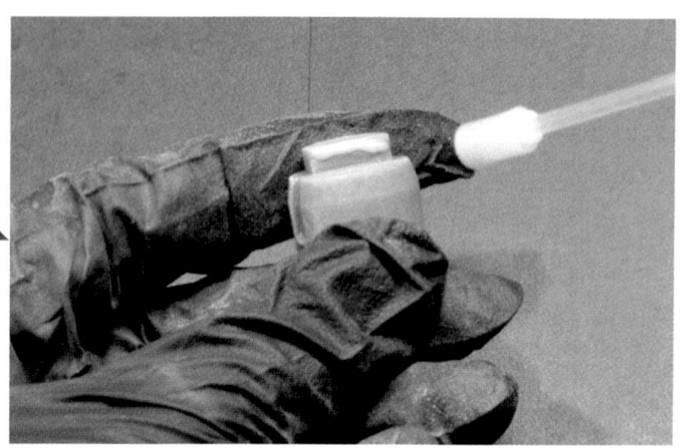

07 輸出物有時候會發生部分凹陷的狀況，造成組合起來太寬鬆。將接合榫頭以 CYANON 瞬間接著劑增加厚度後，再以瞬間接著劑使其固化。

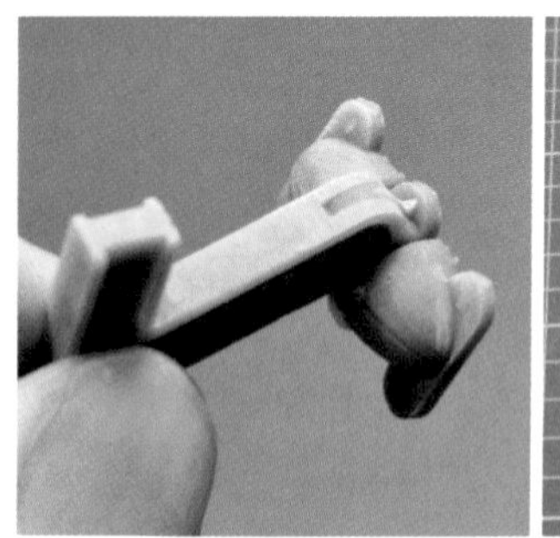

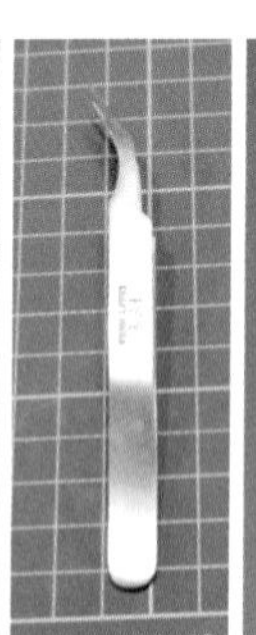

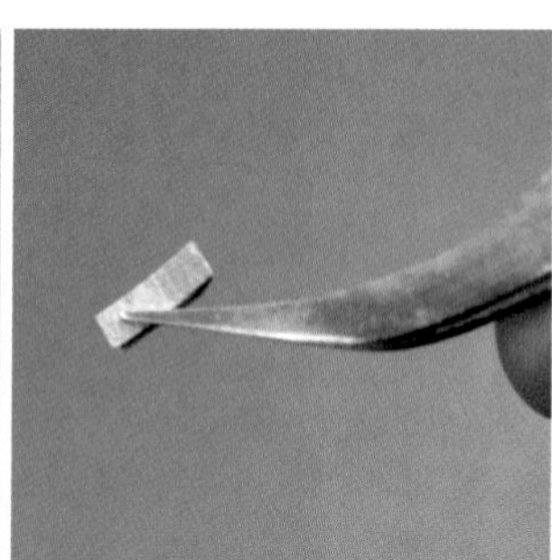

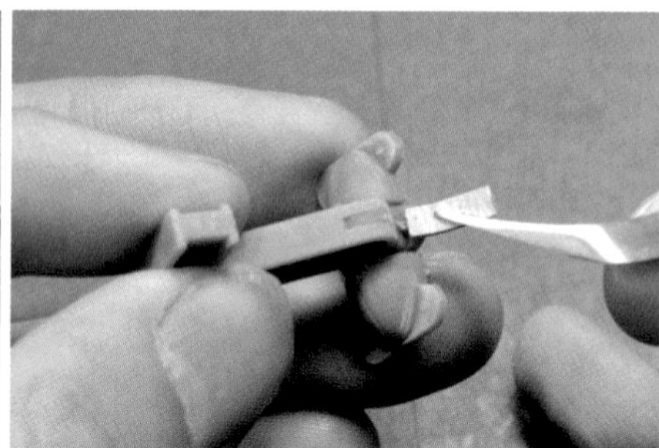

08 細微的組合零件要用鑷子將裁切成小片的砂紙挾住後慢慢打磨。這個作業使用的是 320～400 番的砂紙。

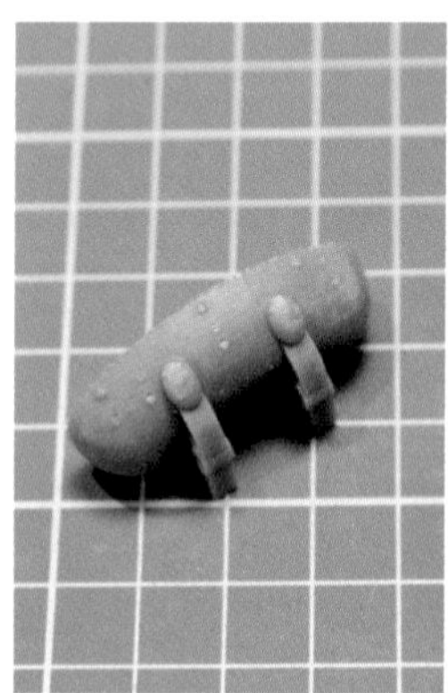

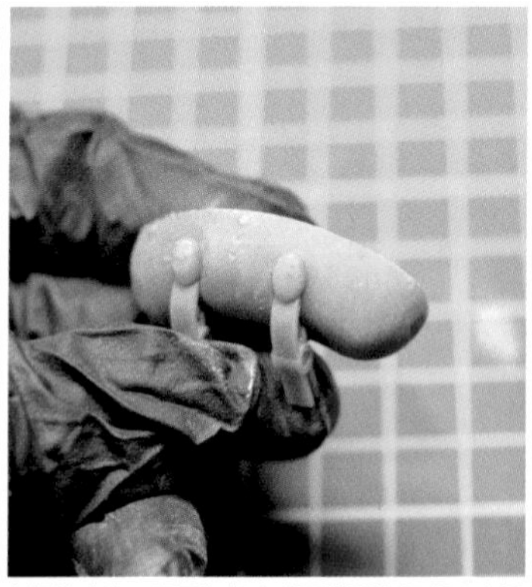

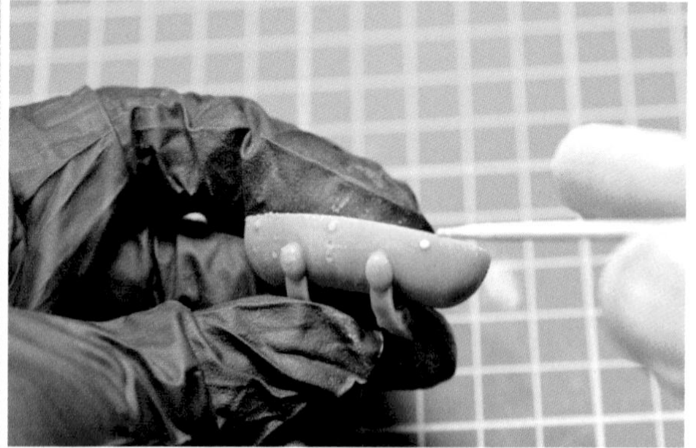

09 這個零件的鉚釘模型附近有支架的痕跡。但因為打磨時要避開鉚釘部分太過麻煩，所以就直接連同鉚釘一起打磨，最後再點上 CYANON 瞬間接著劑，固化後修復鉚釘。

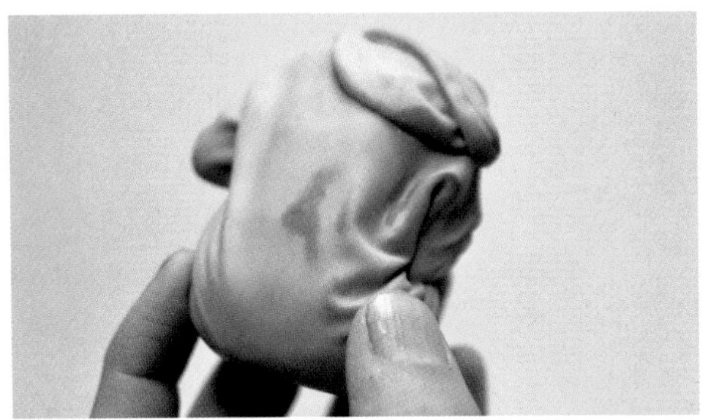

10 基本上就是打磨後噴上底漆補土，如果還看得到層積紋的話，就再進行打磨，重覆這樣的步驟。

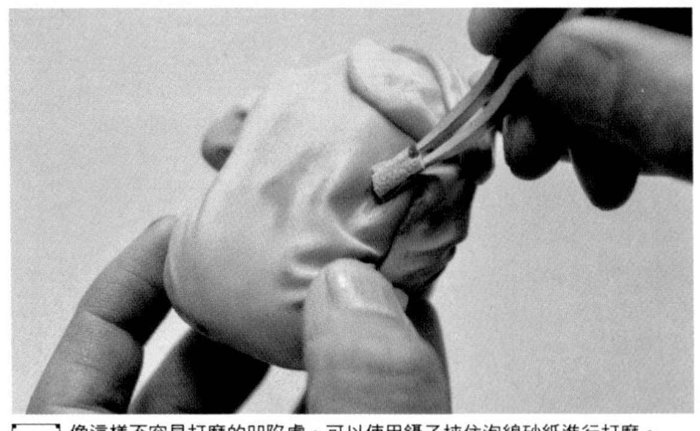

11 像這樣不容易打磨的凹陷處，可以使用鑷子挾住泡綿砂紙進行打磨。

12 將 Mr.SURFACER 的 1000 號以稀釋液稀釋成 2 倍，再用噴槍噴塗底漆補土。

13 打磨到某種程度後，要用毛筆塗上 Finisher's 公司的底漆補土，乾燥後請再進行打磨。Finisher's 公司的補土漆顆粒細緻，即使是像這種小尺寸模型的造型也不會被破壞，因此我經常使用。

層積紋

塗上補土

打磨

14 基本上算是準確組合起來了。不過有時候零件的凹陷狀態過大，零件之間的間隙就會比較顯眼。這次是因為資料上的錯誤，造成間隙過大的狀態。此時就要用保麗補土來堆塑將間隙填補起來。

POINT

像這樣在整體外觀薄薄地塗上一層補土，就可以輕易的將外觀打磨得很漂亮。

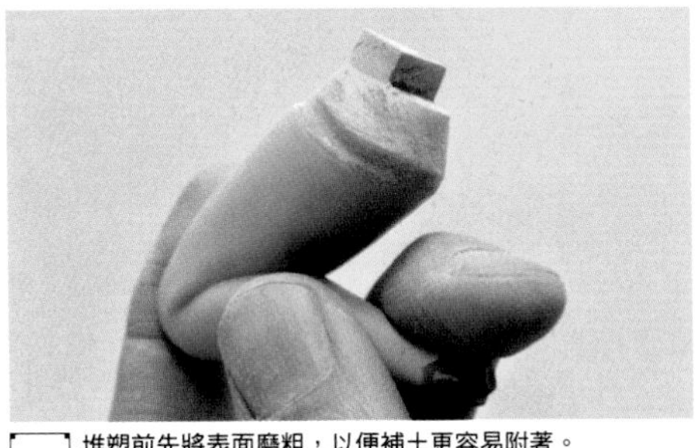

15 堆塑前先將表面磨粗，以便補土更容易附著。

16 在接受組裝側塗上凡士林當作離型劑。

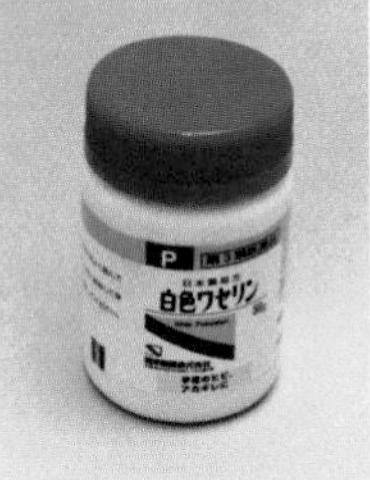

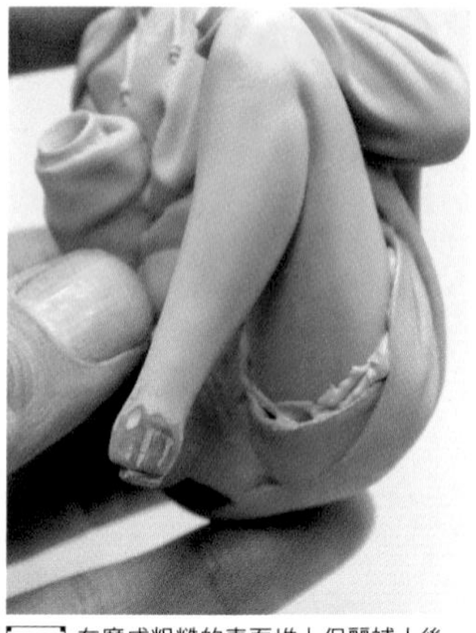

17 在磨成粗糙的表面堆上保麗補土後，壓入凹槽組合，等待固化。

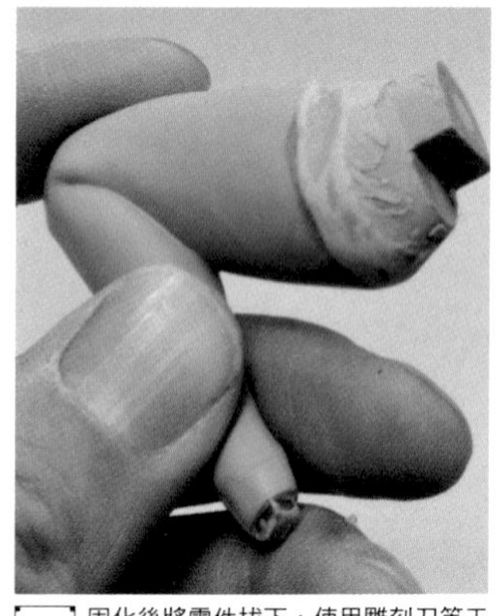

18 固化後將零件拔下，使用雕刻刀等工具整理形狀後，再次進行打磨。如此就能製作出沒有間隙的密合物件。

19 整件作品都打磨完成的狀態。這次的棒棒糖和吸管都是非常細小的零件，因此只列印出位置參考形狀，再以精密手鑽加工鑽孔，以 1mm 及 1.5mm 的黃銅線分別當作零件使用。

POINT

雖然同樣要進行拆除支架的作業，但如果是較大的零件，大多會使用電動刻磨機進行作業。

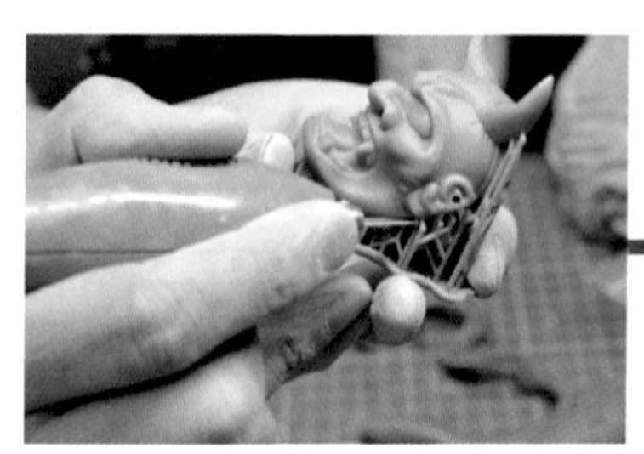

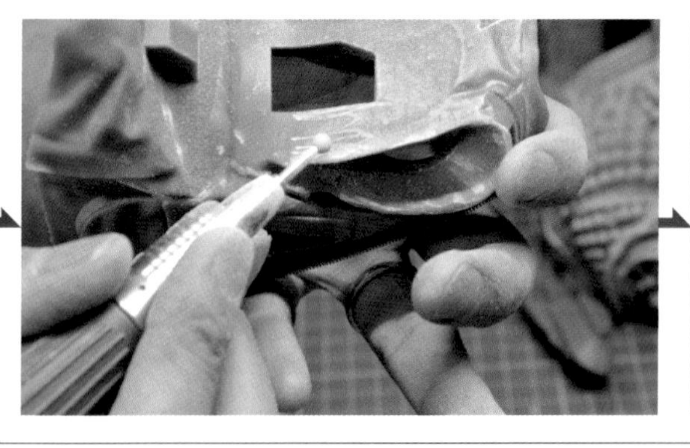

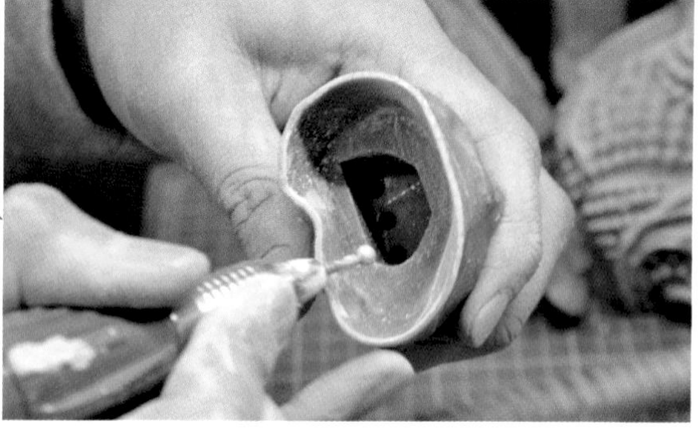

02 翻模～製作成模具

使用透明的矽膠對零件進行翻模，轉換成模具。

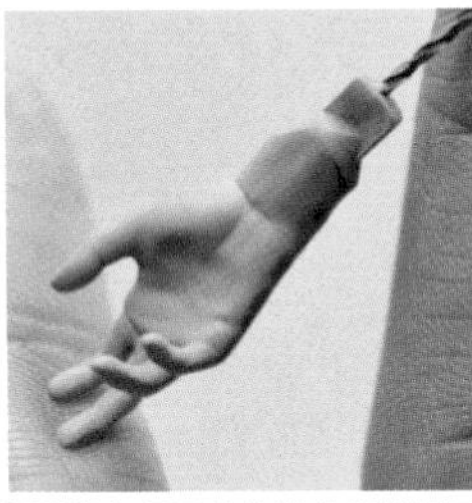

01 每個零件的模具澆注湯口位置，都要以精密手鑽加工鑽孔後，插入一根黃銅線。

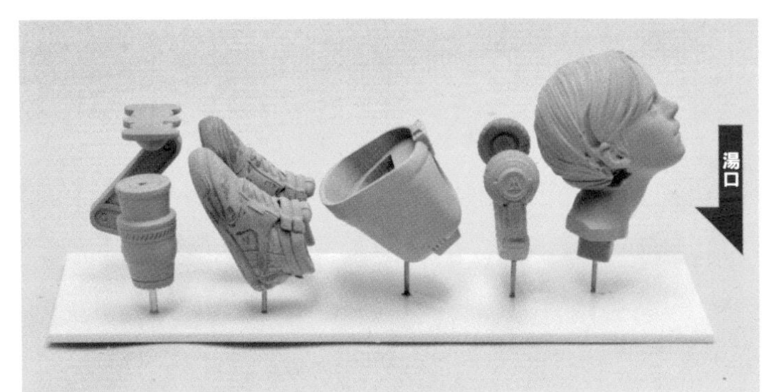

02 將塑膠板裁切成適當大小，插上黃銅線將零件立起來。湯口的位置要朝向下方，一邊想像模具澆注時不容易形成氣泡的角度，一邊調整零件直立的角度。

03 像這樣將所有的零件都墊高立起來。

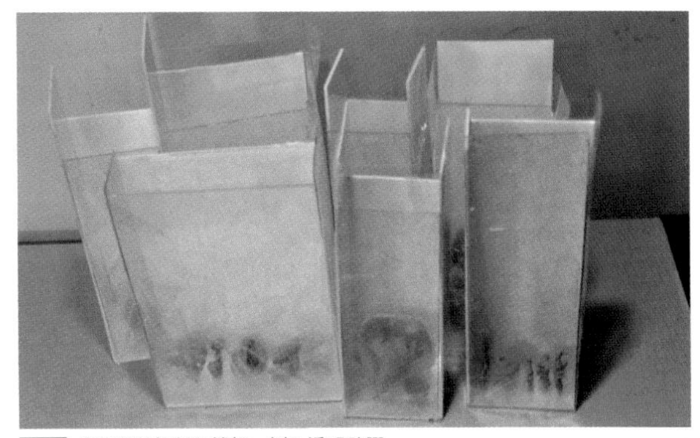

04 使用塑膠板製作擋板，倒入透明矽膠。

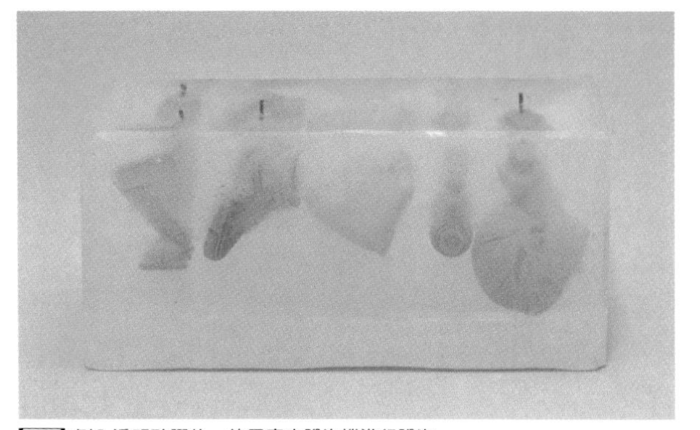

05 倒入透明矽膠後，使用真空脫泡機進行脫泡。

POINT 其中一面擋板使用透明塑膠板，以便從側面確認倒入的矽膠量。

06 使用矽膠專用的卡簧鉗來切開模具。

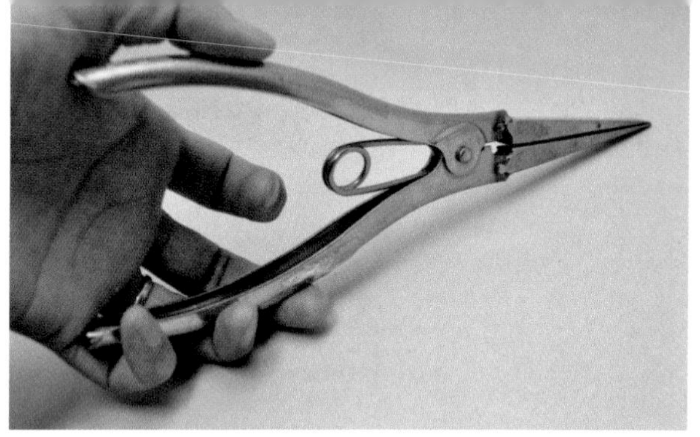

07 倒入矽膠後，接下來就要切開模具。

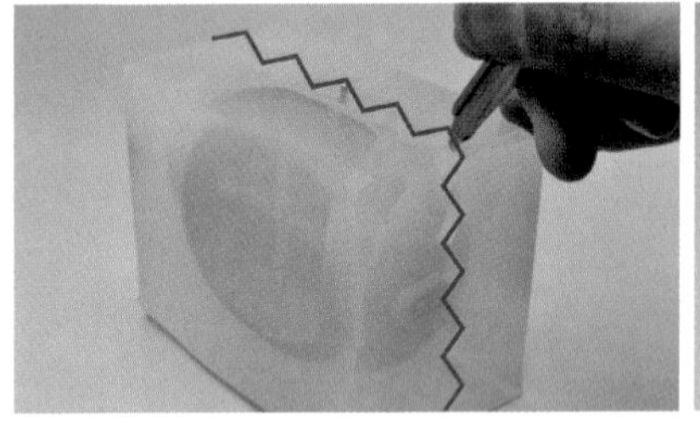

08 先用切割刀沿著外圍切出一道鋸齒狀的位置參考線。此時切割的深度還不要觸及裡面的原型，一邊調整，一邊切出割痕。

POINT
鋸齒狀的割痕可以幫助後續模具在組合的時候更能密合。

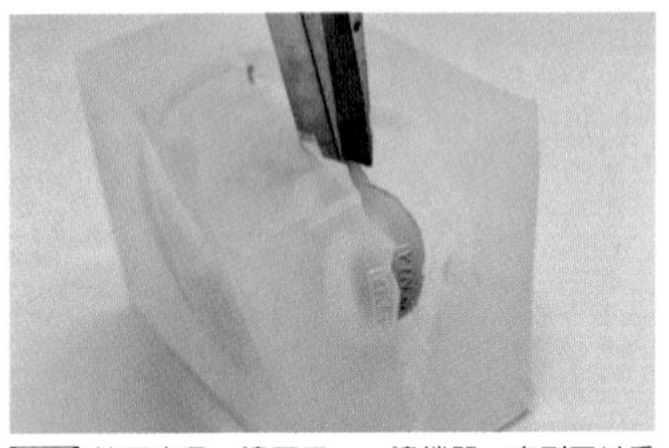

09 接下來是一邊下刀，一邊撐開，直到可以看到原型為止。

10 此時的切割位置就會直接成為分模線，因此要一邊考慮後續方便打磨加工，一邊將模具切開。

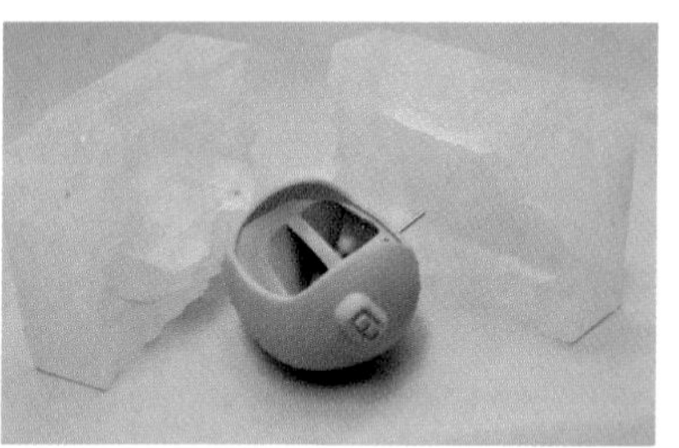

11 模具切開了。黃銅線的痕跡會直接當作湯口使用，不過如果零件尺寸較大的話，也可以用切割刀等工具將湯口擴大一些，澆注樹脂。

12 矽膠模分割完成後，使用膠帶繞著矽膠模製作出可以讓樹脂堆積的池子。然後倒入樹脂，以真空脫泡機注型後，等待樹脂固化。

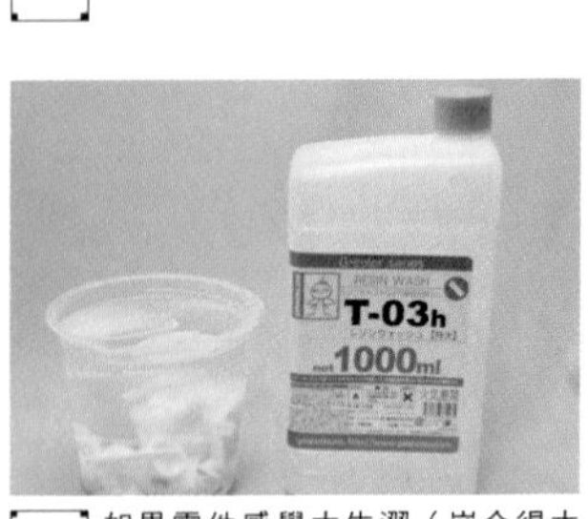

13 如果零件感覺太生澀（嵌合得太緊），或是發現有間隙時，可以將零件浸泡在離型劑清洗劑裡 1 個小時，將表面的油脂洗掉。浸泡完離型劑清洗劑後，再用牙刷沾中性洗劑與去污粉打磨表面，這樣完成度會更佳。

14 樹脂模鑄完成後，使用泡綿砂紙等工具將分模線消去，暫時組裝起來看看。

03 上色 - 椅子 -

01 使用 ZBrush 來簡單模擬上色後的狀態。

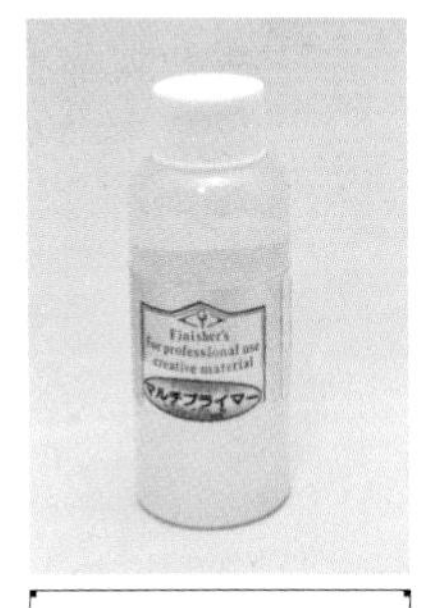

02

清洗完成並乾燥後的零件接著要噴塗底漆。將零件整體塗上底漆，可以讓後續容易上色。

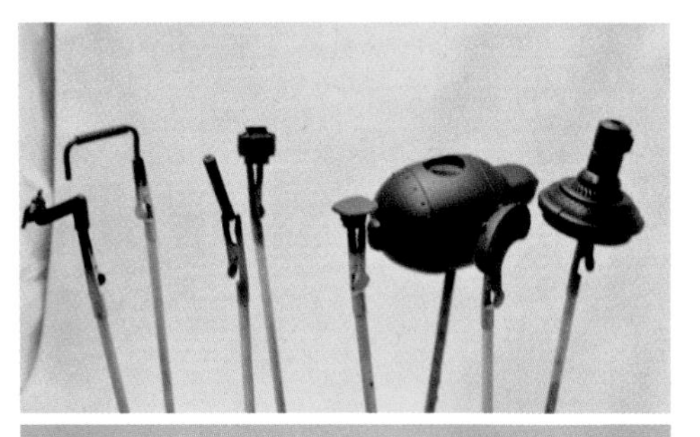

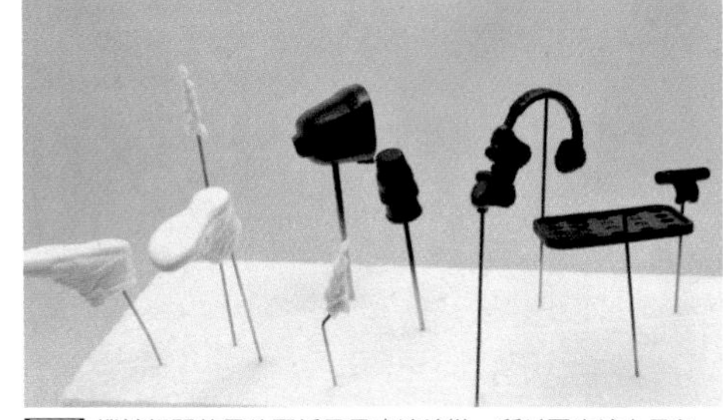

03 機械相關的零件要採用黑底法塗裝，所以要先塗上黑色。

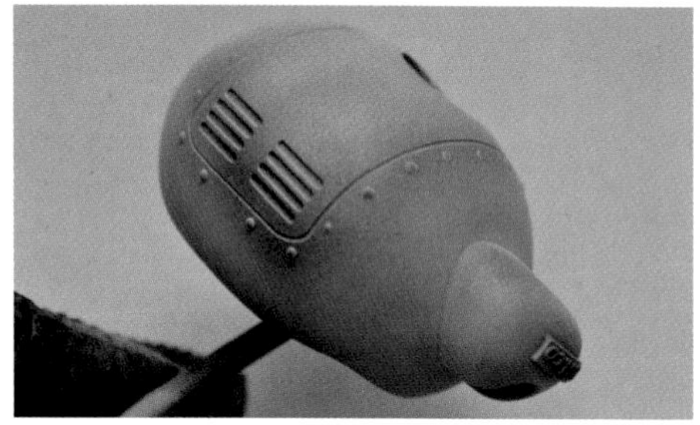

04 由一開始的黑色朝向零件邊緣噴塗出漸層效果。

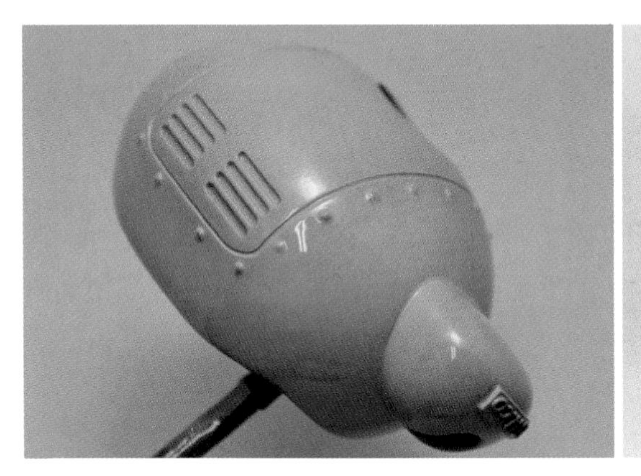

05 如果上色效果滿意的話，就使用透明保護漆（光澤）保護表面。

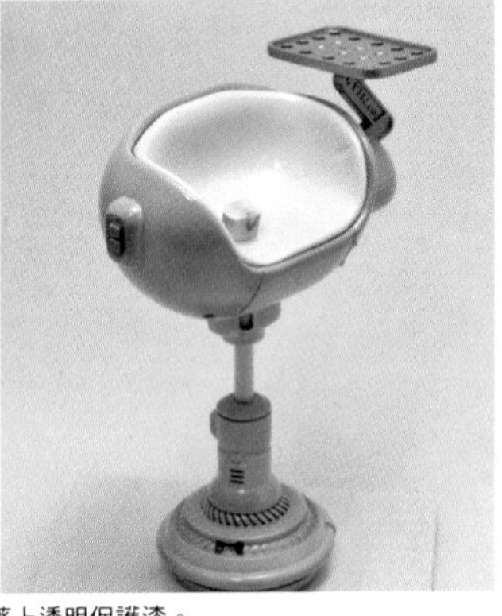

06 將零件整體依此步驟，上完色後就接著上透明保護漆。

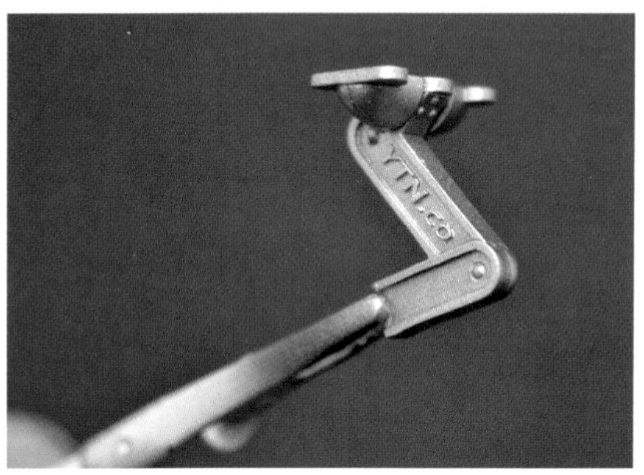

07 支撐臂以 gaia 蓋亞模型漆的「Star Bright Silver（星光銀）」噴塗。為了要呈現出金屬的粗糙表面質感，這裡不使用保護漆。

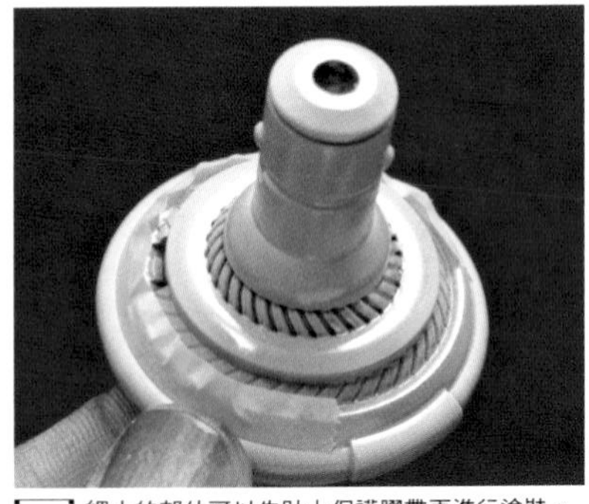

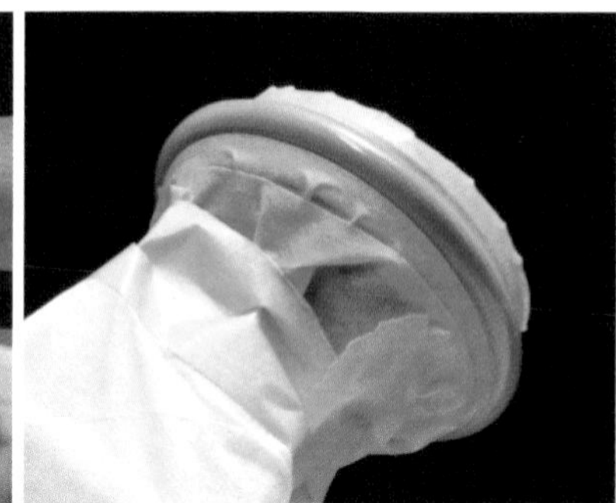

08 細小的部位可以先貼上保護膠帶再進行塗裝。

POINT

曲線的部位因為不容易貼保護膠帶的關係，這裡使用的是 TAMIYA 田宮的「曲線用保護（遮蓋）膠帶」。

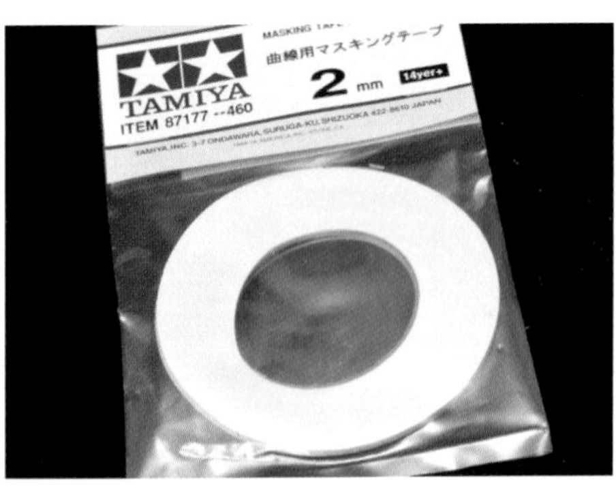

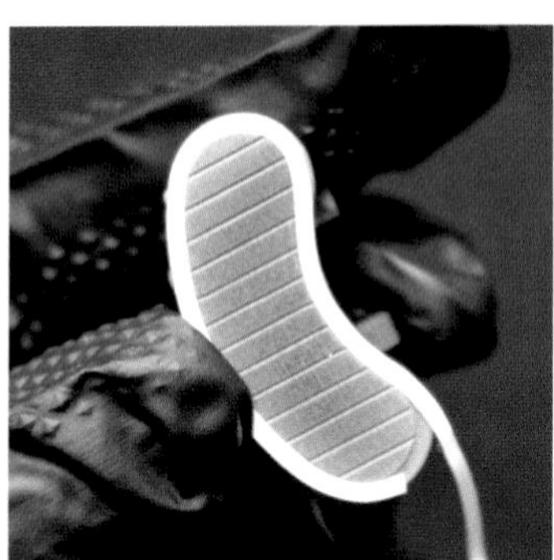

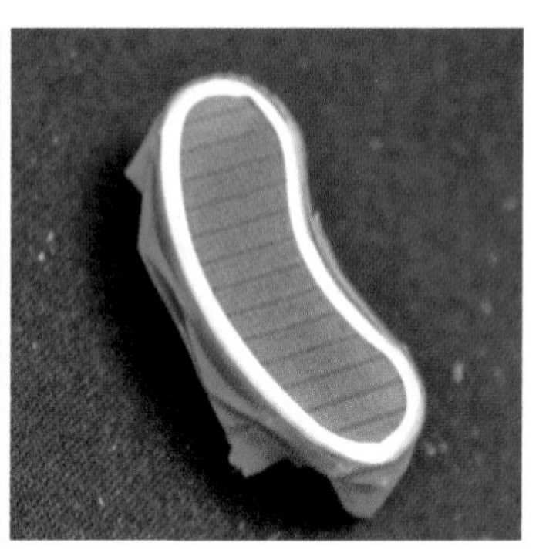

09 銀色、黑色這些遮蓋性較強，也不容易出現色差的顏色要用筆刷上色。這裡也是塗上蓋亞的星光銀色模型漆。

10 其他較細微的點綴色是使用西班牙 Vallejo 水性漆上色。重覆上色幾層就可以避免塗布不均的色差。

11 整體上色完成後，接著要做出外觀污損效果。先以 Mr.WEATHERING 擬真風化漆的「土棕色」塗抹整體。

12 大略以「Kimwipes」（紙製的抹布）擦拭過後，再用綿花棒稍微沾一些琺瑯漆稀釋劑做外觀修飾，最後再加上透明保護漆，椅子就大功告成了。

POINT

因為底漆補土的塗膜比琺瑯漆更強固的關係，即使整體先塗上風化漆再擦拭除去，也不會傷害到底下的塗膜。此外，如果不是用 Kimwipes 紙抹布而是使用一般的面紙擦拭，會殘留細微的纖維，請注意。

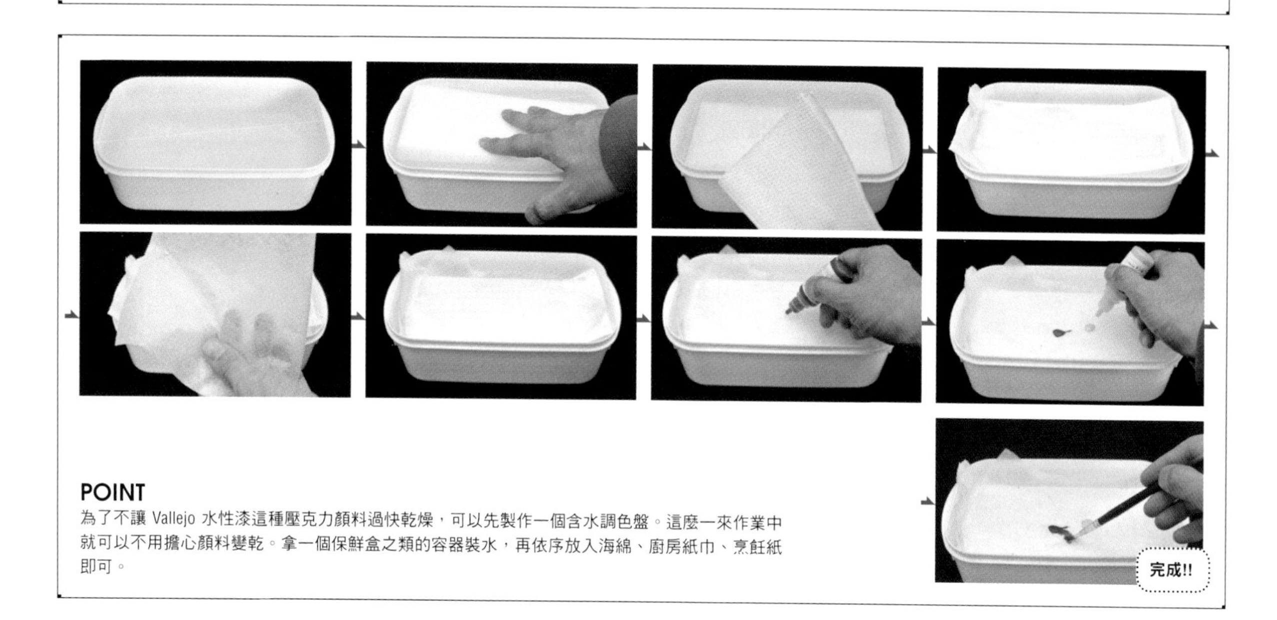

POINT

為了不讓 Vallejo 水性漆這種壓克力顏料過快乾燥，可以先製作一個含水調色盤。這麼一來作業中就可以不用擔心顏料變乾。拿一個保鮮盒之類的容器裝水，再依序放入海綿、廚房紙巾、烹飪紙即可。

04 上色 - 肌膚 -

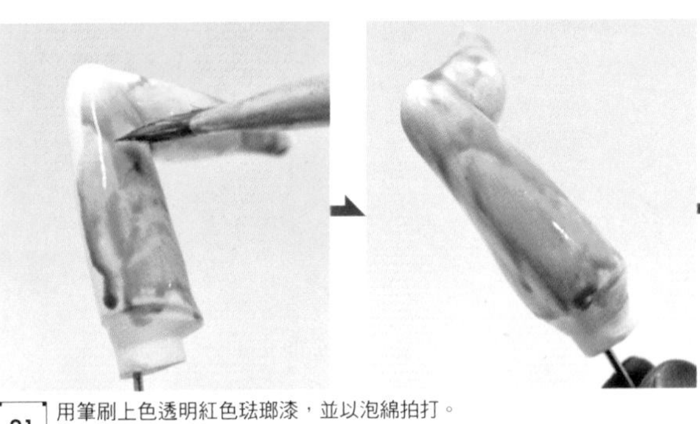

01 用筆刷上色透明紅色琺瑯漆，並以泡綿拍打。

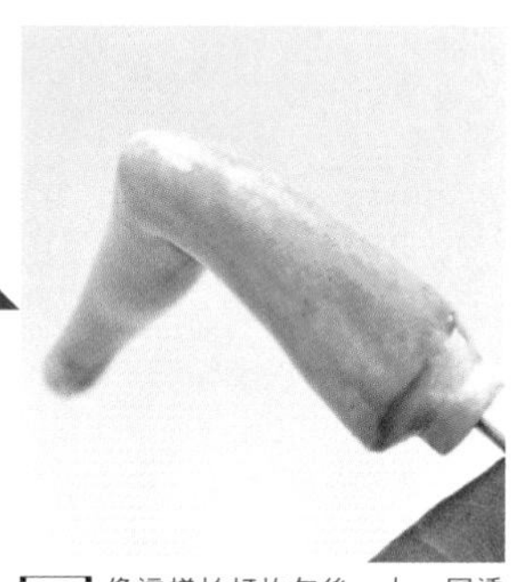

02 像這樣拍打均勻後，上一層透明保護漆，然後再重覆同樣的步驟。

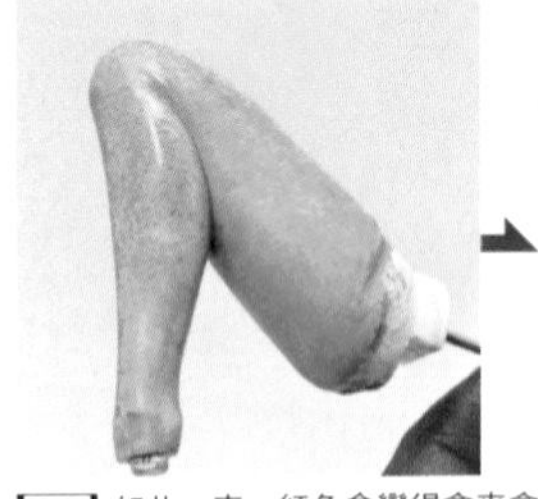

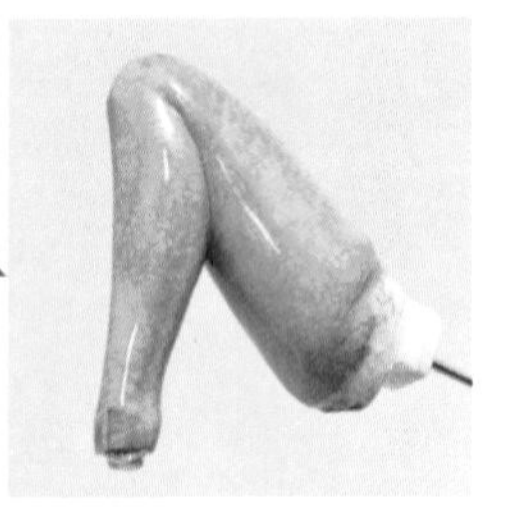

03 如此一來，紅色會變得愈來愈深。

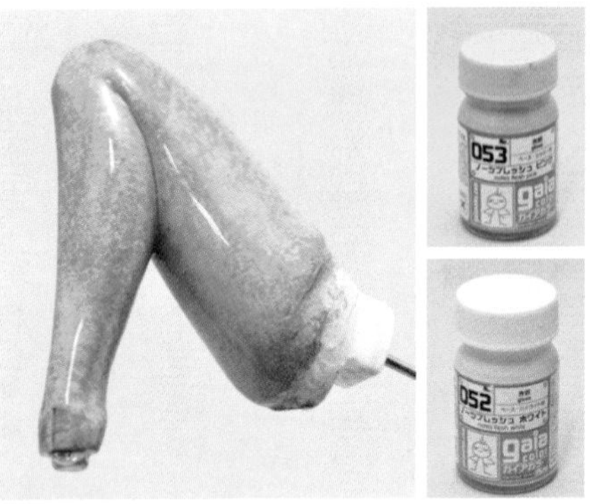

04 當底層顏色完成後，將 Gaia 模型漆的「Notes Flesh Pink（粉紅膚色）」，以及「Notes Flesh White（膚色白）」以 7:3 的比例混合，用噴槍薄薄地噴塗數層在肌膚上。

05 噴塗時要薄到可以看得見下面的底層顏色，特別是膝蓋與大腿的末端要刻意保留一些紅色。

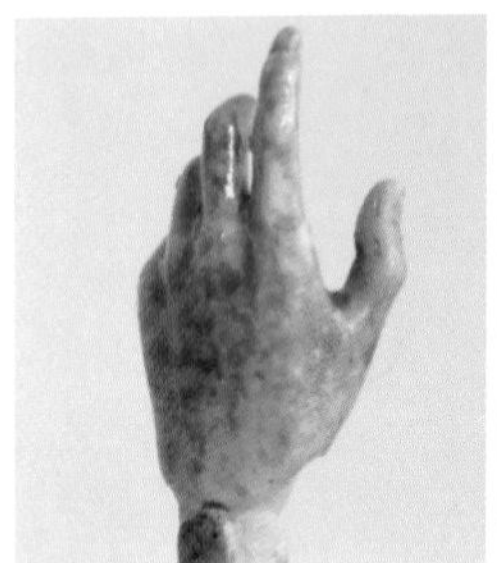

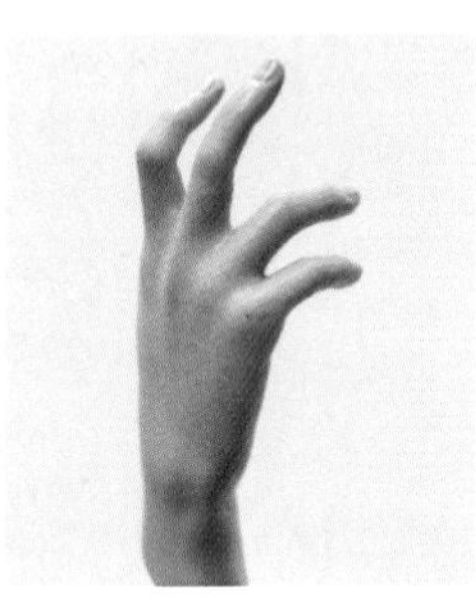

06 手也是相同的方式上色。

POINT

底層的紅色染料有時候會隨著時間的經過而變得更紅，所以要放置幾天過後再來進行顏色的最終調整。

07 接著幫臉部上色。以我的做法會直接拿琺瑯漆來描繪眼睛。

08 雖然這時眉毛與睫毛就算描繪出來，也會被遮蓋掉，但只要噴塗肌膚顏色後，還能夠稍微看到，就可以當作位置參考。而且先描繪一次也可以當作是練習。

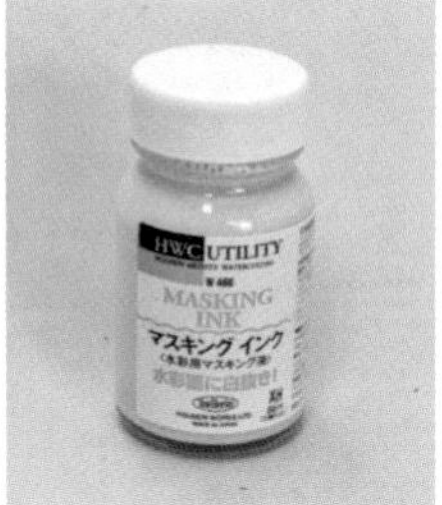

09 眼睛描繪完成後，塗上 Holbein 好賓的保護墨水來保護眼睛。

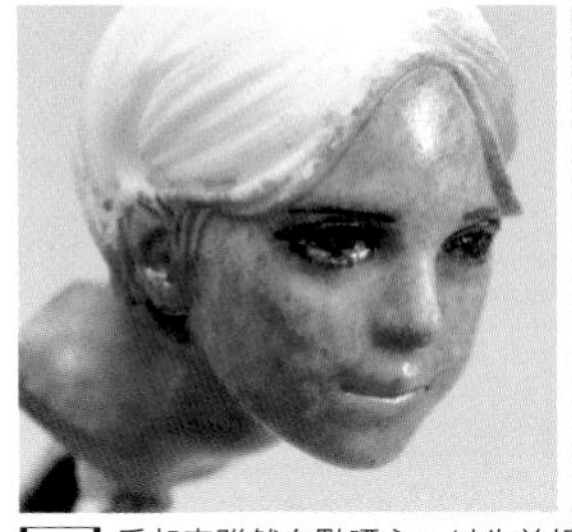

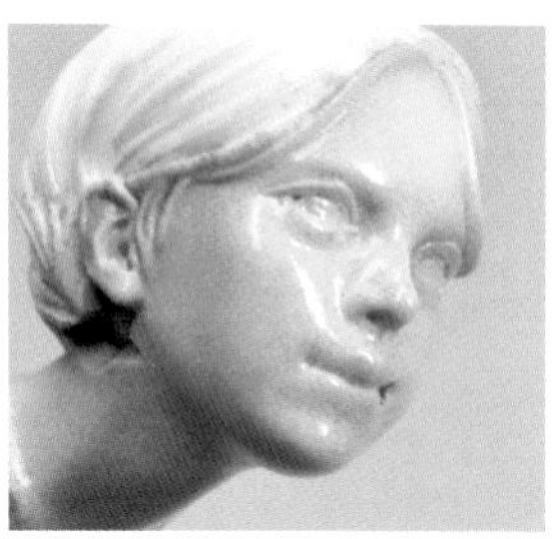

10 看起來雖然有點噁心，以先前相同的步驟為肌膚上色。

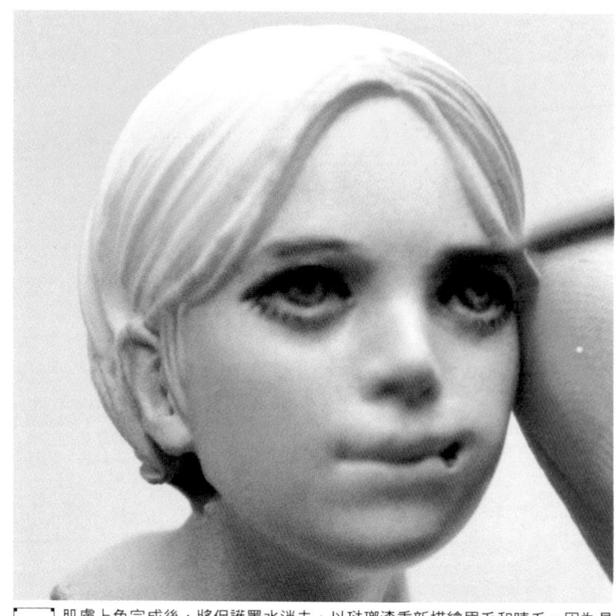

11 肌膚上色完成後，將保護墨水消去，以琺瑯漆重新描繪眉毛和睫毛。因為是在底漆補土上描繪的琺瑯漆，只要不滿意就用琺瑯漆稀釋液擦洗掉重新描繪就好。

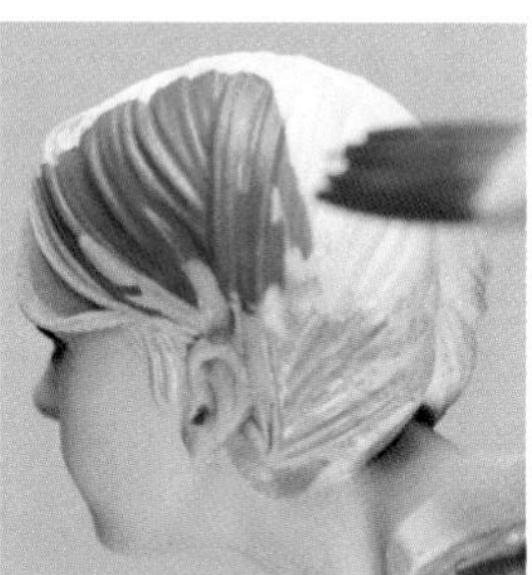

12 以 Vallejo 水性漆為頭髮上色。初步上色完成後，使用調色盤一邊混色，一邊重覆塗上複雜的顏色。

13 使用棉花棒沾上紅色透明琺瑯漆，輕輕拍打在臉頰上，追加一些紅色。

14 總覺得臉部五官看起來太過鮮明，因此將肌膚上色時使用的顏色，用噴槍從額頭上方輕輕地噴塗在整體外觀，使線條看起來柔和一些。

15 如果有太過柔和之處，再重新描繪凸顯線條。

16 將罐裝的消光漆倒進噴槍罐，輕輕地噴塗幾次讓琺瑯漆定型。完成定型後，用筆刷在眼睛塗上幾層透明琺瑯漆來呈現眼球的反光。

05 上色 - 各部位 -

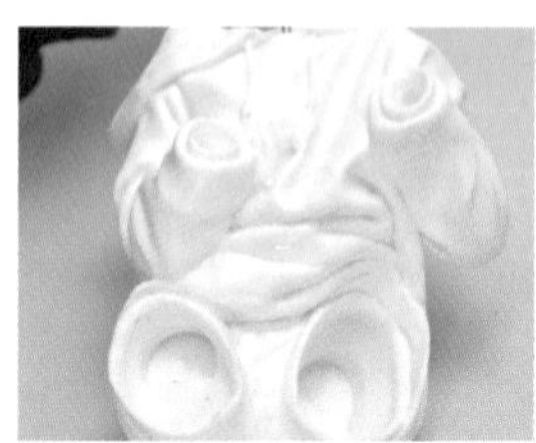

01 用 Holbein 好賓保護墨水在衣服上描繪一個類似熊的造型圖案。

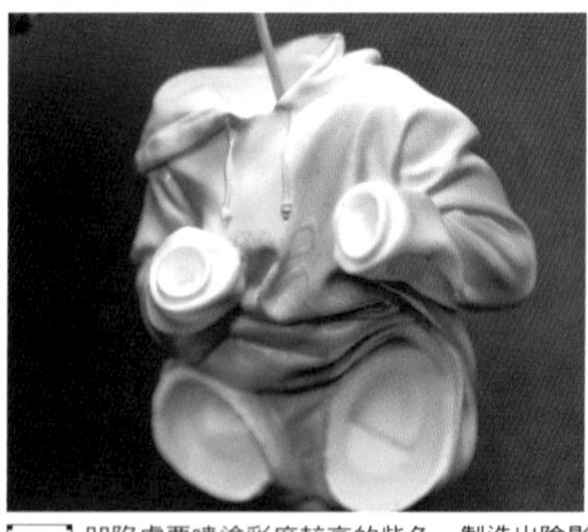
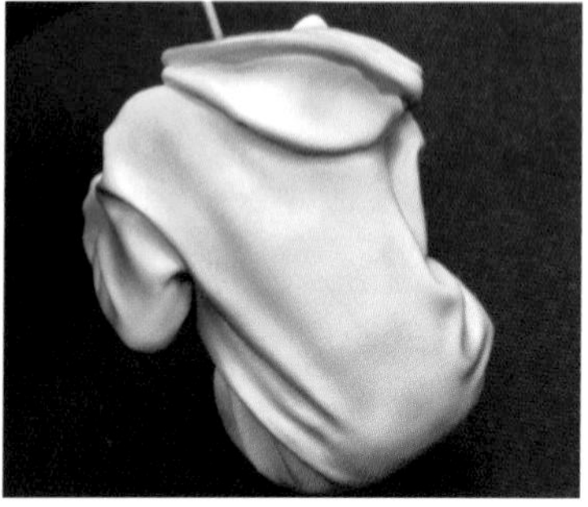

02 凹陷處要噴塗彩度較高的紫色，製造出陰影的感覺。

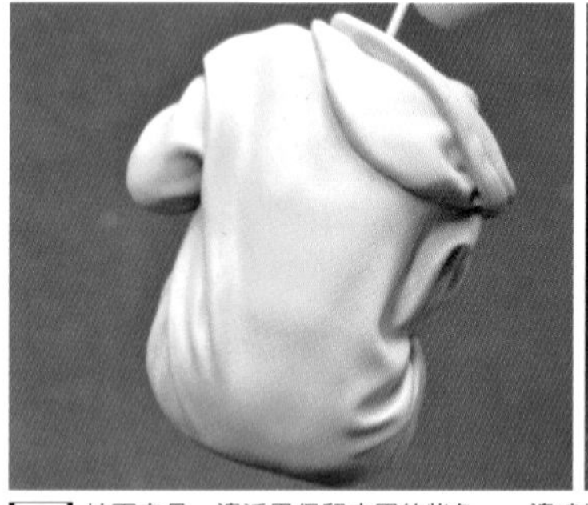

03 接下來是一邊活用保留底層的紫色，一邊噴塗灰色。

04 將保護墨水消去。

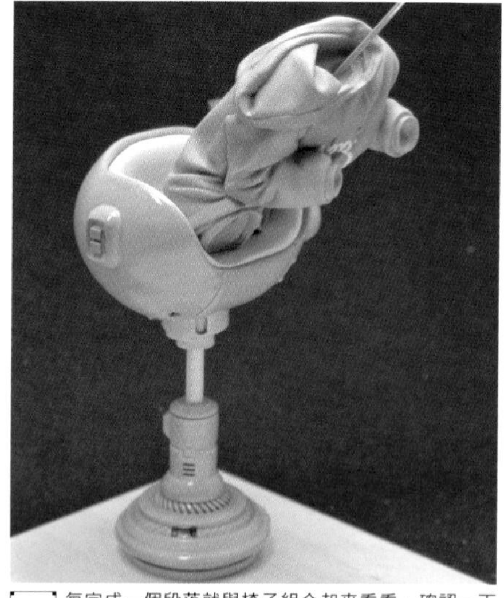

05 每完成一個段落就與椅子組合起來看看，確認一下零件之間的色彩搭配，一邊繼續進行上色。

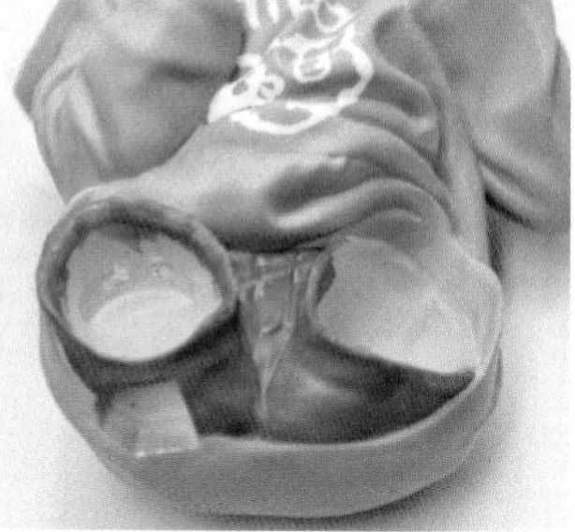

06 使用 Vallejo 水性漆幫短褲上色。

07 我經常會去價格均一商店，或是居家修繕工具材料量販店，徘徊尋找適當的材料來作為放置作品的底座。每次逛街都能得到一些靈感。

08 這次是在百元商店（大創等）找到像這樣的木板與貼紙，因此就以此製作了底座。

POINT 底座的舊化處理

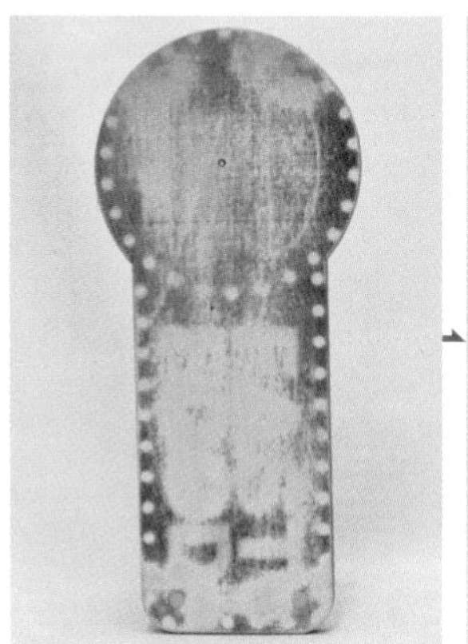

1.將四個角落的孔洞用補土填平，然後打磨整塊木板。

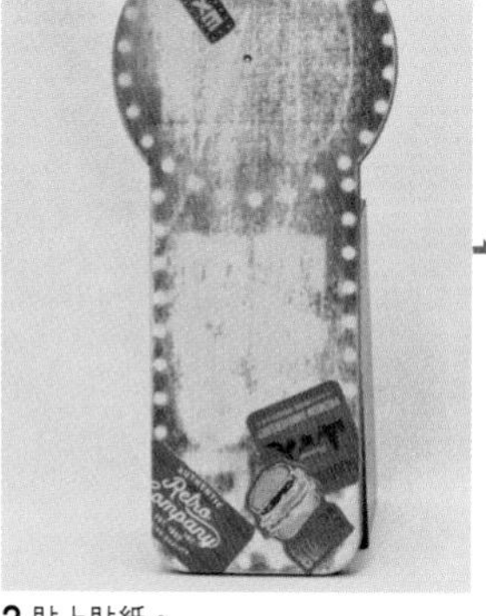

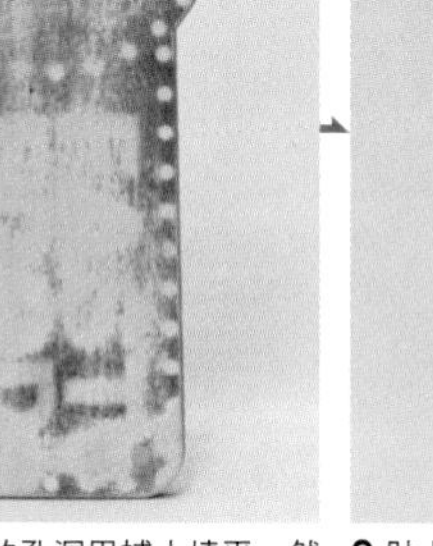

2.貼上貼紙。

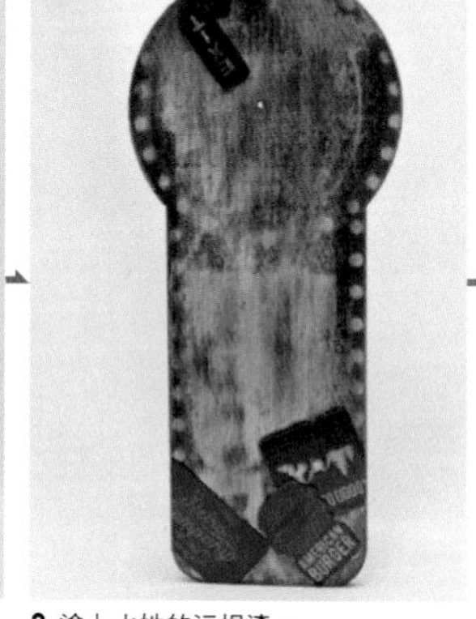

3.塗上水性的污損漆。

4.再打磨一次。

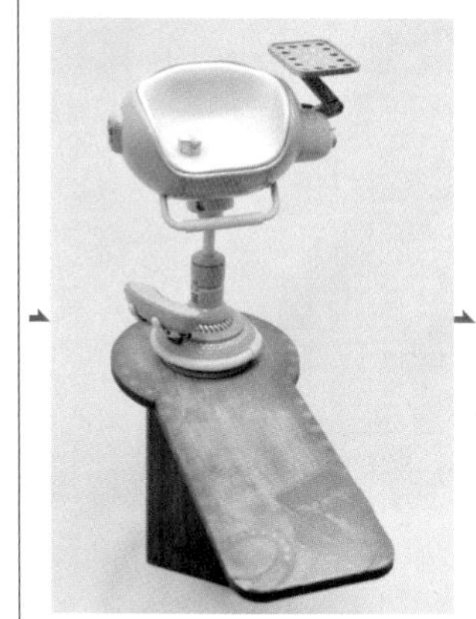

5.將椅子放上去，一邊比對色彩的均衡感，一邊以空壓噴槍噴塗上色。

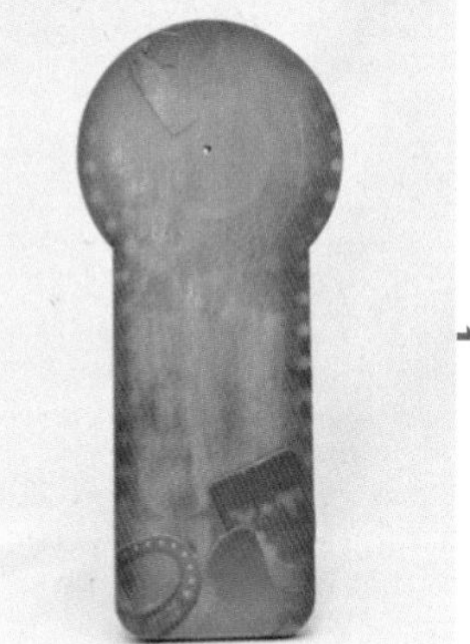

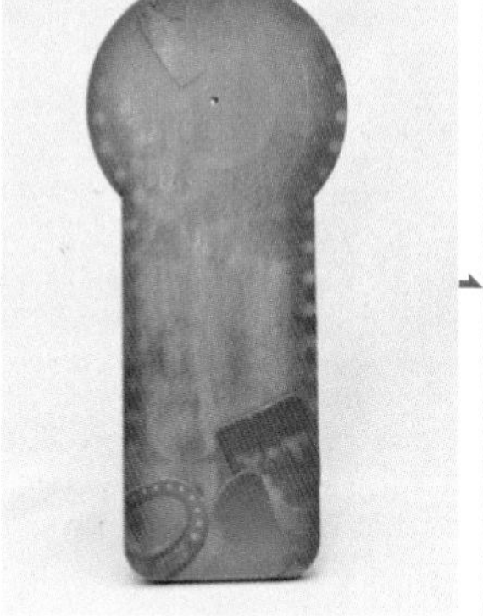

6.再貼上貼紙。

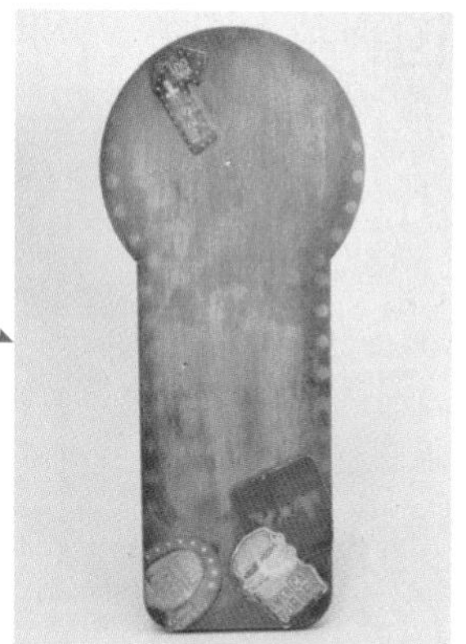

7.最後再打磨處理後即完成了。

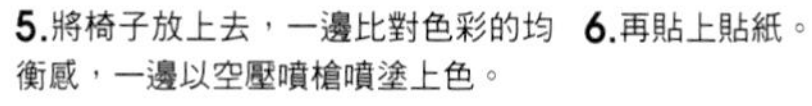

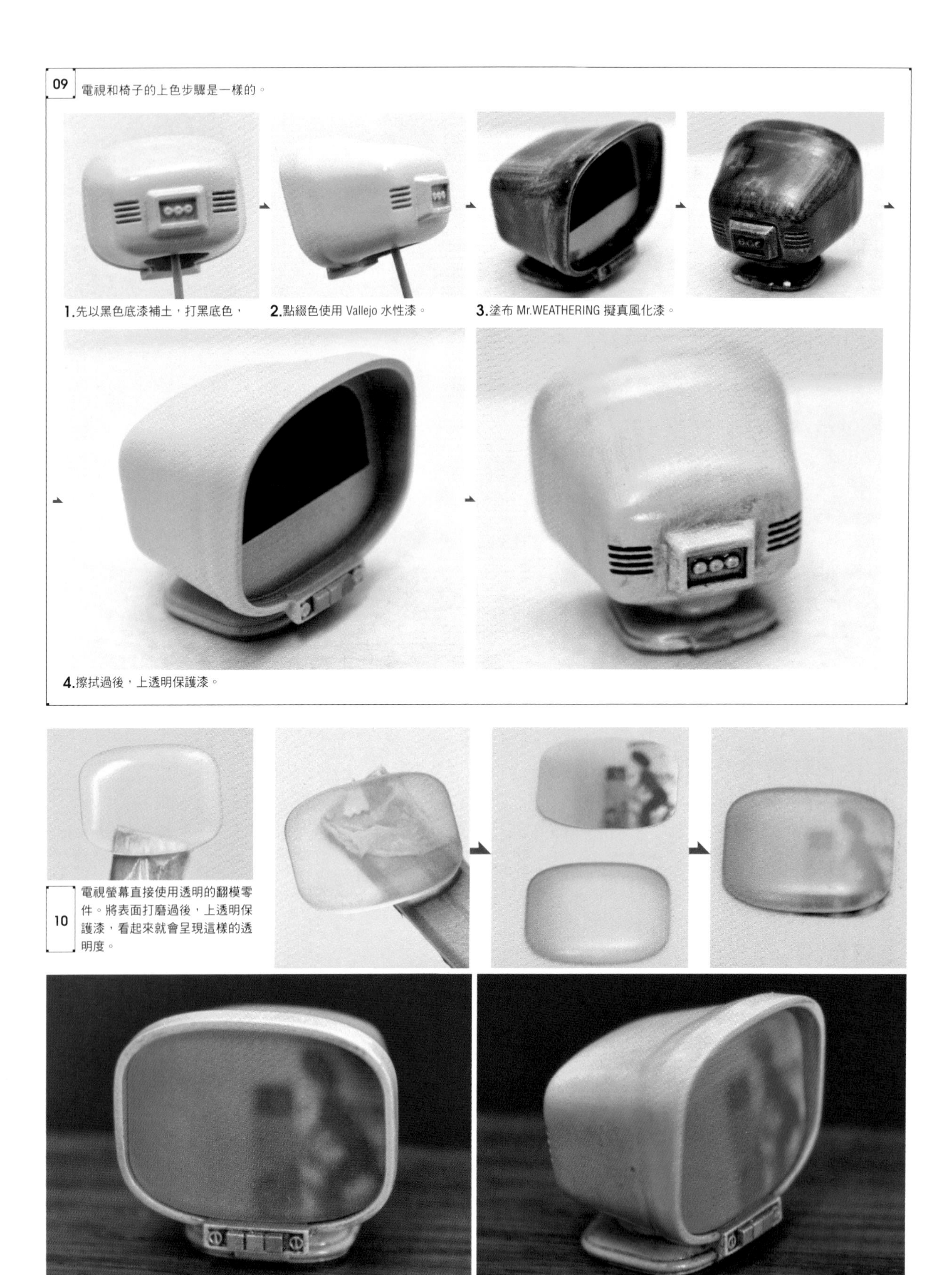

09 電視和椅子的上色步驟是一樣的。

1.先以黑色底漆補土，打黑底色，

2.點綴色使用 Vallejo 水性漆。

3.塗布 Mr.WEATHERING 擬真風化漆。

4.擦拭過後，上透明保護漆。

10 電視螢幕直接使用透明的翻模零件。將表面打磨過後，上透明保護漆，看起來就會呈現這樣的透明度。

11 由裡側噴塗棕色漆在電視螢幕邊框，再放進一張舊雜誌的剪貼，看起來就像這個樣子。

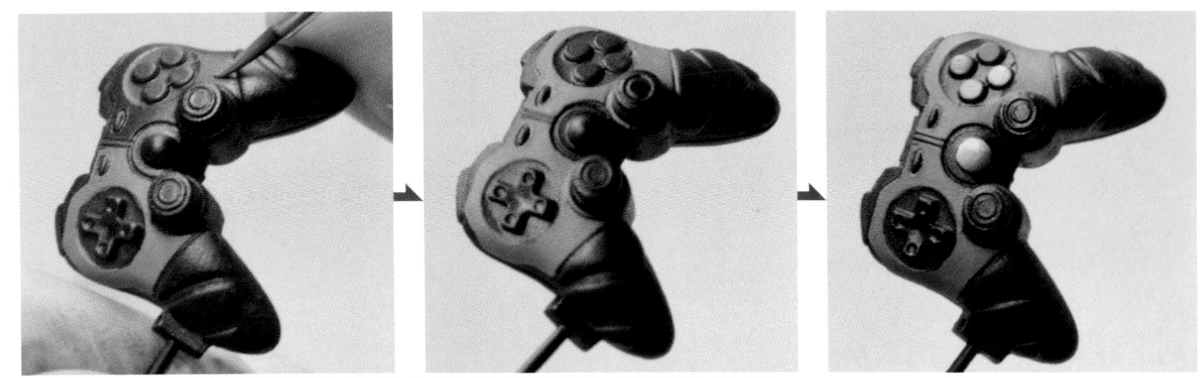

12 在遊戲手把噴塗上黑色後，再塗布 Vallejo 水性漆。因為具有良好的遮蓋力，所以使用起來很方便。

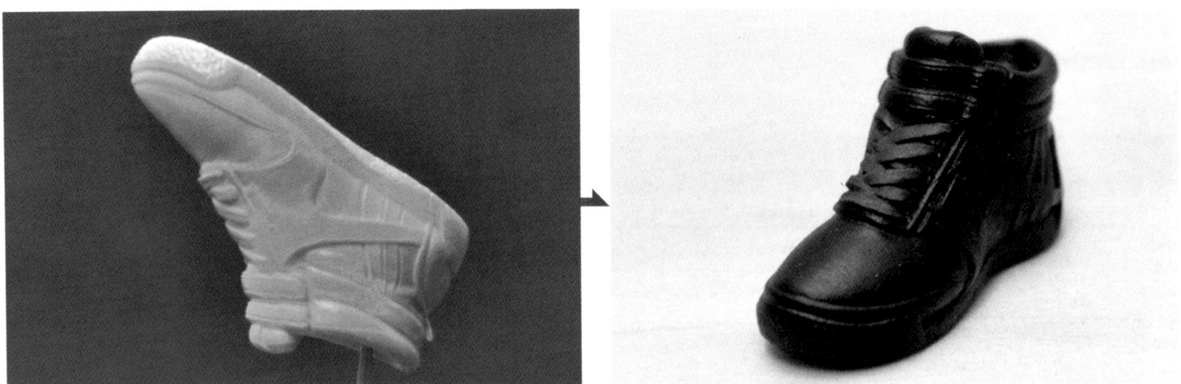

13 在做上色模擬的時候，鞋子是設定為粉紅色的，但實際觀察後還是黑色比較好看，所以決定改為黑色。照片上雖然不太容易看得出來，不過鞋帶的部分是以不同黑色的 Vallejo 水性漆上色。

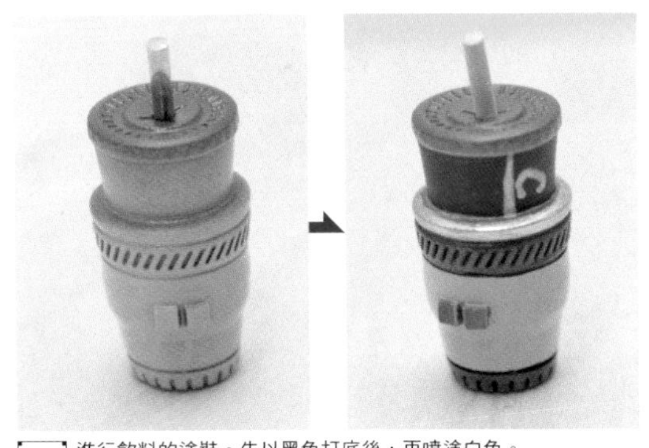

14 進行飲料的塗裝。先以黑色打底後，再噴塗白色。

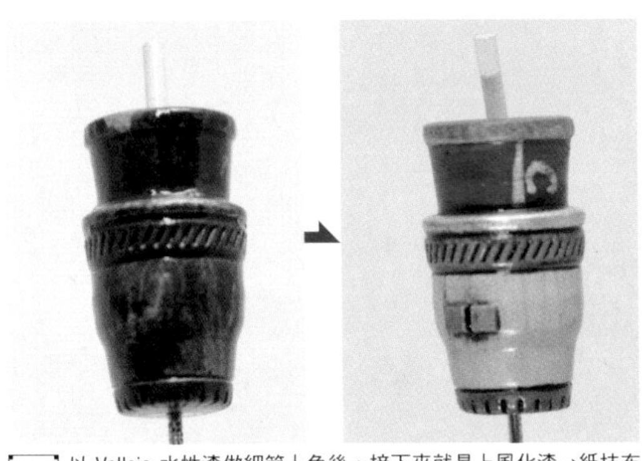

15 以 Vallejo 水性漆做細節上色後，接下來就是上風化漆→紙抹布擦拭的步驟。

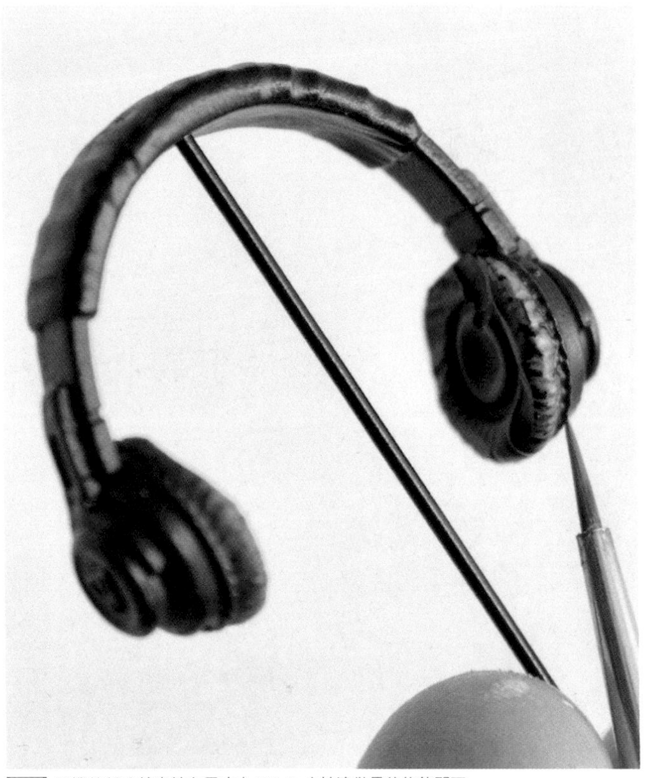

16 耳機的部分就直接在黑底上 Vallejo 水性漆做最後修飾即可。

17 將各個零件分別以消光漆或透明保護漆處理，調整作品的光澤分布後就完成了。

〔番外篇〕以補土堆塑造型的情形

大尺寸的作品也會採用以補土堆塑的方式製作。這裡以「DIE-CUT 百鬼夜行」為例進行說明。

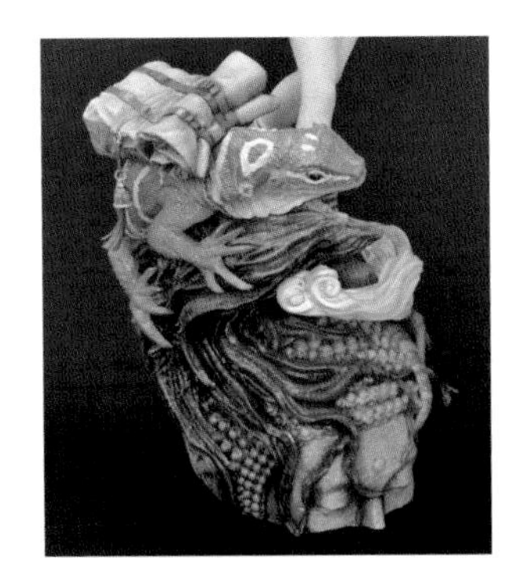

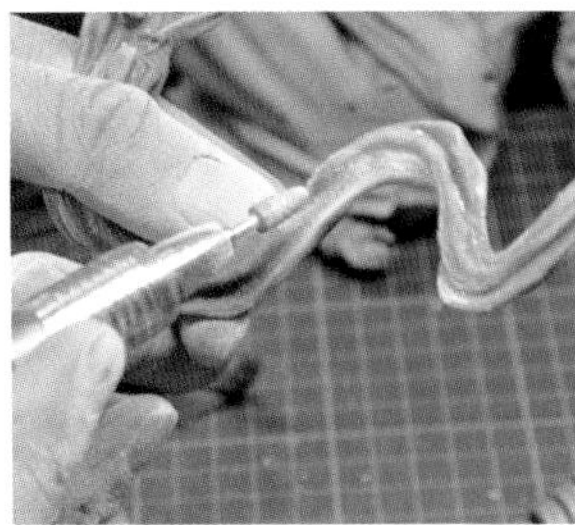

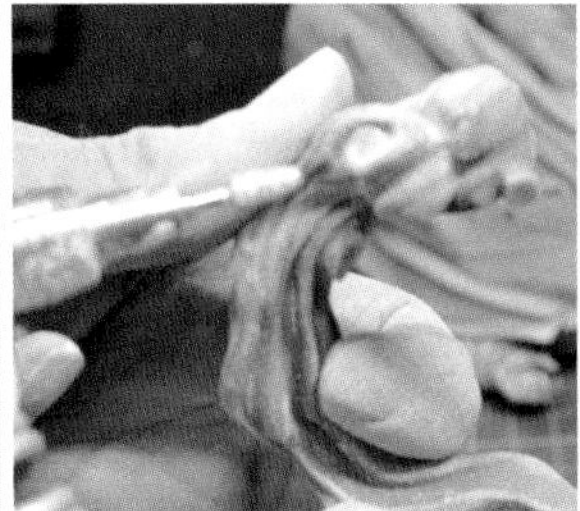

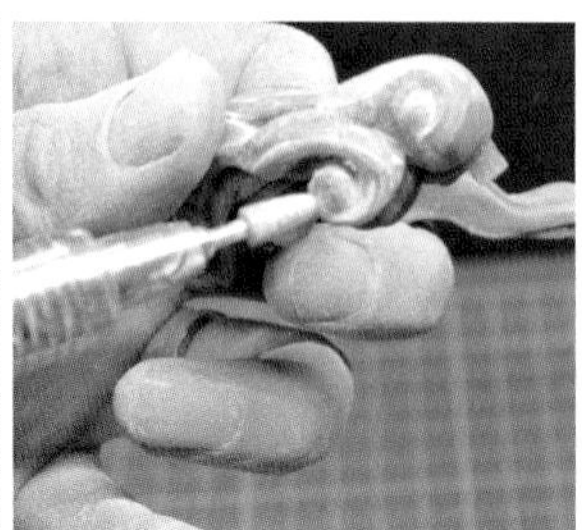

01 特殊效果的零件要一邊將支柱去除，一邊追加造型。像這種需要靠感覺來表現的部分，我一開始就會選擇以手工追加製作的方式造型，因此有時只會以數位輸出大致的外形，再以手工作業的方式做最後修飾。像這種情形，零件方便加工這點也是 Form2 的魅力之一。

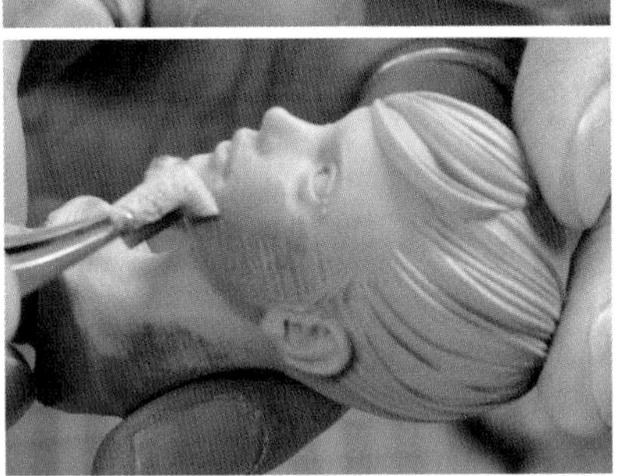

02 我們可以看到臉上的層積紋非常的明顯。因此要反覆以泡綿砂紙打磨後，再補上灰色模型底漆的步驟來修飾掉等高線。

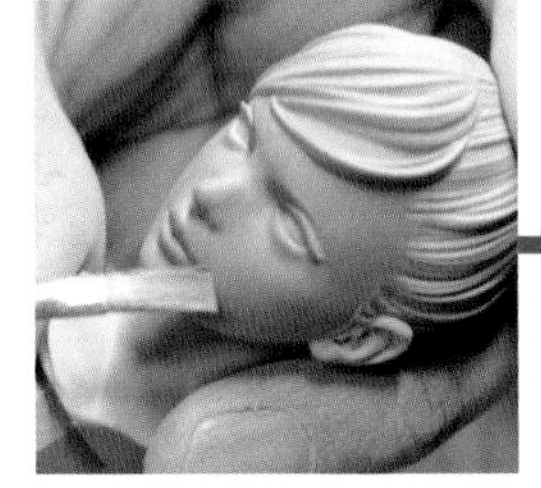

03 因為這次是 1/6 尺寸的臉孔，所以打磨處理到一定程度後，要以畫筆沾上底漆補土來拍打在臉上營造出表情。

04 順便使用底漆補土追加眉毛的表現。

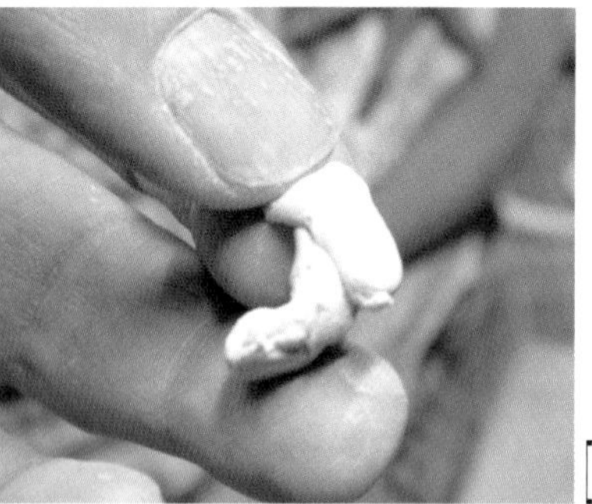

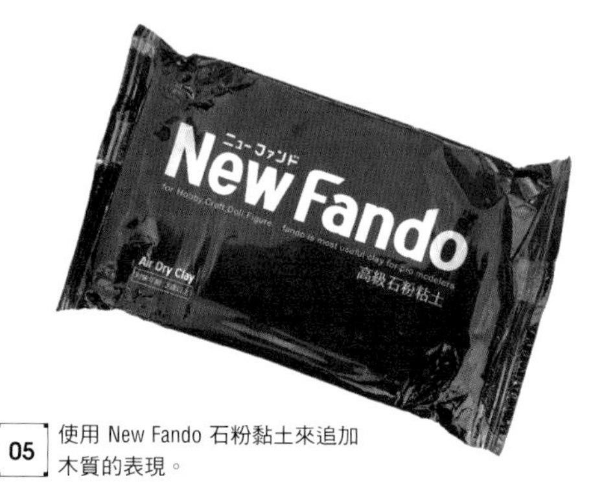

05 使用 New Fando 石粉黏土來追加木質的表現。

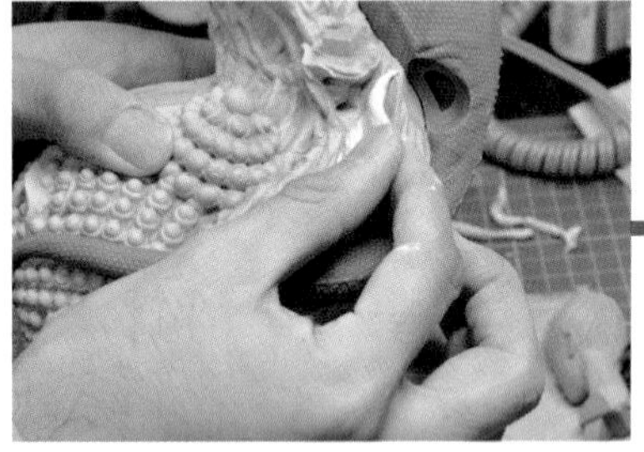

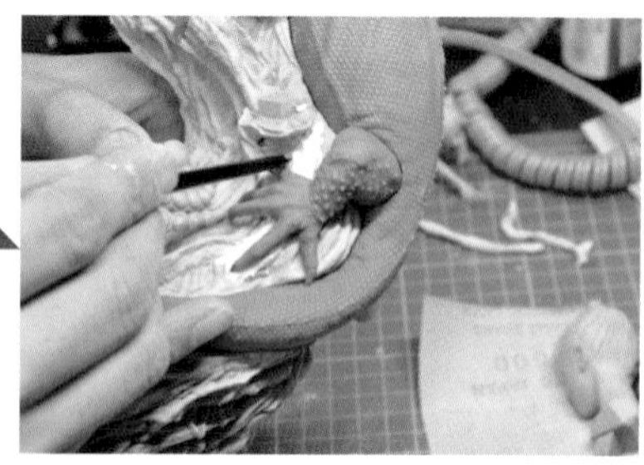

06 也可以用來填埋蜥蜴腳部與木頭之間的間隙。

07 使用畫筆的尾端來追加表情。

08 關於底座的表面以及創造生物的表面處理方式，可以參考大山龍老師的著作（《大山龍作品集&造型雕塑技法書》北星圖書公司出版）中所說明，將 Sculpey 樹脂黏土以稀釋劑溶化，再用筆刷塗布，藉以呈現出各種不同的表情。

POINT

雖然說 Form2 公司有可以耐高溫的 HighTemp 樹脂產品，但也可以將普通的灰色樹脂用低溫慢慢燒成的方式來讓表面的 Sculpey 樹脂黏土固化（不過我並不建議使用這種方法）。

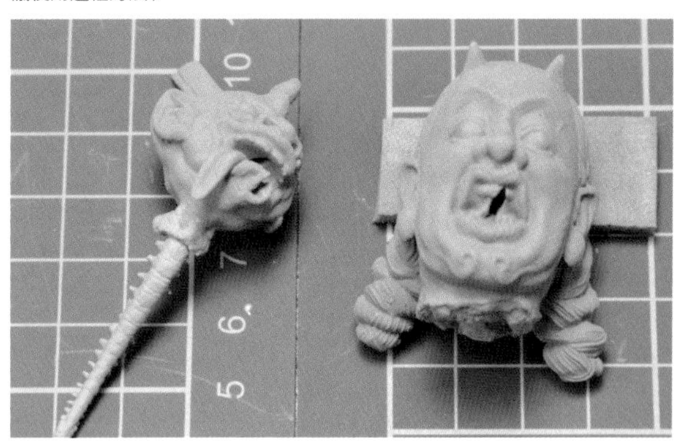

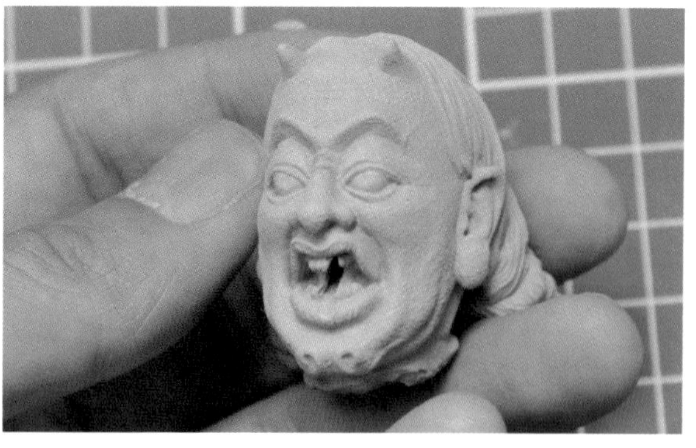

注意!

使用熱風槍在表面輕輕加熱的方式，雖然可以承受得住翻模時矽膠的反轉力量，但在切開分模的時候，表面有可能會出現剝落。如果想要將原型保存下來的話，最好是翻模後，以翻模原型的狀態保存較佳。

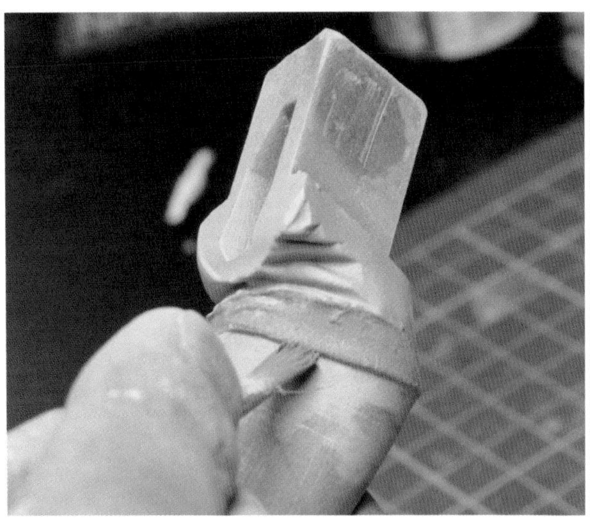
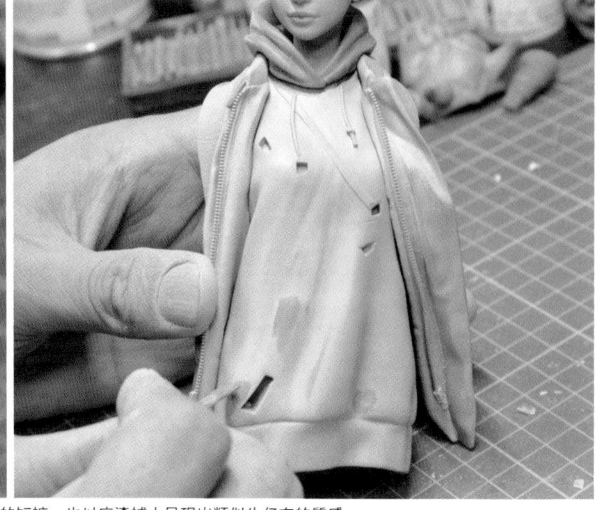

09 有小部分沒有打磨到的位置，可以用底漆補土覆蓋。只能看到一小塊面積的短褲，也以底漆補土呈現出類似牛仔布的質感。

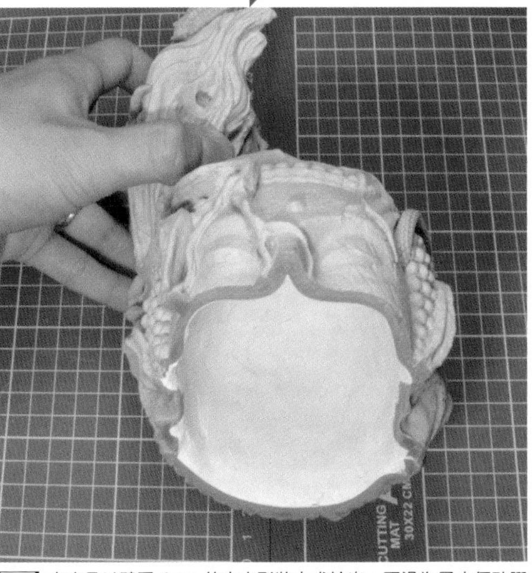

10 底座是以壁厚 4mm 的中空形狀方式輸出，不過為了方便矽膠脫模，所以用 New Fando 石粉黏土在內部堆塑加工在尺寸漸大的錐形。像這樣多少讓模型內部中空的設計，也有藉此盡量避免成形時出現縮痕的目的。

補土堆土完成！

Profile&Description

作者介紹&作品解說

作品名稱
刊載頁數／作品內容／製作年／尺寸／材料
作者本人的意見

大畠雅人　Masato Ohata

1985 年生，日本千葉縣出身。2009 年武藏野美術大學油畫科版畫課程畢業。2009 年到 2012 年的 3 年間從事話劇活動立於舞台之上。2013 年進入株式會社 M.I.C。配屬於數位原型小組，參與眾多商業原型的製作。2015 年在冬季 Wonder Festival 首次發表原創造型作品「contagion girl」。次年於冬季 Wonder Festival 發表的原創作品第 2 作「survival:01 Killer」獲選為豆魚雷 AAC（Amazing Artist Collection）第 7 彈。目前以自由契約原型師的身分活躍中。

GAME

第 6～11 頁／原創造型作品／2018 年／全高約 16cm／DazStudio、MarvelousDesigner、ZBrush、Sculpt Form2

此時我正好沉迷於《銀翼殺手》之中，於是便以未來的反烏托邦感覺製作出這件作品。

DIE-CUT 百鬼夜行

第 12～15 頁／原創造型作品／2018 年／全高約 35cm／DazStudio、MarvelousDesigner、ZBrush、Sculpt Form2

這件作品在製作之前就決定要作為量產品，但因為不是我要去負責複製的關係，所以就沒怎麼考慮後續量產製作的難度，想怎麼做就怎麼做（笑），最後就放進一大堆要素了。接受委託的時候，被告知要製作的主題是武士女孩。

蛇與狗

第 16～20 頁／原創造型作品／2018 年／全高約 13cm／ZBrush、Form2

這是我將自己原本即潛藏內心的感受，試著提取出來看看會是什麼樣的狀態，沒有事先定出主題便著手製作的試探性作品。對我自己來說是踏入一個未知的領域，還要將其發表，心裡是有些害怕。但我認為像這樣的作業過程，未來還是有必要經歷的。

survival:01 Killer

第 21～25 頁／原創造型作品／2016 年／全高約 18cm／ZBrush、Perfactory

記得藉由這件作品抒發了當時對於現狀的憤怒。風格受到電玩遊戲《The Last of Us（最後生還者）》的影響。

survival:02
Collector

第 26～30 頁／原創造型作品／2016 年／全高約 18cm／ZBrush、Perfactory

這是由「Survival:01 Killer」衍生發展出來，並加深世界觀後完成的作品。將角色設計成雖然做的事情如同盜賊一般，臉上的表情卻給人無辜者感覺的作品。

survival:03
Undertaker

第 31～36 頁／原創造型作品／2016 年／全高約 25cm／ZBrush、Perfactory

由底座開始浮現設計靈感，最後完成了這件少女守墓人的作品。墳墓對我來說一直是躍躍欲試的主題，以後還是會繼續製作相關作品。

survival:04
Hunter

第 37～40 頁／原創造型作品／2017 年／全高約 22cm／DazStudio、MarvelousDesigner、ZBrush、Form2

在生還者系列中，我最喜歡這個角色。我還記得當時製作完成時，非常心滿意足的感覺。這件作品是與「Wind Rises」這個作品同時期來回交替製作而成。

Black Rock City

第 41～43 頁／原創造型作品／2017 年／全高約 13cm／ZBrush、Form2

透過宇多丸的電視節目介紹，得知美國有一個名為「Burning Man（燃燒人）」的奇特節慶後，不禁燃起「我也好想要參加！」的心情，而一時興起製作了這座胸像。作品名稱 Black Rock City（黑石市）就是舉辦「Burning Man」的城市名稱。

Contagion Girl 2

第 44～47 頁／原創造型作品／2017 年／全高約 22cm／ZBrush、Form2

第一次製作的原創作品「Contagion Girl」是以傳統手工製作而成。當初有很多無法表現的部分，到如今似乎可以實現，因此將當時的原型數位掃瞄建檔後，重新製作了一次。

Wind Rises

第 48～50 頁／原創造型作品／2017 年／全高約 20cm／MarvelousDesigner、ZBrush、Form2

好像有很多製作寫實人偶模型的人都是拿女高中生作為題材。如果是我自己製作女高中生題材的話，我會想要以這樣的角度來切入。基於這樣的想法而製作出來的就是這件作品。雖然因為眼睛是閉著的關係，被老婆大人批評說無法和主人四目相對的人偶模型根本賣不出去，但我覺得即使這樣也沒關係。

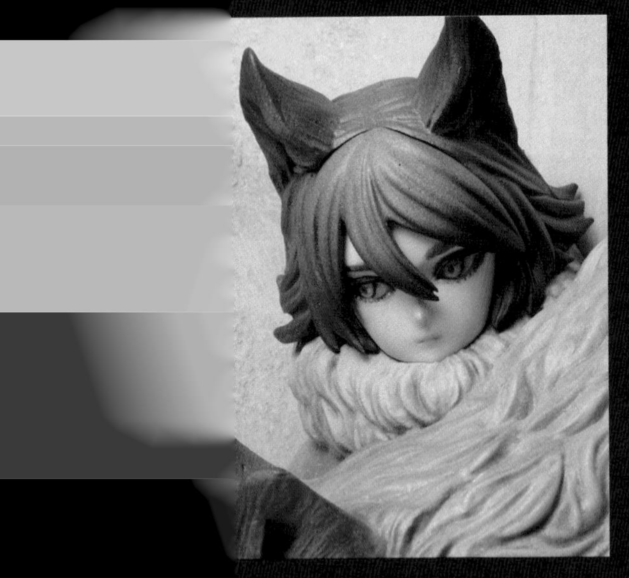

手持提燈的少女

第 52 頁／原創造型作品／2016 年／ZBrush

這是一個手持提燈的少女。總想著要再提升一些完成度，不知不覺已經放置 2 年以上了。

壯漢

第 53 頁／原創造型作品／2017 年／ZBrush

本來想要製作一個大型的男性角色作品。但製作到中途就失去了創作的動力。製作原創人偶模型的第一個步驟，就是要先進行角色人物的設計，但是當我完成這個角色人物的設計後，怎麼想都覺得不會是一個好作品。為了要讓這個作品成為好的人偶作品，似乎還缺少一個什麼要素…而這個要素到現在都遲遲還沒有靈感。

閃電俠 -THE FLASH-

第 57～59 頁／為壽屋「ARTFX＋」系列製作的造型作品／2017 年／全高約 18.1cm／ZBrush、Freeform

這也是先以 NSP 黏土製作素體後，再掃瞄成數位檔修飾完成。我的原型師朋友說好像認得出來這是我製作的作品，讓我感到蠻開心的。

關於修整師（Finisher）田川弘

對於原創的 GK 模型來說，我認為顏色與世界觀並不存在所謂的正確答案。並非只有我自己的塗裝方式才是唯一正解。每當看到有人拿著還沒有上色的套裝 GK 模型，任由想像力不斷膨脹，自由追加造型設計，並塗裝出心中理想的色彩，這對原作者來說，也是一個新的樂趣所在。

在這裡我要舉修整師田川弘老師以我製作的套裝 GK 模型進行塗裝的作品為例，分享給各位讀者。

當我看到塗裝技術遠在我之上的許多修整師們的作品範例，都會讓我感到十分高興，也讓我從中獲得刺激與啟發。

田川 弘　Hiroshi Tagawa

1959 年生。自幼即擅長繪畫，一直到 30 歲中期為止都以繪畫為職志。1982 年自名古屋藝術大學繪畫科（西洋美術）畢業。於中日展榮獲「大賞」「佳作賞」。1995 年受到寫實人偶模型的魅力吸引，一頭栽進人偶模型塗裝的世界。2011 年正式展開塗裝的事業。以人偶模型塗裝作家的身分，參加名古屋 NAGOMO 展示會、Modelers' Festival、Wonder Festival 冬季展、靜岡 Hobby Show 等展出作品。不定期舉辦個展、參與團體展。

WEB：

http://gahaku-sr.wixsite.com/pygmalion

國家圖書館出版品預行編目資料

大畠雅人作品集 ZBrush＋造型技法書 / 大畠雅人作 ;
楊哲群翻譯. -- 新北市 : 北星圖書, 2019.3
面 ;　公分
ISBN 978-986-96920-5-2(平裝)

1.Zbrush(電腦程式) 2.電腦繪圖 3.電腦動畫

312.866　　107016682

大畠雅人作品集　ZBrush＋造型技法書

作　　者／大畠雅人
翻　　譯／楊哲群
校　　審／吳興俞
發 行 人／陳偉祥
出　　版／北星圖書事業股份有限公司
地　　址／234新北市永和區中正路458號B1
電　　話／886-2-29229000
傳　　真／886-2-29229041
網　　址／www.nsbooks.com.tw
E-MAIL／nsbook@nsbooks.com.tw
劃撥帳戶／北星文化事業有限公司
劃撥帳號／50042987
製版印刷／皇甫彩藝印刷股份有限公司
出 版 日／2019年3月
I S B N／978-986-96920-5-2
定　　價／550 元

如有缺頁或裝訂錯誤，請寄回更換。

MASATO OHATA WORKS ZBlush & SCULPT TECHNIQUE